普通高等教育"十三五"规划教材

新编选矿概论

（第2版）

东北大学　魏德洲　高淑玲　刘文刚　编

北　京

冶金工业出版社

2023

内 容 提 要

本书客观而系统地介绍了选矿生产知识，全书共分7章，分别介绍了破碎与磨矿、磁选与电选、重选、浮选、选矿产品脱水及尾矿处置、选矿厂的生产管理与技术考查等内容，将选矿过程所涉及的概念、理论、设备、工艺和管理考查整合成统一的有机整体，便于读者全面了解选矿生产过程。

本书为采矿工程、冶金工程等专业本科生的选修课教材，也可供能源、冶金、化工、环境、建筑、农业等部门从事与固体物料分选有关的工程技术人员参考。

图书在版编目（CIP）数据

新编选矿概论/魏德洲等编 ．—2 版．—北京：冶金工业出版社，2019.2（2023.11 重印）

普通高等教育"十三五"规划教材

ISBN 978-7-5024-7693-9

Ⅰ．①新… Ⅱ．①魏… Ⅲ．①选矿—高等学校—教材 Ⅳ．①TD9

中国版本图书馆 CIP 数据核字（2018）第 085302 号

新编选矿概论 （第 2 版）

出版发行	冶金工业出版社	电　话	（010）64027926
地　　址	北京市东城区嵩祝院北巷 39 号	邮　编	100009
网　　址	www.mip1953.com	电子信箱	service@mip1953.com

责任编辑　高　娜　宋　良　美术编辑　吕欣童　版式设计　孙跃红
责任校对　郭惠兰　责任印制　窦　唯
三河市双峰印刷装订有限公司印刷
2012 年 10 月第 1 版，2019 年 2 月第 2 版，2023 年 11 月第 5 次印刷
787mm×1092mm　1/16；14.75 印张；353 千字；224 页
定价 35.00 元

投稿电话　（010）64027932　投稿信箱　tougao@cnmip.com.cn
营销中心电话　（010）64044283
冶金工业出版社天猫旗舰店　yjgycbs.tmall.com
（本书如有印装质量问题，本社营销中心负责退换）

第2版前言

《新编选矿概论》（第1版）于2012年10月出版以来，被多所高等院校用做采矿工程、冶金工程等相关本科专业的选修课教材，在使用过程中向作者提出了一些修改意见。为使本书能更好地满足读者的需要，我们在对第1版书稿进行系统修改的基础上，增加了"选矿（煤）厂的生产管理与技术考查"等内容。

书中较为详细地介绍了选矿试验研究和工业生产过程中所涉及的主要专业术语；矿石给入分选作业前对其进行破碎筛分和磨矿分级处理所涉及的粒度分析原理和仪器设备以及破碎设备、筛分机械、磨矿机和分级机的类型、主要构造、工作原理和性能；矿物的磁性和电性，利用矿物的磁性或电性对其进行分选的原理、设备、工艺和影响因素；矿物颗粒在介质中的沉降运动规律，依据矿物密度的差异对其进行分选的主要方法、主要设备的工作原理和特点，重选的主要应用场合；矿物颗粒表面的性质，依据矿物颗粒表面性质的差异对其进行分选的基本原理，浮选药剂的分类和性能，主要浮选设备的特点和工艺特性；选矿生产过程涉及的主要辅助作业和尾矿的处置方法；选矿（煤）厂的生产管理与技术考查。旨在使选矿过程所涉及的概念、理论、设备和工艺成为统一的有机整体。

参加本书编写工作的有魏德洲（第1章、第6章和第7章）、高淑玲（第2章和第3章）、刘文刚（第4章和第5章），韩聪、王倩倩、崔宝玉、朴正杰、张瑞洋、卢涛、李明阳等参加了资料收集工作。魏德洲对全书做了统一整理和修改。在编写过程中，参考了大量的相关文献，文献作者和出版社对本书的编写和出版给予了极大的帮助，在此一并表示诚挚的感谢。

由于编者水平有限，书中不足之处，诚请读者批评指正。

编者

2017年10月

第1版前言

　　随着地壳中矿产资源不断地被开发利用，禀赋好的固体矿产资源日趋枯竭，为了满足经济发展和国家建设的需要，越来越多的难选冶矿石必须被加工利用，这就给选矿工作者带来了一个接一个的严峻挑战。面对矿石贫、细、杂等日益突出的客观实际，选矿工作者不得不迎难而上，探索新途径，研究新方法，开发新工艺，借以实现不可再生资源的高效、合理利用，为国民经济的可持续发展提供支持。在这样的大环境下，为了更好地普及选矿知识，满足从事或即将从事矿业工程及相关领域工作的工程技术人员对选矿基本知识的需求，我们在吸纳相关书籍的精髓和总结研究成果的基础上编写了本书，以期对相关人员有所裨益。

　　本书由东北大学魏德洲、高淑玲、刘文刚合作编写，其中第1章和第6章由魏德洲编写，第2章和第3章由高淑玲编写，第4章和第5章由刘文刚编写。东北大学韩聪、王倩倩、崔宝玉、朴正杰、张瑞洋、卢涛、李明阳等参加了本书资料收集和文字录入工作。魏德洲对全书做了统一整理和修改。在编写过程中，参考了大量的相关资料，对其著作权人和出版社给予的帮助，在此一并表示诚挚的感谢。

　　由于编者水平所限，书中不妥之处，恳切希望读者批评指正。

编　者

2012 年 6 月

目 录

1 绪论 ……………………………………………………………………………………… 1
  1.1 选矿的任务及发展简史 ……………………………………………………………… 1
  1.2 常用的选矿方法 ……………………………………………………………………… 1
  1.3 选矿的基本过程及常用术语 ………………………………………………………… 2
  复习思考题 ……………………………………………………………………………… 5

2 破碎与磨矿 ……………………………………………………………………………… 6
  2.1 碎散物料的粒度组成及分析 ………………………………………………………… 6
    2.1.1 粒度组成及粒度分析 …………………………………………………………… 6
    2.1.2 筛分分析 ………………………………………………………………………… 8
  2.2 工业筛分及筛分机械 ………………………………………………………………… 11
    2.2.1 筛分过程及其评价 ……………………………………………………………… 11
    2.2.2 筛分机械 ………………………………………………………………………… 12
    2.2.3 筛分过程的影响因素及筛分机生产能力计算 ……………………………… 19
  2.3 矿石的破碎 …………………………………………………………………………… 21
    2.3.1 概述 ……………………………………………………………………………… 21
    2.3.2 破碎设备 ………………………………………………………………………… 22
    2.3.3 破碎过程的影响因素及破碎机生产能力计算 ……………………………… 30
  2.4 磨矿 …………………………………………………………………………………… 32
    2.4.1 磨矿作业的评价指标 …………………………………………………………… 32
    2.4.2 钢球在磨机内的运动及其磨矿作用 ………………………………………… 33
    2.4.3 球磨机和棒磨机 ………………………………………………………………… 35
    2.4.4 自磨机和砾磨机 ………………………………………………………………… 43
    2.4.5 磨机生产率计算 ………………………………………………………………… 47
  2.5 破碎与磨矿流程 ……………………………………………………………………… 49
    2.5.1 破碎流程 ………………………………………………………………………… 49
    2.5.2 磨矿流程 ………………………………………………………………………… 49
    2.5.3 自磨和砾磨流程 ………………………………………………………………… 51
  复习思考题 ……………………………………………………………………………… 53

3 磁选与电选 ……………………………………………………………………………… 54
  3.1 磁选的基本原理 ……………………………………………………………………… 54

3.1.1　磁选的物理基础 ……………………………………………………… 54

3.1.2　磁性颗粒在非均匀磁场中所受的磁力 …………………………… 57

3.1.3　磁选过程所需要的磁力 ……………………………………………… 58

3.2　矿物的磁性 ……………………………………………………………………… 60

3.2.1　强磁性矿物的磁性 …………………………………………………… 60

3.2.2　弱磁性矿物的磁性 …………………………………………………… 63

3.2.3　弱磁性铁矿物的磁性转变 …………………………………………… 64

3.2.4　矿物的磁性对磁选过程的影响 ……………………………………… 66

3.3　磁分离空间的磁场特性 ………………………………………………………… 67

3.3.1　磁选机的磁系 ………………………………………………………… 67

3.3.2　开放磁系的磁场特性及其影响因素 ………………………………… 68

3.3.3　闭合磁系的磁场特性 ………………………………………………… 69

3.4　磁选设备 ………………………………………………………………………… 76

3.4.1　弱磁场磁选设备 ……………………………………………………… 77

3.4.2　中磁场磁选设备 ……………………………………………………… 85

3.4.3　强磁场磁选设备 ……………………………………………………… 86

3.5　电选 ……………………………………………………………………………… 92

3.5.1　电选的基本原理 ……………………………………………………… 93

3.5.2　电选机 ………………………………………………………………… 98

3.5.3　电选过程的影响因素 ………………………………………………… 101

复习思考题 ……………………………………………………………………………… 103

4　重选 ………………………………………………………………………………… 104

4.1　颗粒在介质中的沉降运动 ……………………………………………………… 105

4.1.1　介质的性质及其对颗粒运动的影响 ………………………………… 105

4.1.2　球形颗粒在介质中的自由沉降 ……………………………………… 109

4.1.3　颗粒在悬浮粒群中的干涉沉降 ……………………………………… 110

4.2　水力分级 ………………………………………………………………………… 114

4.2.1　水力分析 ……………………………………………………………… 115

4.2.2　多室及单槽水力分级机 ……………………………………………… 117

4.2.3　螺旋分级机 …………………………………………………………… 121

4.2.4　水力旋流器 …………………………………………………………… 123

4.2.5　分级效果的评价 ……………………………………………………… 125

4.3　重介质分选 ……………………………………………………………………… 128

4.3.1　重悬浮液的性质 ……………………………………………………… 129

4.3.2　重介质分选设备 ……………………………………………………… 131

4.4　跳汰分选 ………………………………………………………………………… 135

4.4.1　物料在跳汰机内的分选过程 ………………………………………… 136

4.4.2　跳汰机 ………………………………………………………………… 140

　　　4.4.3　影响跳汰分选的工艺因素 ･･･････････････････････････････ 146

　4.5　溜槽分选 ･･ 147

　　　4.5.1　粗粒溜槽 ･･･ 147

　　　4.5.2　扇形溜槽和圆锥选矿机 ･･･････････････････････････････ 148

　　　4.5.3　螺旋选矿机和螺旋溜槽 ･･･････････････････････････････ 150

　　　4.5.4　离心选矿机 ･･･ 152

　4.6　摇床分选 ･･ 153

　　　4.6.1　摇床的分选原理 ･･･ 154

　　　4.6.2　摇床的类型 ･･･ 157

　　　4.6.3　摇床分选的影响因素 ･････････････････････････････････････ 161

　复习思考题 ･･･ 161

5　浮选 ･･･ 162

　5.1　浮选理论基础 ･･･ 162

　　　5.1.1　固体表面的润湿性及可浮性 ･･･････････････････････････ 162

　　　5.1.2　两相界面的双电层 ･･･････････････････････････････････ 164

　　　5.1.3　矿物颗粒表面的吸附 ･････････････････････････････････ 167

　5.2　浮选药剂 ･･ 169

　　　5.2.1　浮选药剂的分类与作用 ･･･････････････････････････････ 169

　　　5.2.2　捕收剂 ･･･ 171

　　　5.2.3　起泡剂 ･･･ 178

　　　5.2.4　调整剂 ･･･ 179

　5.3　浮选设备 ･･ 184

　　　5.3.1　浮选机的分类 ･･･ 184

　　　5.3.2　自吸气机械搅拌式浮选机 ･･･････････････････････････････ 185

　　　5.3.3　充气机械搅拌式浮选机 ･･･････････････････････････････ 188

　　　5.3.4　气升式浮选机 ･･･ 189

　　　5.3.5　詹姆森浮选槽 ･･･ 192

　5.4　浮选工艺 ･･ 192

　　　5.4.1　粒度对浮选过程的影响 ･･･････････････････････････････ 192

　　　5.4.2　浮选药剂制度 ･･･ 193

　　　5.4.3　矿浆浓度及其调整 ･････････････････････････････････････ 194

　　　5.4.4　浮选泡沫及其调节 ･････････････････････････････････････ 194

　　　5.4.5　浮选流程 ･･･ 195

　复习思考题 ･･･ 198

6　选矿产品脱水及尾矿处置 ･･･････････････････････････････････････ 199

　6.1　选矿产品脱水 ･･･ 199

　　　6.1.1　浓缩 ･･･ 199

　　6.1.2　过滤 ……………………………………………………………… 201

　　6.1.3　干燥 ……………………………………………………………… 203

　6.2　选矿厂尾矿处置 ……………………………………………………… 204

　　6.2.1　尾矿的贮存 ………………………………………………………… 204

　　6.2.2　尾矿水的循环使用 ………………………………………………… 205

　复习思考题 …………………………………………………………………… 206

7　选矿（煤）厂的生产管理与技术考查 ……………………………………… 207

　7.1　选矿（煤）厂的生产管理 ……………………………………………… 207

　7.2　选矿（煤）厂的技术考查 ……………………………………………… 209

　　7.2.1　生产检查与分析 …………………………………………………… 209

　　7.2.2　重选设备单机生产检查 …………………………………………… 213

　　7.2.3　流程考查 …………………………………………………………… 217

　　7.2.4　流程计算 …………………………………………………………… 221

　复习思考题 …………………………………………………………………… 222

参考文献 ………………………………………………………………………… 223

1 绪　论

1.1　选矿的任务及发展简史

选矿通常是指对固体矿产资源（矿石和煤炭）依据其所包含的不同组分之间某些性质的差异进行分离的过程，目的在于更合理、更充分地开发利用矿产资源。例如，对于低品位的铁矿石，如果不进行分选富集，则会由于技术或经济原因而无法将其用于炼铁，从而使之成为一种不能合理利用的含铁岩石。又如，开采出来的原煤如果不进行分选提纯和除杂，一方面，会因矸石含量太高而使运输费用和灰分上升、热值下降；另一方面，还会因硫含量过高致使其燃烧时产生大量的二氧化硫污染环境。所有这些都使得煤炭的利用价值大幅度下降，尤其是一些高硫煤，甚至因缺乏技术上合理、经济上可行的分选工艺而无法被开采利用。由此可见，对固体矿产资源进行合理而有效的分选，是最大限度地利用自然资源，促进技术发展和经济进步的必要步骤。

最简单而古老的选矿方法是人工拣选，即人们凭借直接观察、感觉和判断，对矿石中的不同组分进行分选。尽管无法探究人工拣选和重选究竟哪一种首先被人们所掌握以及何时、何地被人们首次利用，但首先实现机械化生产的分选方法无疑是重选。

起初，人们在日常生活中逐渐掌握了依据固体物料中不同组分的密度差异，借助于水流或空气流的作用（流体动力作用）对其按密度进行分类的技术（如淘米、扬场等），这就是典型的重选方法。后来，由于冶金技术的发展，为了满足生产需要，人们在将人工拣选技术用于分选金属矿石的同时，又将所掌握的重选技术应用到了金属矿石的分选过程中，从而宣告了重选工艺的正式问世。当然，那时的生产技术十分落后，处理的大都是砂矿或仅经过人工破碎、成分比较简单的金属矿石。

随着冶金工业的进一步发展和多金属复杂矿石的开发利用，尽管重选方法已于19世纪30~40年代进入机械化生产的历史阶段，但仅利用单一的重选方法仍远远不能满足实际生产的需要。于是，人们经过大量的试验研究，又于20世纪初相继将浮选和磁选方法成功地应用到选矿工业生产中，从而开始了3种选矿方法鼎立并存的历史。

1.2　常用的选矿方法

依据矿石（煤炭）中各组分之间密度的差异进行的分选称为重选。依据矿石（煤炭）中各组分之间磁性的差异进行的分选称为磁选。依据矿石（煤炭）中各组分之间电学性质的不同进行的分选称为电选。依据矿石（煤炭）中各组分之间颗粒表面润湿性的差异进行的分选称为浮选。依据矿石（煤炭）中各组分之间颜色、光泽、放射性等的差异进行的分选称为拣选。分选可利用的物料性质及常用的分选方法如表1-1所示。

表 1-1　分选可利用的物料性质及常用的分选方法

物料性质	分选方法	工　　艺
密度	重选	洗矿、分级、重介质分选、跳汰分选、摇床分选、溜槽分选、风力分选、磁流体分选等
磁性	磁选	弱磁场磁选、强磁场磁选等
导电性	电选	高压电选
润湿性	浮选	泡沫浮选、表层浮选、油浮选、油球团分选、台浮、液-液分离、离子浮选、油膏分选等
颜色、光泽、放射性等	拣选	手选、光电拣选、X 射线激发检测拣选、放射性检测拣选、中子吸收检测拣选、红外扫描热体拣选等

选矿方法的应用可大致归纳为以下 7 个方面：

（1）将待选原料按照一定的要求分选成不同的产品，以满足生产需要或增加其使用价值。例如，火力发电厂产出的粉煤灰中含有一些空心微珠，其可用作生产防火涂料的原料，而其他组分则可用作制砖原料，应用重选方法将这两种组分分选开，分别用于满足不同的生产目的，以增加粉煤灰的利用价值。

（2）将矿石中有价成分富集起来，使之达到冶炼或其他工业上规定的要求，以便合理、经济、有效地利用矿产资源。例如，通常开采出的钼矿石，其钼含量仅有千分之几或万分之几，对于如此低的钼含量，无论采用什么样的冶炼技术，也无法对其直接进行冶炼，必须首先进行富集，分选出钼含量达 40% 以上的钼精矿，然后方能进行冶炼。

（3）除去矿石中所含的有害杂质，使之易于或能够被利用。例如，一些铁含量较高的高岭土矿石，如果不利用某些分选方法有效地脱除其中的大部分铁，它就不能被用来生产陶瓷制品或用作工业填料和涂料。

（4）将矿石中多种有用矿物分选成各种精矿产品，以利于分别加工利用。例如，含铜、铅、锌的多金属硫化物矿石，在用来冶炼提取金属铜、铅、锌之前，必须将其分选成铜精矿、铅精矿和锌精矿，或铜精矿和铅锌混合精矿，否则冶炼过程将无法进行。

（5）从废物、废渣（如城市固体垃圾、冶炼炉渣、电解泥等）中回收有价成分，以解决废物利用问题。例如，生产铁合金的冶炼炉渣中含有一些铁颗粒，如果不将其中的铁分选出来，不仅会造成资源的大量浪费，这些炉渣也无法用于其他目的。

（6）从废液或工业废水中回收有价成分或净化排放污水，以保护自然环境。例如，工业废水中常常含有不同性质的固体悬浮物，根据这些悬浮物的具体性质，可利用浮选、重选或磁选方法予以回收，既充分利用了资源，又达到了净化工业废水的目的。

（7）从空气或废气中分离出粉尘，以控制大气污染。在工业生产过程中往往会产生一些粉尘扩散到周围的大气中，由于粉尘颗粒与空气之间存在着明显的密度差异，可利用重选或过滤的方法将粉尘回收，达到净化空气的目的。

1.3　选矿的基本过程及常用术语

从对待选物料进行分选的依据中可以看出，无论采用哪种分选方法，保证分选过程有效进行的前提，都是待分选物料中各组分之间存在并能表现出某些物理及化学性质方面的差异。因此，在对固体物料进行分选之前，必须使各种组分（或其中的一部分）基本上呈单体状态，也就是说，给入分选作业的物料在粒度符合选别作业要求的同时，还必须是包含具有不同物理及化学性质颗粒的碎散物料粒群，这样才能实现有效的分选。正是由于这一实际要求，固体物料在进行分选之前，一般都需经过破碎、筛分和磨矿、分级作业，以制备出符合分选作业要求的给矿。所以，选矿过程大都包括破碎与磨矿、分选作业和产品处理3个基本环节。

在选矿试验研究和工业生产实践中经常遇到的术语如下：

（1）原矿（原煤），即指矿山开采出的、没有进行过加工的矿石（煤炭），也就是给入选矿厂（选煤厂）的待分选矿石（煤炭）。

（2）给料（给矿），即指给入某一个选别回路或者分选设备的物料。

（3）高密度产物（重选精矿），即指经过重选而得到的、主要由高密度颗粒组成的产品。

（4）低密度产物（重选尾矿），即指经过重选而得到的、主要由低密度颗粒组成的产品。

（5）磁性产物（磁选精矿），即指经过磁选而得到的、主要由磁性颗粒组成的产品。

（6）非磁性产物（磁选尾矿），即指经过磁选而得到的、主要由非磁性颗粒组成的产品。

（7）疏水性产物（浮选泡沫），即指经过浮选而得到的、主要由疏水性颗粒组成的产品。

（8）亲水性产物（槽内产物），即指经过浮选而得到的、主要由亲水性颗粒组成的产品。

（9）导体产物，即指经过电选而得到的、主要由导体颗粒组成的产品。

（10）非导体产物，即指经过电选而得到的、主要由非导体颗粒组成的产品。

（11）中矿，即指分选过程产出的、需要进一步处理的中间产品。

（12）精矿，即指分选作业或选矿厂得出的、富含一种或几种欲回收成分的产物，如铁精矿（富含铁的产物）、铜精矿（富含铜的产物）、铜铅混合精矿（富含铜和铅的产物）。

（13）尾矿，即指分选作业或选矿厂得出的、主要由脉石矿物组成的产物。

（14）品位，即指给料或产物中某种成分（如元素、化合物或矿物等）的质量分数，常用单位为%，或 g/t、g/m^3。

（15）产率，即指某一产物与给料或原料的质量之比，常用字母 γ 表示。

（16）回收率，即指产物中某种成分的质量与给料或原料中同一成分的质量之比。在工业生产实践中，回收率又细分为理论回收率和实际回收率两种。理论回收率是利用给料和产物的化验品位，基于质量平衡原理计算出来的。对于一个两种产物的分选过程，若给料和两种产物的质量分别为 Q_0、Q_1 和 Q_2，相应的某种成分的品位分别为 α、β 和 θ，则有：

$$Q_0\alpha = Q_1\beta + Q_2\theta \tag{1-1}$$

$$Q_0 = Q_1 + Q_2 \tag{1-2}$$

由式(1-1)和式(1-2)得： $\qquad Q_0(\alpha - \theta) = Q_1(\beta - \theta)$

亦即：

$$\frac{Q_1}{Q_0} = \frac{\alpha-\theta}{\beta-\theta} \qquad (1\text{-}3)$$

根据回收率的定义，得到该成分在产物 Q_1 中的理论回收率 ε 为：

$$\varepsilon = \frac{Q_1\beta}{Q_0\alpha}\times100\% = \frac{\beta(\alpha-\theta)}{\alpha(\beta-\theta)}\times100\% \qquad (1\text{-}4)$$

式(1-4)即为理论回收率的计算式。根据定义，产物 Q_1 的产率 γ 的计算式为：

$$\gamma = \frac{Q_1}{Q_0}\times100\% = \frac{\alpha-\theta}{\beta-\theta}\times100\% \qquad (1\text{-}5)$$

因此，理论回收率的计算式又可以表示为：

$$\varepsilon = \frac{\beta}{\alpha}\gamma \qquad (1\text{-}6)$$

对于实际回收率，则是直接对给矿和产物进行计量和品位化验，并根据所得数据直接计算出的回收率，亦即：

$$\varepsilon_{实际} = \frac{Q_1\beta}{Q_0\alpha}\times100\% \qquad (1\text{-}7)$$

(17) 选矿比，即指选得 1t 最终精矿所需原矿的吨数。

(18) 富集比，即指产物中某种成分的品位与给料中同一成分的品位之比。

(19) 选矿工艺流程图，即指表示分选过程的作业顺序及产品流向的线路图，见图 1-1。其中，A、B、C 3 个部分又分别称为破碎流程、磨矿流程和分选流程。

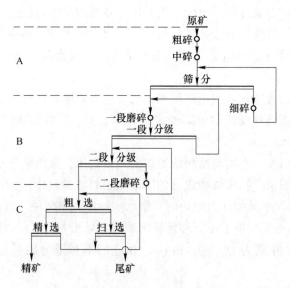

图 1-1　选矿工艺流程图

(20) 单体颗粒，即指仅含有一种化学成分（组分）或物质的颗粒。

（21）连生体颗粒，即指含有两种或两种以上组分或物质的颗粒。

（22）单体解离度，即指给料或分选所得的产物中，某种组分呈单体颗粒存在的量占给料或产物中该组分总量的百分数。

复习思考题

1-1 选矿的主要任务是什么？

1-2 对矿石进行分选的依据有哪些，相应的分选方法是什么？

1-3 选矿涉及的主要术语有哪些，它们的具体定义是什么？

2 破碎与磨矿

破碎与磨矿是对矿石进行分选前的准备环节，包括破碎、筛分和磨矿、分级等作业，其目的就是为分选作业制备适宜的给料。

2.1 碎散物料的粒度组成及分析

如前所述，选矿过程处理的都是碎散物料，给料和产物的粒度组成情况是评价这些作业情况的一项重要技术指标。为了准确而客观地评价它们的作业效果，规范碎散物料粒度组成的表示方法和分析方法是非常必要的。

2.1.1 粒度组成及粒度分析

2.1.1.1 粒度及其表示方法

所谓粒度，简言之，就是颗粒或粒子大小的量度。它表明物料（矿石）粉碎的程度，一般用 mm 或 μm 作单位。在实际工作中，粒度通常借用"直径"一词来表示，记为 d。例如，球形颗粒的直径用球的直径表示，立方体颗粒的直径用其边长表示。对于这些形状规则的颗粒，表示它们的粒度的确是一件非常容易的事情，然而遗憾的是，碎散物料的颗粒形状大都是不规则的，若要表示它们的粒度，则需要测定出它们的长（a）、宽（b）、高（c）3 个相互垂直方向的尺寸，用其平均值表示它们的直径（d），亦即：

$$d=(a+b+c)/3 \tag{2-1}$$

对于单个颗粒，用粒度表示它们的尺寸大小就足够了；但对于包含众多颗粒的碎散物料来说，测定出每一个颗粒的尺寸不但不实际，而且也无法确定用哪一个颗粒的粒度来描述它们的集体尺寸特征。由此可见，仅用粒度的概念根本无法清楚地表示碎散物料的尺寸特征。为了弥补这一缺欠，人们又建立了粒级、粒度组成和平均粒度的概念，以便从不同的方面准确描述物料的尺寸特征。

采用某种分级方法（如筛分）将粒度范围较宽的碎散物料分成粒度范围较窄的若干个级别，这些级别即称为粒级。粒级通常以它们的上限尺寸（d_1）和下限尺寸（d_2）表示，如 $d_1 \sim d_2$、$-d_1+d_2$、$d_2 \sim d_1$ 等。

粒度组成是记录碎散物料中各个粒级的质量分数或累计质量分数的文字资料。它表明物料的粒度构成情况，是对碎散物料粒度分布特征的一种数字描述。

平均粒度是碎散物料中颗粒粒度大小的一种统计表示方法。单一粒级的平均粒度（d）是其上限尺寸（d_1）和下限尺寸（d_2）的算术平均值，亦即：

$$d=(d_1+d_2)/2 \tag{2-2}$$

由多个粒级组成的物料可以看做是一个统计集合体，其平均粒度一般用统计学中求平均值的方法来计算。依据采用的计算方法，又可将计算出的平均粒度细分为加权算术平均粒度（$d_算$）、加权几何平均粒度（$d_几$）及调和平均粒度（$d_调$）。若用 d_i 表示物料中某一粒级的平均粒度，用 γ_i 表示平均粒度为 d_i 的粒级在物料中的质量分数，则上述 3 种平均粒度的计算式分别为：

$$d_算 = \sum(\gamma_i \cdot d_i)/\sum\gamma_i = \sum(\gamma_i \cdot d_i) \tag{2-3}$$

$$d_几 = (d_1^{\gamma_1} \cdot d_2^{\gamma_2}\cdots d_n^{\gamma_n})^{1/\sum\gamma_i} = d_1^{\gamma_1} \cdot d_2^{\gamma_2}\cdots d_n^{\gamma_n} \tag{2-4}$$

或
$$\lg d_几 = \sum(\gamma_i \cdot \lg d_i) \tag{2-5}$$

$$d_调 = \sum\gamma_i/\sum(\gamma_i/d_i) = 1/\sum(\gamma_i/d_i) \tag{2-6}$$

对于同一碎散物料，用不同统计计算方法计算出的平均粒度，一般也是不相同的。其数值的大小顺序为：$d_算 > d_几 > d_调$，而且计算时粒级分得越多，这 3 种平均粒度的数值就越接近，计算出的结果也越准确。基于这一情况，在实践中，当每个粒级的上限粒度与下限粒度之比不大于 $\sqrt{2}$ 时，常采用加权算术平均粒度表示碎散物料的平均粒度。

平均粒度虽然反映了碎散物料中颗粒粒度的平均大小，从一个侧面描述了物料的粒度特征，但它并不能全面地说明物料的粒度特征。例如，尽管两种碎散物料的加权算术平均粒度都是 10mm，但其中一种的上限粒度为 30mm、下限粒度为 0mm，而另一种的上限粒度为 15mm、下限粒度为 6mm。又如，尽管两种碎散物料的平均粒度相同，但它们各个相同粒级的质量分数却完全不同。因此，为了更充分地描述物料的粒度特征，在实际工作中，除采用平均粒度外，还引入了偏差系数（$K_偏$）来描述物料中颗粒粒度的均匀程度。偏差系数的计算式为：

$$K_偏 = \frac{\sigma}{d_算}\times100\% \tag{2-7}$$

式中，σ 为标准差，亦即：

$$\sigma = \sqrt{\sum(d_i - d_算)^2\gamma_i} \tag{2-8}$$

一般认为，$K_偏 < 40\%$ 的物料是粒度均匀物料，$K_偏 = 40\% \sim 60\%$ 的物料是粒度中等均匀物料，而 $K_偏 > 60\%$ 的物料则是粒度不均匀物料。

2.1.1.2 粒度分析方法

如前所述，对于单个颗粒，通过线测法可以直接测出它的粒度，但这只能在一些特殊的情况下才能采用；对于一种大吨位的碎散物料，只能借助于粒度分析方法来测定它的粒度组成情况。所谓粒度分析，就是确定物料粒度组成的试验。目前，在实际工作中常采用的粒度分析方法主要有筛分分析法、水力沉降分析法、显微镜分析法和激光粒度分析仪分析法。

筛分分析法通常简称为筛析法，即指利用筛孔大小不同的一套筛子对物料进行粒度分析的方法。采用 n 层筛子可把物料分成 $n+1$ 个粒级，每个粒级的粒度上限是该粒级中所有颗粒都能通过的（也就是上面一层筛子的）方形筛孔的边长（b_1），而它的粒度下限则是其中所有颗粒都不能通过的（也就是下面一层筛子的）方形筛孔的边长（b_2）。因此，两层筛子之间的这一粒级的粒度就可表示为 $-b_1 + b_2$ 或 $b_1 \sim b_2$。筛分分析适用的物料粒度范围为 $0.01 \sim 100$mm，其中粒度大于 0.1mm 的物料多采用干筛，而粒度在 0.1mm 以下的物料则常采用湿筛。这种粒度分析方法的优点是设备简单、操作容易，缺点是颗粒形状对分析结果的影响较大。

水力沉降分析法通常简称为水析法，即指利用不同粒度颗粒在水中沉降速度的差异，将物料分成若干粒度级别的分析方法。它与筛析法的区别在于，测得的结果是具有相同沉降速度的颗粒的当量直径，而不是颗粒的实际尺寸。此外，这种分析方法的测定结果既受颗粒形状的影响，又受颗粒密度的影响。因此，当被分析的物料中包含不同密度的颗粒时，通过水析法得到的各个粒级中都将包含高密度的小颗粒和低密度的大颗粒；当被分析的物料中包含密度相同而形状不同的颗粒时，通过水析法得到的各个粒级中又将包含形状规则的小颗粒和形状不规则的大颗粒。水析法适用于对粒度范围为 $1 \sim 75 \mu m$ 的物料进行粒度分析。

显微镜分析法即指在显微镜下对颗粒的尺寸和形状直接进行观测的一种粒度分析方法。它常用来检查分选作业的产品或校正用水析法所得到的分析结果，其最佳测定粒度范围为 $0.25 \sim 50 \mu m$。

激光粒度分析仪分析法即指采用激光粒度分析仪对微细粒级物料的样品进行粒度组成测定的分析方法。这种粒度分析方法的优点是节省时间，检测结果使用方便，$1 \sim 2 min$ 即可完成一个样品的检测，而且检测结果不需要进行任何数据处理。只是该法每次检测使用的样品非常少（小于 1g），为了保证测定结果真实可靠，需要平行测定 3 次以上，采用测定结果的算术平均值作为最终测定结果。

粒度分析是选矿试验研究及工业生产中的一项重要工作。首先，分选工艺的重要特点之一就是针对不同粒度范围的物料，采用不同的分选方法对其进行分选；其次，在确定分选工艺流程和选择分选设备时，待分选物料的粒度组成是一个必须考虑的重要因素；再次，在评价分选作业的实际工作效果和分析生产过程时，也常常需要对给料和产物进行粒度分析。因此，对于选矿过程，粒度分析是分析问题的一个基本手段，是技术工作中的一项基本操作方法。

2.1.2　筛分分析

筛分分析是最古老的粒度分析方法之一，也是目前试验研究和生产实践中应用最多的粒度分析方法。这种方法实质上就是让已知质量的物料（试样）连续通过筛孔逐层减小的一套筛子，从而把物料分成不同的粒度级别。

2.1.2.1　筛分分析的工具

根据待分析物料的粒度范围不同，筛分分析可采用不同的筛分工具。对于粗粒物料，多采用手筛进行人工筛析；而对于粒度在几毫米以下的物料，则需要采用标准筛在振筛机上进行筛析。

手筛就是把筛网固定在筛框上而构成的筛子，这种筛子可以根据需要随时加工。而标准筛则是一套筛孔尺寸有一定比例、筛孔大小和筛丝直径均按照标准制造的筛子。在使用标准筛时，需要按照筛孔的大小从上到下依次将各个筛子排列起来，这时各个筛子所处的层位次序称为筛序。在叠好的筛序中，相邻两个筛子的筛孔尺寸之比称为筛比。

筛号以前主要以网目命名。所谓网目，就是筛网上每英寸（25.4mm）长度内所具有的方形筛孔的个数。这种筛号的命名方法连续使用了很长时间。近年来广泛采用的筛号命名方法是直接以筛孔的尺寸来命名，与采用网目命名的方法相比，这种命名方法更加直观、准确。

2.1.2.2　筛分分析的方法

用标准筛对物料进行粒度分析时，根据具体情况，可采用干筛，也可以采用干筛和湿筛联合的方式。当物料含水、含泥较少，对分析结果的要求又不是很严格时，可以直接进行干筛；但当物料黏结严重、对分析结果的要求又比较严格时，则需要采用干筛和湿筛联合的方式进行筛分。

干筛一般需要在振筛机上进行 10~30min。判断筛分是否达到终点，需要对每层筛子进行人工筛分检查。当 1min 内筛出的筛下物料质量不大于筛上物料质量的 1%或不大于所筛物料总质量的 0.1%时，方可认为筛分达到了终点；否则筛分应继续进行，直到符合上述要求为止。干筛完成后，将筛得的各个粒级分别计量。

干-湿联合筛分是先用标准筛中筛孔尺寸最小的筛子对物料进行湿筛，然后再将所得到的筛上物料烘干、计量，筛上物料的质量与物料原来质量的差值就是经过湿筛筛出的最细一个粒级的质量，最后将筛上物料在振筛机上用全套标准筛进行干筛。筛分结束后，将所得到的各个粒级分别计量，其中干筛所得的最细一个粒级的质量加上湿筛所得的该粒级的质量，即为筛分分析所得到的最细一个粒级的质量。

为了保证筛析结果具有足够的可信度，通过筛析所得到的各个粒级的质量之和与物料原来质量的差值不能超过物料原来质量的 1%，否则筛析结果应视为无效，必须重新进行筛分分析。另外，欲得到准确可靠的筛分分析结果，则筛析试样的质量必须达到有代表性的最小质量。在实际工作中，根据待筛析物料中最大颗粒的粒度，一般按表 2-1 所示选取试样的最小质量。

表 2-1　筛分试样的最小质量

最大颗粒粒度/mm	0.1	0.3	0.5	1.0	3.0	5.0	10.0	20.0
试样最小质量/kg	0.025	0.05	0.1	0.2	0.5	2.0	5.0	20.0

2.1.2.3　筛分分析结果的处理

当筛析过程的物料质量损失不超过 1%时，就可以把各个粒级的质量之和作为 100%来计算。在此基础上，可以采用表格法或曲线法对筛分分析所得的结果进行处理。

所谓表格法，顾名思义，就是把筛析结果填入规定的表格内。常用的表格形式如表2-2 所示。

表 2-2　筛分分析结果

粒级/mm	质量/kg	个别产率/%	筛上（正）累计产率/%	筛下（负）累计产率/%
-16+12	2.25	15.00	15.00	100.00
-12+8	3.00	20.00	35.00	85.00
-8+4	4.50	30.00	65.00	65.00
-4+2	2.25	15.00	80.00	35.00
-2+0	3.00	20.00	100.00	20.00
合计	15.00	100.00		

表 2-2 中的第 1 栏是粒级，也就是在筛分分析试验中采用的每两个相邻筛子的筛孔尺

寸；第 2 栏是筛析所得到的各个粒级的质量；第 3 栏是各个粒级的产率，也就是被筛析的物料中某个粒级的质量分数；第 4 栏是筛上累计产率（或正累计产率），也就是被筛析的物料中粒度大于某一筛孔尺寸的那一部分物料的质量分数，如第 4 行的 80.00% 表明，被筛析的物料中颗粒粒度大于 2mm 部分的质量分数为 80.00%，小于 2mm 部分的质量分数为 20.00%；第 5 栏是筛下累计产率（或负累计产率），也就是被筛析的物料中粒度小于某一筛孔尺寸的那一部分物料的质量分数。

曲线法就是把筛析结果绘制成曲线，以便更充分地体现它们的意义和作用。这种按照筛析结果绘制出的曲线称为粒度特性曲线，它直观地反映出被筛析物料中任何一个粒级的产率与颗粒粒度之间的关系。

在绘制粒度特性曲线时，通常以横坐标表示物料粒度，以纵坐标表示累计产率，采用的直角坐标系可以是算术的、半对数的，也可以是全对数的。根据表 2-2 中筛析结果绘制出的 3 种粒度特性曲线如图 2-1~图 2-3 所示。

根据物料的粒度特性曲线，可以方便地求出物料中任意一个粒级的产率（上限粒度和下限粒度所对应的筛下累计产率之差或下限粒度和上限粒度所对应的筛上累计产率之差）、最大块的粒度（在中国以筛下累计产率等于 95% 的点所对应的粒度表示，而在欧美各国则以 80% 的筛下累计产率所对应的粒度表示）等。同时，为了对多个物料的粒度组成情况进行比较，常常把它们的粒度特性曲线绘制在同一个坐标系中（如图 2-4 所示）。图 2-4 中的凸形正累计产率曲线 A 表明物料中粗粒级占多数，凹形正累计产率曲线 C 表明

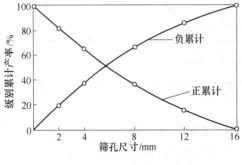

图 2-1　算术累计粒度特性曲线

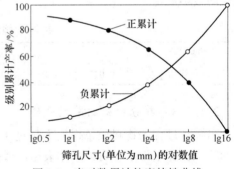

图 2-2　半对数累计粒度特性曲线

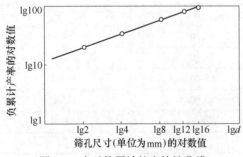

图 2-3　全对数累计粒度特性曲线

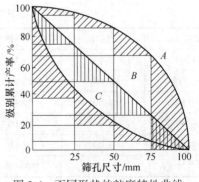

图 2-4　不同形状的粒度特性曲线

物料中细粒级占多数，而近似呈直线的正累计产率曲线 B 则表明物料中粗、细粒级的含量均匀分布。

对比上述两种物料粒度筛析结果的表示方法可以看出，表格法简单，但应用不便；曲线法表现直观、应用方便，并且包含的信息量也远远多于表格法，但绘制工作要相对复杂一些。

2.2 工业筛分及筛分机械

使碎散物料通过单层或多层筛面，将其分成多个不同粒度级别的过程称为筛分。在工业生产中，所有的筛分过程都是借助于筛分机械完成的。

2.2.1 筛分过程及其评价

筛分是将碎散物料严格按照粒度进行分离的过程，将它与固体矿产资源的分选过程联系起来时，筛分作业的主要目的如下：

（1）防止物料中的细粒级部分进入破碎设备，以增加它们的生产能力和工作效率；

（2）防止物料中的粗粒级部分进入下一个作业，保证破碎或磨碎产品的粒度符合要求；

（3）为某些重选作业制备粒度范围较窄的给料，以提高分选指标；

（4）制备窄级别的最终产品，如生产较细粒级建筑用石的采石厂，其最终产品就是通过筛分作业而产出的；

（5）进一步提高分选过程所得产物的质量，保证选矿厂最终产品的质量符合要求。

在工业生产实践中，通常把完成上述 5 种目的的筛分作业分别称为预先筛分、检查筛分、准备筛分、独立筛分和选择筛分。

在生产实践中，常常用数量指标和质量指标作为评价筛分作业效果好坏的依据。评价筛分作业的数量指标是筛子的生产率，也就是单位时间内给到筛子上（或单位筛面面积上）的物料量，常用 t/h 或 t/(m² · h) 作单位。评价筛分作业的质量指标是筛子的筛分效率。

筛分作业的目的就是分出入筛物料中粒度比筛孔尺寸小的那部分细粒级别。理想的情况是，粒度比筛孔尺寸小的所有颗粒都进入筛下物中，粒度比筛孔尺寸大的所有颗粒都留在筛面上形成筛上物。然而在实际生产中，由于多种因素的影响，使得筛上物中总是或多或少地残留一些粒度比筛孔尺寸小的细颗粒，而筛下物中有时也会因筛面磨损或操作不当而混入一些粒度比筛孔尺寸大的粗颗粒。为了描述筛分作业完成的不完善程度，在实际工作中引入了筛分效率的概念。所谓筛分效率，就是通过筛分实际得到的细粒级别的质量占入筛物料中所含粒度小于筛孔尺寸的那部分物料的质量百分数。如果用 Q、C、A 和 α、β、θ 分别代表入筛物料、筛下物、筛上物的质量和入筛物料、筛下物、筛上物中粒度小于筛孔尺寸的那部分物料的质量分数，则根据定义，筛分效率 E 的计算式为：

$$E = \frac{C\beta}{Q\alpha} \times 100\% = \left(1 - \frac{A\theta}{Q\alpha}\right) \times 100\% \tag{2-9}$$

在实际生产中，由于直接测定 Q 和 C 比较困难，常常根据筛分过程中物料量的平衡关系进行间接测定和计算筛分效率。

筛分过程中存在如下的物料量平衡关系：

$$Q = A + C$$

$$Q\alpha = A\theta + C\beta$$

由上述两式可推导出：

$$\frac{C}{Q} = \frac{\alpha - \theta}{\beta - \theta}$$

将上式代入式(2-9)得：

$$E = \frac{\beta(\alpha - \theta)}{\alpha(\beta - \theta)} \times 100\% \qquad (2-10)$$

筛面未磨损或磨损轻微时，可以认为$\beta = 1$，于是有：

$$E = \frac{\alpha - \theta}{\alpha(1 - \theta)} \times 100\% \qquad (2-11)$$

2.2.2　筛分机械

在工业生产中，完成筛分作业的设备或机械称为筛分机或筛子，虽然它们的使用历史悠久且种类繁多，但目前尚没有统一的分类标准。为了便于叙述，将其归结为固定筛、振动筛、细筛和其他筛分设备4类，下面分别就它们的结构特征、工作性能和应用情况进行一些介绍。

2.2.2.1　固定筛

固定筛是指在工作中筛框和筛面均不运动的一类筛分机械。在工业生产中应用较多的固定筛有固定格筛、固定条筛和滚轴筛3种。

固定格筛和固定条筛都是由固定的钢条或钢棒构成筛面的筛分设备。固定格筛通常用于生产规模和粗碎设备生产能力较小的选矿厂，它常呈水平状安装在原料仓的顶部，以保证给入选厂的原矿粒度符合要求。筛出的大块矿石通常借助于人工破碎使之达到过筛粒度。

固定条筛主要用作粗碎和中碎前的预先筛分设备，安装倾角一般为40°~50°，以保证物料能在筛面上借助于重力自动下滑，其结构如图2-5所示。

固定条筛的筛孔尺寸（在横向上两棒条之间的间距）约为筛下物所要求的粒度上限的1.1~1.2倍，但一般不小于50mm。筛面宽度要求大于入筛物料中最大块尺寸的2.5倍，以防止大块物料在筛面上架拱，筛面长度一般为筛面宽度的2倍。

固定条筛的突出优点是：结构简单，无运动部件，不消耗动力。但其筛孔容易堵塞，筛分效率较低（仅有50%~60%），且需要较大的安装高差。

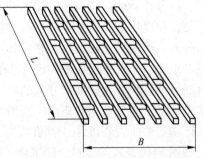

图2-5　固定条筛的结构示意图

滚轴筛的筛面是由多根旋转的滚轴排列而成的。滚轴上有圆盘，相邻滚轴和圆盘之间的间隙即是这种筛子的筛孔。滚轴筛通常以 15°左右的倾角安装，借助于滚轴的旋转，使给到筛面上的物料逐渐向排料端移动，同时完成筛分作业。

滚轴筛常用于筛分粗粒级物料，其筛孔尺寸往往大于 15mm。与前述两种固定筛相比，滚轴筛的筛分效率较高，所需的安装高度较小，但结构却比较复杂。目前，这种筛分机多用于选煤厂和炼铁厂。

不同类型滚轴筛之间的区别主要体现在圆盘的形状上，目前生产中最常用的滚轴筛主要有 GS 型滚轴筛、HGP 型滚轴筛和 DGS 型等厚滚轴筛等。

2.2.2.2 振动筛

振动筛是指筛框做小振幅、高振次振动的一类筛分机械，常用来对粒度在 0.25 ~ 350mm 之间的碎散物料进行筛分。这类筛分机的规格用筛面的宽度 B 和长度 L（$B \times L$）表示。由于筛体做小振幅、高振次的强烈振动，有效地消除了筛孔堵塞现象，大大提高了筛子的生产率和筛分效率（$E = 80\% ~ 90\%$）。这类筛分机械既可以用于碎散物料的筛分作业，又可用于固体物料的脱水、脱泥、脱介等作业，因而在固体物料的分选过程中应用最为广泛。

根据筛框的运动轨迹，振动筛可分为圆运动振动筛和直线运动振动筛两类，前者包括惯性振动筛、自定中心振动筛和重型振动筛，后者包括双轴直线振动筛和共振筛。目前生产中使用的圆运动振动筛主要有 YK 系列圆运动振动筛、YKR 系列圆运动振动筛、德国 KHD 公司的 USK 型振动筛、ZD 系列振动筛和 YA 系列振动筛等。ZD 系列和 YA 系列振动筛是座式轴偏心自定中心振动筛。

A 惯性振动筛

惯性振动筛有时也称为单轴惯性振动筛，目前中国生产的惯性振动筛有悬挂式和座式两种。

图 2-6 和图 2-7 分别是 SZ 型惯性振动筛的结构图和工作原理示意图。从图 2-6 和图 2-7 中可以看出，这种筛子有 8 个主要组成部分，其中筛网固定在筛箱上，筛箱安装在两个椭圆形板簧上，板簧底座固定在基础上，偏重轮和皮带轮安装在主轴上，重块安装在偏重轮上。改变重块在偏重轮上的位置可以得到不同的离心惯性力，以此来调节筛子的振幅。主轴通过两个滚动轴承固定在筛箱上。筛箱一般呈 15°~25°倾斜安装，以促进物料在筛面上向排料端运动。

当电动机带动皮带轮转动时，偏重轮上的重块即产生离心惯性力，从而引起板簧做拉

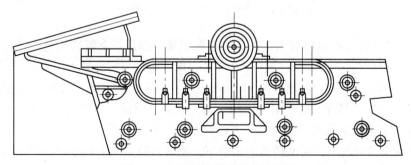

图 2-6　SZ 型惯性振动筛的结构图

伸或压缩运动，其结果是使筛箱沿椭圆轨迹或圆轨迹运动。惯性振动筛也正是因筛子的激振力是离心惯性力而得名的。

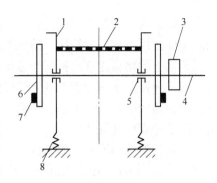

图 2-7　SZ 型惯性振动筛的
工作原理示意图
1—筛箱；2—筛网；3—皮带轮；
4—主轴；5—轴承；6—偏重轮；
7—重块；8—板簧

在惯性振动筛的工作过程中，若假定重块的质量和旋转半径分别为 q 和 r，筛箱加负荷的质量为 Q，筛子的振幅为 a，则不平衡重块产生的激振惯性力矩为 qgr，筛箱运动所产生的惯性阻力矩为 Qga。由于这种筛分机通常都在远超共振状态下工作（筛子的振动频率 ω 与其固有频率 ω_0 之比远远大于 1），两个惯性力矩的大小相等、方向相反，即有：

$$qgr = Qga \qquad (2\text{-}12)$$

由式(2-12)可以看出，当 q、r 一定时，筛子的振幅 a 将随着给料速度的波动而变化，从而使筛分效率也随着负荷的波动而变化。因此，惯性振动筛要求给料速度尽量保持恒定。

B　自定中心振动筛

自定中心振动筛目前在工业生产中应用得最多。它同样也有座式和悬挂式两种，其突出特点是皮带轮的旋转中心线在工作中能自动保持不动。

图 2-8 和图 2-9 分别是皮带轮偏心式自定中心振动筛的结构图和工作原理示意图。

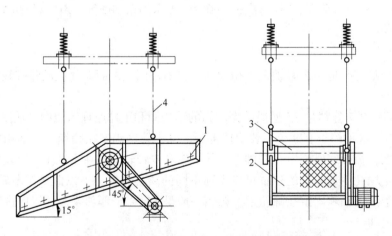

图 2-8　皮带轮偏心式自定中心振动筛的结构图
1—筛箱；2—筛网；3—激振器；4—弹簧吊杆

对比图 2-7 和图 2-9 可以看出，自定中心振动筛与惯性振动筛在结构上的区别主要在于，前者的皮带轮与传动轴同心安装；而后者的皮带轮则与传动轴不同心，两者之间的偏离距离为 a，a 布置在皮带轮几何中心与偏心重块相对的一侧（见图 2-9），在这里 a 就是筛子工作时的振幅。另外，这种筛分机的中部也有偏心质量，当它与偏心重块在同一个方向时可以获得最大的激振力，而在相反方向时激振力最小。

从图 2-9 中可以看出，在电动机的带动下，当偏心质量向上运动时，离心惯性力的方向也向上，因为运动滞后于激振力 180° 的相位角，所以此时筛子向下运动，装在筛箱上

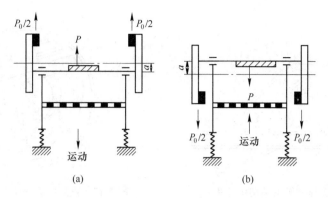

图 2-9 皮带轮偏心式自定中心振动筛的工作原理示意图
(a) 筛箱向下运动；(b) 筛箱向上运动
P—偏心重块质量；P_0—皮带轮偏心块质量

的主轴当然也一起向下运动，而这时皮带轮的几何中心则位于主轴的上方（见图 2-9 (a)）；相反，当偏心质量向下运动时，筛箱及主轴则向上运动，皮带轮的几何中心位于主轴的下方（见图 2-9 (b)）。由此可见，借助于这种特殊的机械结构，实现了筛子在工作过程中皮带轮的几何中心（即旋转中心）保持不动，主轴的中心线绕皮带轮几何中心线旋转。同时也必须指出，采用这种机械结构虽然能实现皮带轮自定中心，但固定在筛箱上的主轴以及固定在主轴上的皮带轮都参与了振动过程，致使振动质量较大。

由于自定中心振动筛在工作过程中能自定中心，从而大大地改善了电动机和传动皮带的工作条件，使得这种筛子的振幅可以比惯性振动筛的大一些，振动频率比惯性振动筛的低一些，制造规格也可以比惯性振动筛的大一些，筛分物料的最大块粒度可相应提高到 150mm。

C 重型振动筛

重型振动筛是一种特殊的座式皮带轮偏心式自定中心振动筛，其基本结构如图 2-10 所示。重型振动筛的突出特点是：结构坚固，能承受较大的冲击负荷，适合于筛分密度大、粒度粗的物料，给料的最大块粒度可达 350mm。

重型振动筛在机械结构上的突出特点是：不在筛子的主轴上设置偏心质量，借助于一个自动调整振动器产生激振力，从而避免了在启动或停车过程中由于共振作用而使筛子振幅急剧增加所带来的危害。

重型振动筛的自动调整振动器的机械结构如图 2-11 所示，它的突出特点是，可以为筛分机提供一个大小随筛子转速变化的激振力。当筛子在启动或停车过程中通过共振区的低转速范围时，重锤产生的离心惯性力不足以压缩弹簧，而处在旋转中心附近，这时施加到筛子上的激振力很小，从而使筛子平稳地通过共振区。当筛子的主轴在电动机的带动下以高速旋转时，重锤产生的离心惯性力迅速增加，从而压迫弹簧到达轮子的外缘，使筛分机在较大的激振力作用下进入正常工作状态。

D 双轴直线振动筛

双轴直线振动筛是靠两根带偏心重块的主轴做同步反向旋转而产生振动的筛分机，其筛面呈水平或稍微倾斜安装。与圆运动振动筛相比，直线振动筛具有如下优点：

(1) 运动轨迹为直线，物料在筛面上的运动情况比较好，因而筛分效率比较高；

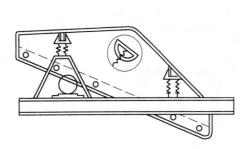

图 2-10　重型振动筛的结构示意图

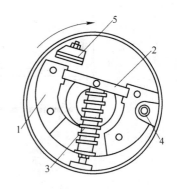

图 2-11　重型振动筛的自动调整振动器
1—重锤；2—卡板；3—弹簧；4—小轴；5—撞铁

（2）筛面可以水平安装，因而降低了筛子的安装高度；

（3）因为筛箱常呈水平安装，所以它除了用于物料的筛分以外，特别适合用作脱水、脱泥和脱介设备。

双轴直线振动筛激振器的工作原理如图 2-12 所示。两偏心重块的质量相等且做同步反向回转，所以在任何时候，两偏心重块产生的离心惯性力在 K 方向（即振动方向）上的分力总是互相叠加，而在垂直于 K 方向上的离心惯性力分力总是互相抵消，从而形成了单一的沿 K 方向的激振力，驱动筛分机做直线振动。

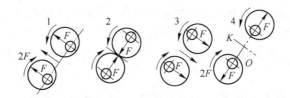

图 2-12　双轴直线振动筛激振器的工作原理示意图

双轴直线振动筛的特点是：激振力大，振幅大，振动强，筛分效率高，生产能力大，可以筛分粗粒级物料，尤其是筛面可以接近水平安装，使得这种筛分机广泛用作脱水、脱泥和脱介设备；但是，这种筛分机的激振器比较复杂，两根轴的制造精度要求高，而且需要良好的润滑条件。

E　共振筛

上述 4 种振动筛都是在远超共振的非共振状态下工作的，其工作频率远大于系统的固有频率；而共振筛却是在共振状态下工作，其工作频率接近于系统的固有频率，共振筛也恰恰是因此而得名。

根据激振机构的不同，可以将共振筛细分为弹性连杆式共振筛和惯性式共振筛两种类型。目前在生产中使用的弹性连杆式共振筛主要有 RS 型共振筛、$15m^2$ 双筛箱共振筛、$30m^2$ 双筛箱共振筛和 CDR-84 型双筛箱共振筛等，惯性式共振筛主要有 SZG 型惯性式共振筛和平衡底座式惯性共振筛等。

RS 型共振筛的结构如图 2-13 所示。这种筛分机具有筛箱和平衡架两个振动体，平衡架通过橡胶弹簧固定在基础上。筛箱与平衡架之间装有导向板弹簧和由带间隙的非线性弹簧组成的主振弹簧。电动机带动装在平衡架上的偏心轴，然后通过装有传动弹簧的连杆将力传给筛箱，驱动筛箱做往复运动；同时，平衡架也受到反方向的作用力而做反向运动。

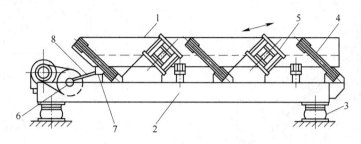

图 2-13 RS 型共振筛的结构图

1—筛箱；2—平衡架；3—橡胶弹簧；4—导向板弹簧；

5—主振弹簧；6—偏心轴；7—传动弹簧；8—连杆

共振筛的筛箱、弹簧和机架等部分组成一个弹性系统，产生弹性振动。在筛分机的工作过程中，筛箱的振动动能和弹簧系统的弹性势能互相转化，所以只需要给筛子补充在能量转换过程中损失掉的能量，即可维持正常工作。

共振筛的突出特点是：筛面面积大，生产能力大，筛分效率高，且能耗比较低；但这种筛分机的制造工艺复杂，橡胶弹簧也容易老化。

2.2.2.3 细筛

细筛一般指筛孔尺寸小于 0.4mm、用于筛分 0.045~0.2mm 以下物料的筛分设备。当物料中的欲回收成分在细粒级别中大量富集时，细筛常用作选择筛分设备，以得到高品位的筛下产物。

按振动频率划分，细筛可分为固定细筛、中频振动细筛和高频振动细筛 3 类。中频振动细筛的振动频率一般为 13~20Hz，高频振动细筛的振动频率一般为 23~50Hz。目前生产中使用的固定细筛主要有平面固定细筛和弧形细筛等，中频振动细筛主要有 HZS1632 型双轴直线振动细筛和 ZKBX1856 型双轴直线振动细筛等，高频振动细筛主要有 GPXS 系列和 DZS 系列高频振动电磁细筛、德瑞克高频振动细筛、MVS 型电磁振动高频振网筛、双轴直线振动高频细筛和单轴圆振动高频细筛等。

平面固定细筛（见图 2-14）通常以较大的倾角安装，筛面倾角一般为 45°~50°。筛面是由尼龙制成的条缝筛板，缝宽通常在 0.1~0.3mm 之间变动。平面固定细筛的筛分效率不高，但因结构十分简单，应用较为广泛。

生产中使用的弧形细筛如图 2-15 所示。这种细筛利用物料沿弧形筛面运动时产生的离心惯性力来提高筛分过程的筛分效率。弧形细筛的构造也比较简单，但筛分效率却明显比平面固定细筛的高。

美国德瑞克公司生产的聚氨酯筛网重叠式高频振动细筛，是目前以最小占地面积和最小功率获取最大筛分能力的高频振动细筛，其特点是并联给料、直线振动配合 15°~25° 的筛面倾角，筛分物料流动区域长，传递速度快，筛网的开孔率高且耐磨损。筛网的筛孔通常为 0.15mm 和 0.10mm。

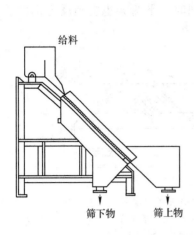

图 2-14　平面固定细筛

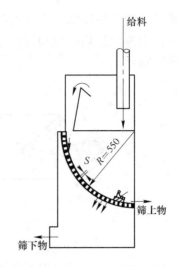

图 2-15　弧形细筛
S—筛孔宽度；R—筛面的曲率半径

MVS 型电磁振动高频振网筛是一种筛面振动筛分机械，适用于粉体物料的筛分、分级和脱水，其结构如图 2-16 所示。这种筛分设备的突出特点和技术特征体现在如下几个方面：

（1）筛面振动，筛箱不动；

（2）筛面高频振动，频率为 50Hz，振幅为 1~2mm，有很高的振动强度，其加速度可达 $80~100m/s^2$，是一般振动筛振动强度的 2~3 倍，所以不堵塞，筛面自清洗能力强，筛分效率高，处理能力大；

（3）筛面由 3 层筛网组成；

（4）筛分机的安装角度可随时方便地调节，以适应待筛物料的性质及不同筛分作业；

（5）筛分机的振动参数采用计算机集控；

（6）功耗小，每个电磁振动器的功率仅为 150W；

（7）实现封闭式作业，减少环境污染。

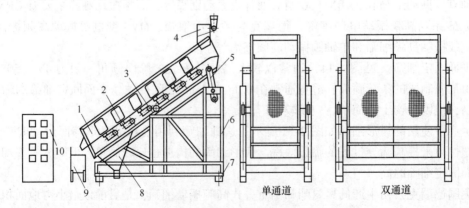

图 2-16　MVS 型电磁振动高频振网筛的结构示意图
1—筛箱；2—筛网；3—振动器；4—给料箱；5—调节装置；6—机架；
7—橡胶减震器；8—筛下漏斗；9—筛上产物接收槽；10—电控柜

MVS 型电磁振动高频振网筛工作时，布置在筛箱外侧的电磁振动器通过传动系统把振动导入筛箱内，振动系统的振动构件托住筛网并激振筛网。筛网采用两端折钩、纵向张紧。每台设备沿纵向布置有若干组振动器及传动系统，电磁振动器由电控柜集中控制，每个振动系统分别具有独立激振筛面，可随时分段调节。筛箱安装具有一定倾角，并且可调。物料在筛面高频振动作用下沿筛面流动、分层、透筛。

2.2.3 筛分过程的影响因素及筛分机生产能力计算

2.2.3.1 筛分过程的影响因素

筛分过程的影响因素主要包括物料性质、筛分机特性和操作条件 3 个方面。

A 物料性质

物料性质对筛分过程的影响主要体现在待筛物料的粒度组成、含水量、含泥量和颗粒形状等几个方面，其中以物料粒度组成的影响最为重要。在实际生产中，一般要求入筛物料中的最大块粒度不大于筛孔尺寸的 2.5~4.0 倍。

干筛时，若入筛物料中含有较多的水或泥，则会使细粒黏结成团或附着在粗粒表面而不易透筛，从而使筛分效率急剧下降。因此，当物料含水、含泥较多时，需要采用湿筛或进行预先洗矿脱泥，以强化筛分过程、提高筛分指标。

此外，入筛物料的颗粒形状也会对筛分过程产生一定的影响。一般来说，圆形颗粒容易通过方形筛孔，长条状、板状及片状颗粒则难以通过方形筛孔，而容易通过长条形筛孔。在实际生产中，破碎产物的颗粒大都呈多角形，它们通过方形筛孔比通过圆形筛孔要容易一些。

B 筛分机特性

筛分机特性对筛分过程的影响主要体现在筛面形式、筛面尺寸、筛孔形状及筛分机的运动特性等方面。其中，筛分机的运动特性是决定筛分效率的主要因素，其中固定筛的筛分效率通常为 50%~60%，摇动筛的为 70%~80%，振动筛的高于 90%。

实际生产中使用的筛面主要有棒条形筛面、钢板冲孔筛面和钢丝编织筛面 3 种。棒条形筛面耐冲击、耐磨损、使用寿命长、价格便宜，但筛分效率较低。钢丝编织筛面的筛分效率较高，但抗冲击性能和耐磨性都比较差，使用寿命短，价格高。钢板冲孔筛面则介于两者之间。因此，棒条形筛面和钢板冲孔筛面多用在处理粗粒级物料的筛分设备上，而钢丝编织筛面则常用在处理细粒级物料的筛分设备上。

筛孔形状主要影响筛下产物的最大块粒度 d_{max} 与筛孔公称尺寸 s 之间的关系，当两者之间的关系用公式：

$$d_{max} = k \cdot s \tag{2-13}$$

表示时，系数 k 的取值取决于筛孔的形状，圆形筛孔 $k = 0.7$，正方形筛孔 $k = 0.9$，长方形筛孔 $k = 1.2 \sim 1.7$（板状或长条状颗粒取大值）。

此外，筛面宽度 B 主要影响筛分机的生产率，筛面长度 L 主要影响筛分机的筛分效率。一般情况下，$B : L = 1 : 1.25$ 或 $1 : 1.3$。

C 操作条件

对筛分过程有影响的操作条件主要是给料方式。为了保证筛分过程的正常进行，在生产中要求筛分机的给料均匀、连续，且给料速度适宜，以便使物料沿整个筛面的宽度上铺成一薄层，既充分利用筛面，又便于细粒通过筛孔，使筛分过程获得较高的生产率和筛分效率。

2.2.3.2　筛分机生产能力计算

A　固定筛生产能力计算

在生产实践中，固定筛的生产能力一般按下式进行计算：

$$Q = A \cdot s \cdot \varepsilon \tag{2-14}$$

式中　Q——筛分机按给料计的生产能力，t/h；

A——筛分机的筛面面积，m^2；

s——筛孔尺寸，mm；

ε——比生产率，即筛孔尺寸为 1mm 时单位筛面面积的生产率，$t/(mm \cdot h \cdot m^2)$，对于不同类型的筛分机，ε 的数值可从表 2-3 和表 2-4 中选取。

表 2-3　固定格筛和条筛的比生产率

筛孔尺寸/mm	10	12.5	20	30	40	50	75	100	150	200
比生产率 $\varepsilon/t \cdot (mm \cdot h \cdot m^2)^{-1}$	1.4	1.35	1.2	1.0	0.85	0.75	0.53	0.40	0.26	0.2

表 2-4　滚轴筛的比生产率

筛孔尺寸/mm	50	75	100	125
比生产率 $\varepsilon/t \cdot (mm \cdot h \cdot m^2)^{-1}$	0.8~0.9	0.8~0.85	0.75~0.85	0.8~0.9

B　振动筛生产能力计算

对于振动筛的生产能力，综合考虑影响筛分过程的各种因素，以校正系数的方式将它们引入计算公式中，从而得到振动筛生产能力的计算公式为：

$$Q = A_1 \cdot \rho_0 \cdot q \cdot K \cdot L \cdot M \cdot N \cdot O \cdot P / 1000 \tag{2-15}$$

式中　Q——振动筛按给料计的生产能力，kg/h；

A_1——筛分机的有效筛面面积，m^2，一般取筛面几何面积的 0.8~0.9 倍；

ρ_0——入筛物料的堆密度，t/m^3；

q——单位面积筛面的平均生产能力，$m^3/(m^2 \cdot h)$，不同筛孔尺寸对应的 q 值可以从表 2-5 中选取；

K——代表细粒影响的校正系数；

L——代表粗粒影响的校正系数；

M——与筛分效率有关的校正系数；

N——代表颗粒形状影响的校正系数；

O——代表水分影响的校正系数；

P——与筛分方法有关的校正系数。

各校正系数的数值可以从表 2-6 中选取。

表 2-5 单位面积筛面的平均生产能力

筛孔尺寸/mm	0.16	0.2	0.3	0.4	0.6	0.8	1.17	2	3.15	5
$q/\mathrm{m}^3 \cdot (\mathrm{m}^2 \cdot \mathrm{h})^{-1}$	1.9	2.2	2.5	2.8	3.2	3.7	4.4	5.5	7	11
筛孔尺寸/mm	8	10	16	20	25	31.5	40	50	80	100
$q/\mathrm{m}^3 \cdot (\mathrm{m}^2 \cdot \mathrm{h})^{-1}$	17	19	25.5	28	31	34	38	42	56	63

表 2-6 式（2-15）中各校正系数的数值

给料中粒度小于筛孔尺寸之半的颗粒含量/%	0	10	20	30	40	50	60	70	80	90
K 的数值	0.2	0.4	0.6	0.8	1.0	1.2	1.4	1.6	1.8	2.0
给料中粒度大于筛孔尺寸的颗粒含量/%	10	20	25	30	40	50	60	70	80	90
L 的数值	0.94	0.97	1.0	1.03	1.09	1.18	1.32	1.55	2.00	3.36
筛分效率/%	40	50	60	70	80	90	92	94	96	98
M 的数值	2.3	2.1	1.9	1.6	1.3	1.0	0.9	0.8	0.6	0.4

颗粒形状	除煤以外的破碎物料			圆形颗粒（如砾石）			煤			
N 的数值	1.0			1.25			1.5			

物料的湿度	筛孔尺寸小于25mm				筛孔尺寸大于25mm					
	干的	湿的		成团	视湿度而定					
O 的数值	1.0	0.75~0.85		0.2~0.6	0.9~1.0					

筛分方法	筛孔尺寸小于25mm				筛孔尺寸大于25mm					
	干式	湿式（附有喷水）			任何情况					
P 的数值	1.0	1.25~1.4			1.0					

2.3 矿石的破碎

2.3.1 概述

利用外力克服颗粒内部各个质点之间的内聚力，从而使物料块破坏成小块的过程称为粉碎过程。按照破碎力的作用形式及产物粒度，常将粉碎过程细分为破碎和磨矿。破碎力主要是压应力及产物粒度大于 5mm 时，称为破碎。破碎主要是借助于磨削和冲击实现且产物粒度小于 5mm 时，称为磨矿。

2.3.1.1 破碎过程的技术指标

破碎过程的技术指标主要包括破碎比和破碎效率。

破碎比表征物料经过破碎过程而达到的破碎程度，也就是给料粒度与产物粒度的比值，常用字母 i 表示。根据具体的计算方法，破碎比又可细分为极限破碎比 $i_{极限}$、名义破碎比 $i_{名义}$ 和真实破碎比 $i_{真实}$。

极限破碎比是用物料破碎前、后的最大粒度 $D_{最大}$ 和 $d_{最大}$ 计算出来的破碎比，亦即：

$$i_{极限} = D_{最大}/d_{最大}$$

(2-16)

物料的最大粒度是指物料中有95%（中国）或80%（欧美国家）的颗粒都能通过的正方形筛孔的边长。在进行破碎工艺设计时常常采用极限破碎比。

名义破碎比是用破碎机给料口的有效宽度（0.85b）和排料口宽度$b_排$计算出来的破碎比，亦即：

$$i_{名义} = 0.85b/b_排 \qquad (2\text{-}17)$$

在进行破碎机负荷的近似计算时常采用名义破碎比。

真实破碎比是用给料平均粒度$D_{平均}$和产物平均粒度$d_{平均}$计算出来的破碎比，亦即：

$$i_{真实} = D_{平均}/d_{平均} \qquad (2\text{-}18)$$

由于真实破碎比能比较真实地反映破碎过程的作业情况，在试验研究中常采用真实破碎比。

在实际生产中，习惯上把破碎作业细分为粗碎、中碎和细碎，把磨矿作业细分为粗磨和细磨。

每一个破碎作业的破碎比称为部分破碎比。整个破碎回路的破碎比称为总破碎比，记为$i_总$，两者之间的关系为：

$$i_总 = i_1 i_2 i_3 \cdots i_n \qquad (2\text{-}19)$$

破碎效率通常定义为每消耗1kW·h能量所获得的破碎产物的吨数。破碎机的技术效率E则是指破碎产物中新产生的某一细粒级别的质量与给料中大于该粒级的质量之比，其数学表达式为：

$$E = \{Q(\beta-\alpha)/[Q(1-\alpha)]\} \times 100\% = [(\beta-\alpha)/(1-\alpha)] \times 100\% \qquad (2\text{-}20)$$

式中　Q——破碎机的生产能力，t/h；

　　　β——产物中指定细粒级别的质量分数；

　　　α——给料中指定细粒级别的质量分数。

2.3.1.2　矿石的机械强度

矿石的机械强度是指其单位面积上所能承受的外力，单位是Pa、kPa或MPa。它是衡量矿石抗破坏能力的重要指标，通常包括在静载荷条件下测得的抗压强度、抗拉强度、抗剪强度和抗弯强度，其大小顺序为：抗压强度>抗剪强度>抗弯强度>抗拉强度。在生产实践中，常根据矿石机械强度的大小将其分为硬、中硬、软3级或很硬、硬、中硬、软及很软5级。

为了定量地表示矿石的机械强度对破碎过程的影响，在实际工作中引用了矿石的可碎性系数和可磨性系数，其定义式分别为：

$$可碎性系数 = \frac{破碎机在同样条件下破碎指定矿石的生产率}{该破碎机破碎中硬矿石的生产率} \qquad (2\text{-}21)$$

$$可磨性系数 = \frac{磨机在同样条件下磨细指定矿石的生产率}{该磨机磨细中硬矿石的生产率} \qquad (2\text{-}22)$$

这里的中硬矿石一般以石英为代表，把它的可碎性系数和可磨性系数定为1。

2.3.2　破碎设备

根据处理矿石的粒度，常将破碎设备分为粗碎、中碎和细碎破碎机。

2.3.2.1 粗碎破碎机

粗碎破碎机属于重型设备，用于将待处理的原料破碎到适合于运输或可用中碎设备处理的粒度，且通常采用开路作业方式。生产中常用的粗碎设备主要有颚式破碎机和旋回破碎机两类。

A 颚式破碎机

颚式破碎机的突出特点是：它的工作部件是两个像动物颚一样的颚板，两个颚板以一个适宜的夹角安装。一个颚板通常固定不动，称为定颚；另一个颚板工作时可相对于定颚摆动，称为可动颚板或动颚。颚式破碎机的规格以给矿口处两颚板之间的间隙和颚板的宽度来表示，例如规格为 1680mm×2130mm 的颚式破碎机，可以破碎最大粒度达 1220mm 的矿石，当排矿口的宽度为 203mm 时，其处理能力为 725t/h。

颚式破碎机最早由布莱克（W. E. Black）于 1858 年获得发明专利，经过 150 多年的发展，目前生产中使用的颚式破碎机主要有双肘板颚式破碎机和单肘板颚式破碎机。

双肘板颚式破碎机的动颚上端固定在一个心轴上，工作时动颚的上端固定不动，下端相对于定颚做简单的前后摆动，所以习惯上又称其为简摆颚式破碎机。

图 2-17 是双肘板颚式破碎机的结构简图。从图 2-17 中可以看出，这种设备主要由机架、工作机构、传动机构、调整机构、保险装置和润滑装置等部分组成。齿条形衬板用螺栓固定在机架前壁上形成定颚，动颚的表面也固定有齿条形衬板。动颚与定颚的齿板采用齿峰对齿谷的配合方式安装，以利于弯折待破碎的矿石块。

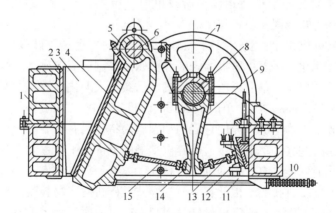

图 2-17 双肘板颚式破碎机的结构简图

1—机架；2—破碎齿板；3—侧面衬板；4—破碎衬板；5—可动颚板；6—心轴；7—飞轮；8—偏心轴；
9—连杆；10—弹簧；11—拉杆；12—楔块；13—后肘板；14—肘板支座；15—前肘板

动颚、定颚及两个侧壁一起构成破碎腔，破碎机工作时矿石在此腔内受到破碎。破碎腔的侧壁上固定有平滑的衬板。动颚和定颚下端的间隙称为排矿口，矿石经破碎后借助重力从这里排出。动颚的上端悬挂在心轴上，下端背部通过前肘板与连杆形成活动连接，后肘板的前端与连杆活动连接，后端与机架后壁活动连接。连杆通过滑动轴承悬挂在偏心轴上。偏心轴的两端分别安装有皮带轮和飞轮，皮带轮除了起传动作用外，还与飞轮共同起着调节和平衡负荷的作用。当皮带轮带动偏心轴旋转时，悬挂在它上面的连杆上下运动，从而通过前、后肘板带动动颚做前后摆动。

颚式破碎机下部的水平拉杆前端拉着动颚，后端通过弹簧与机器后壁连接，既能防止动颚前进到端点时因惯性力而与肘板脱离，又能帮助动颚后退。后肘板支座与机器后壁之间设有活动楔块，通过升降楔块可对排矿口的大小进行无级调节。颚式破碎机的保险装置常常是后肘板，在进行设备设计时，人为地提高后肘板的许用应力（约提高30%），从而使后肘板的断面面积减小、强度降低，当破碎腔内落入不能被破碎的大块物料时，后肘板折断，从而保护其他重要部件不受损坏。

当皮带轮带动偏心轴旋转时，牵动连杆上下运动，从而带动前、后肘板做舒展和收缩运动。前、后肘板的运动带动动颚前后摆动。当动颚向前运动靠近定颚时，对破碎腔内的矿石进行破碎；当动颚后退时，已破碎的矿石借助于重力从破碎腔内落下。简摆颚式破碎机的偏心轴每旋转一周，有半周进行破碎，另外半周排矿。

单肘板颚式破碎机的结构如图2-18所示。它与双肘板颚式破碎机的主要不同在于去掉了心轴和连杆，动颚直接悬挂在偏心轴上，动颚的下端只连接一个肘板。这些结构的改变使得工作时动颚在空间做平面运动，即动颚不仅在水平方向上有前后摆动，在垂直方向上也有运动，所以单肘板颚式破碎机又称为复杂摆动颚式破碎机。

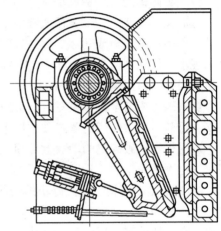

图 2-18　单肘板颚式破碎机的结构简图

与简摆颚式破碎机相比，复杂摆动颚式破碎机的动颚重量和破碎力均集中在偏心轴上，使其受力状况恶化，所以单肘板颚式破碎机以前多制造成中小型设备。随着高强度材料和大型滚柱轴承的出现，单肘板颚式破碎机现已实现大型化，许多国家都相继生产出给矿口宽度达1000~1500mm的大型单肘板颚式破碎机。

两种颚式破碎机结构上的差异使它们的动颚运动特征也有所不同，从而导致了两种破碎机性能上的一系列差异。单肘板颚式破碎机动颚的上部水平行程大，可满足上部压碎大块矿石的要求；同时它还具有较大的垂直行程（为水平行程的2.5~3.0倍），对物料有明显的研磨作用，并能促进排矿。因此，单肘板颚式破碎机的产物粒度比较细，破碎比较大（一般可达4~8，而简摆颚式破碎机只能达到3~6），但颚板的磨损也比较严重。另外，复杂摆动颚式破碎机的动颚是上下交替破碎和排矿的，空转的行程约为1/5，而简摆颚式破碎机是半周破碎、半周排矿，因而规格相同时，单肘板颚式破碎机的生产能力通常是简摆颚式破碎机的1.2~1.3倍。

除了双肘板颚式破碎机和单肘板颚式破碎机以外，外动颚颚式破碎机和筛分破碎机也已经在生产中得到了应用。PEWD400×750型外动颚颚式破碎机的主要特点是：定颚置于动颚和偏心轴之间，破碎腔倾斜设置，并且从上到下分为两段，两段的动颚和定颚具有不同的倾角，上段适用于粗碎，下段适用于细碎，从而达到较高的破碎比。PEWS2560型筛分破碎机的主要特点是：在保持外动颚颚式破碎机结构特征的基础上，在动颚衬板的下部沿排矿口方向设有长条形筛孔，构成筛分板。动颚朝着定颚运动时破碎，向相反方向运动时筛分，在一台设备中完成破碎和筛分两个作业，可及时将达到粒度要求的破碎产物排出破碎腔，减少破碎机的堵塞和过粉碎现象，有利于提高破碎机的生产能力和破碎比。

此外，应该说明的是，尽管颚式破碎机主要用作粗碎设备，但对于生产规模较小的选矿厂，或处理矿泥含量较高的矿石时，也常常采用颚式破碎机作中碎和细碎设备。

B 旋回破碎机

旋回破碎机又称为粗碎圆锥破碎机，第 1 台旋回破碎机于 1878 年问世，是根据美国人查尔斯（B. Charles）的专利制造的。旋回破碎机完成破碎工作的主要部件是内外两个以相反方向放置的截头圆锥体。内锥体锥顶向上，称为动锥；外锥体锥顶向下，称为定锥。两者之间的环形间隙即是破碎腔。

旋回破碎机的规格常用破碎机给矿口宽度/排矿口宽度（中国）或动锥底部直径（欧美国家）表示。例如，目前生产中使用的大规格旋回破碎机有 2030mm/250mm 和 1600mm/2896mm，后者的单台设备生产能力为 $q = 10000t/h$。中心排料式旋回破碎机的基本结构如图 2-19 所示。从图 2-19 中可以看出，旋回破碎机主要由机架、工作机构、传动机构、调整机构和润滑系统等部分组成。

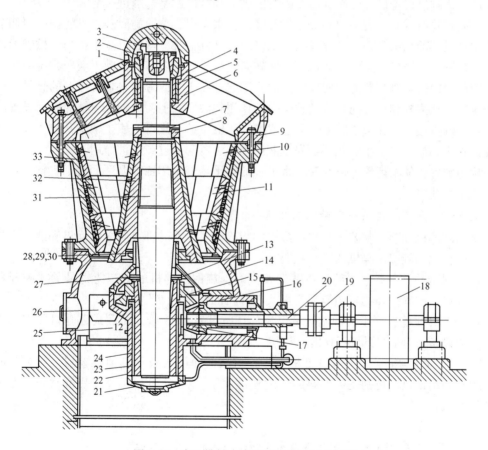

图 2-19 中心排料式旋回破碎机的基本结构

1—锥形压套；2—锥形螺母；3—楔形键；4，23—衬套；5—锥形衬套；6—支承环；7—锁紧板；8—螺母；
9—横梁；10—固定圆锥；11，33—衬板；12—止推圆盘；13—挡油环；14—下机架；15—大圆锥齿轮；
16，26—护板；17—小圆锥齿轮；18—三角皮带轮；19—弹性联轴器；20—传动轴；21—机架下盖；
22—偏心轴套；24—中心套筒；25—筋板；27—压盖；28～30—密封套环；31—主轴；32—可动圆锥

机架由横梁、中部机架及下部机架用螺栓连接而成。中部机架内壁铺有数圈衬板而成为定锥。机架下部通过 4 块放射状筋板来固定中心套筒。两根横梁呈人字交接布置，在它们的交接点悬吊着动锥。动锥体固定在主轴上，锥体表面固定有环形衬板，衬板与锥体之间通常浇灌锌合金，以保证两者紧密结合。衬板上端用螺母压紧，并有锁紧板防止螺母松动。

主轴通过装在其上端的锥形螺母悬挂在横梁顶点的锥形轴承上，锥形轴承能满足动锥摆动及自转的要求。主轴下端插入偏心套的偏心轴孔中，偏心套插在中心套筒内，中心套筒内壁压有衬套。偏心轴套上端安装有大圆锥伞齿轮，与大伞齿轮啮合的小伞齿轮安装在水平传动轴上。两个伞齿轮和中心套筒用压盖压紧，压盖上端插入动锥底部的环形槽内。

当电动机通过皮带轮及弹性联轴器带动水平轴旋转时，两个伞齿轮带动偏心套筒转动，从而使主轴绕悬吊点做圆周摆动，而主轴自身也在偏心轴套的摩擦力矩作用下做自转。因此，动锥的运动既有公转也有自转，动锥的这种运动称为旋摆运动，旋回破碎机也正是因此而得名。动锥在破碎腔内沿定锥的周边滚动，当动锥靠近定锥时进行破碎，与之相对的一边则进行排矿，因而旋回破碎机的破碎和排矿都是连续进行的。

旋回破碎机排矿口大小的调节通过升降动锥来实现。普通旋回破碎机的排矿口调节装置在主轴上端的悬吊点处，当拧紧锥形螺母时，动锥上升，排矿口减小；当旋松锥形螺母时，动锥下降，排矿口增大。而液压旋回破碎机的排矿口调节则借助于液压系统来实现。

液压旋回破碎机与普通旋回破碎机的不同之处在于，或者在主轴支撑点的悬吊环处安装液压缸，让主轴和动锥的重量及破碎力都作用在液压缸上；或者在主轴的底部设置液压缸，让主轴直接支撑在液压缸上。通过改变液压缸中的油量可以使主轴上升或下降，从而改变破碎机的排矿口大小。此外，安装液压缸还可以起到过载保护作用。

旋回破碎机的伞齿轮、偏心套、水平轴的轴承等处采用稀油循环润滑，主轴的悬吊点处采用干油润滑。

C　旋回破碎机和颚式破碎机的比较

旋回破碎机和颚式破碎机是应用最广的粗碎设备，两者都有明显的优点和缺点。与颚式破碎机相比，旋回破碎机的优点主要有：

(1) 破碎作用较强，当给矿口宽度相同时，旋回破碎机的生产能力是颚式破碎机的 2.5~3.0 倍，破碎每吨物料的能耗为颚式破碎机的 0.5~0.7 倍。

(2) 工作平稳，要求的基础质量仅为自身质量的 2~3 倍，而颚式破碎机要求的基础质量则为设备自身质量的 5~10 倍。

(3) 可以挤满给矿，不需设置料仓和给矿机；而颚式破碎机则要求均匀给料，需要增设料仓和给矿机，特别是当给料的最大粒度大于 400mm 时，需要安装价格昂贵的重型板式给矿机。

(4) 易于启动。

(5) 破碎产物中呈片状的物料比颚式破碎机破碎产物中的要少。

旋回破碎机的主要缺点是：

(1) 机身较高，一般为颚式破碎机的 3~4 倍，所以厂房的建筑费用较高；

(2) 设备自身的质量较大，当给矿口的宽度相同时，旋回破碎机的质量为颚式破碎机的 1.7~2.0 倍，故设备的投资费用较高；

（3）当破碎潮湿或含泥较多的矿石时容易堵塞；

（4）安装、维护比较复杂，检修也不方便。

2.3.2.2　圆锥破碎机

圆锥破碎机是旋回破碎机的改造形式，主要用作中碎和细碎设备，所以习惯上又称其为中细碎圆锥破碎机。圆锥破碎机的规格通常用动锥底部直径表示（如 ϕ1700mm 弹簧圆锥破碎机、ϕ2200mm 液压圆锥破碎机），并于 1880 年开始用于工业生产。弹簧圆锥破碎机的基本结构如图 2-20 所示。

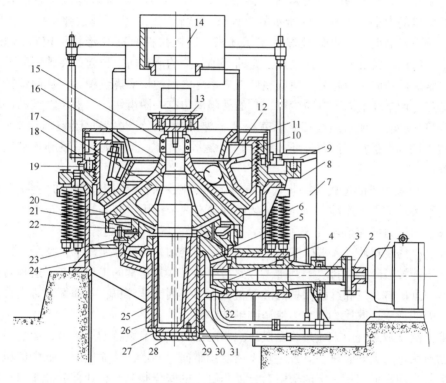

图 2-20　弹簧圆锥破碎机的基本结构

1—电动机；2—联轴节；3—传动轴；4—小圆锥齿轮；5—大圆锥齿轮；6—保险弹簧；7—机架；
8—支承环；9—推动油缸；10—调整环；11—防尘罩；12—固定锥衬板；13—给料盘；14—给料箱；
15—主轴；16—可动锥衬板；17—可动锥体；18—锁紧螺母；19—活塞；20—球面轴瓦；21—球面
轴承座；22—球形颈圈；23—环形槽；24—筋板；25—中心套筒；26—衬套；27—止推圆盘；
28—机架下盖；29—进油孔；30—锥形衬套；31—偏心轴承；32—排油孔

从图 2-20 中可以看出，这种设备的机械结构与旋回破碎机的非常相似，两者的区别主要表现在如下几方面：

（1）破碎工作件的形状及放置不同。旋回破碎机两个圆锥的形状都是急倾斜，且动锥是正立的截头圆锥，定锥是倒立的截头圆锥。圆锥破碎机两个圆锥的形状均为缓倾斜的正立截头圆锥，而且两锥体之间具有一定长度的平行破碎区（平行带），以便使矿石在破碎机内经受多次破碎；此外，动锥的顶部还设置了一个给料盘，以便使矿石均匀地进入破碎腔。

（2）由于旋回破碎机的动锥形状为急倾斜，破碎矿石时，作用在它上面的垂直分力较小，所以采用结构比较简单的悬吊式支撑；而圆锥破碎机的动锥形状为缓倾斜，破碎矿石时，作用在它上面的垂直分力很大，需要采用球面轴承支撑，为此，动锥体的下端加工成球面并支撑在球面轴瓦上，球面轴瓦固定在球面轴承座上，轴承座直接盖住下面的伞齿轮传动系统和中心套筒。

（3）旋回破碎机采用干式防尘装置；而圆锥破碎机采用水封防尘装置，以适应粉尘较大的工作环境。

（4）旋回破碎机借助于升降动锥来调节排矿口的大小，圆锥破碎机则通过升降定锥来调节排矿口的大小。在图 2-20 所示的弹簧圆锥破碎机中，支承环被弹簧压紧在圆柱形机架上，调整环借助于梯形螺纹拧在支承环内，定锥衬板通过 U 形栓固定在调整环内。支承环上缘沿周边设有若干个锁紧缸，充油后锁紧缸的活塞向上顶起拧在锁紧环上的锁紧螺母。锁紧螺母被向上顶起时，使调整环与支承环之间的梯形螺纹锁紧，从而保护梯形螺纹免遭破坏。调整环上固定有防尘罩，它的外圆周边有一圈齿块。当液压缸推动齿块时就可以使调整环旋转。锁紧螺母卸载后就松开了梯形螺纹，此时借助于液压缸向下拧调整环，使排矿口减小；向上拧调整环，则排矿口增大。排矿口调整好以后使锁紧缸充油，锁紧梯形螺纹。

（5）旋回破碎机的过载保护装置可有可无，但圆锥破碎机的过载保护装置则必不可少。在圆锥破碎机中，连接支承环和机架的弹簧有两个作用：其一是设备正常工作时，它产生足够大的压力把支承环（定锥的一部分）压死，保证破碎过程正常进行；其二是当有不能被破碎的物料块进入破碎腔时，破碎力急剧增加，迫使弹簧压缩，整个定锥被向上抬起，让不能被破碎的物料块顺利排出，此后弹簧又恢复正常的工作状态。这种借助于弹簧装置实现排矿口调节和过载保护的破碎机称为弹簧圆锥破碎机，若弹簧装置由设置在动锥主轴下面的液压缸取代，即变为液压圆锥破碎机。

在液压圆锥破碎机中，通过改变液压缸中的油位来调节设备的排矿口，而且当不能被破碎的物料块进入破碎腔时，导致主轴上所受的轴向力剧增，从而使液压缸中的压强迅速上升，当缸内的压强超过一定的极限时，液压缸上的安全阀打开，让部分油排出，保护设备免遭破坏。

根据破碎腔的形状和平行带的长度，可以把圆锥破碎机细分为如图 2-21 所示的标准型、中间型和短头型 3 种。标准型圆锥破碎机的平行带短，给矿口宽度大，可以给入较大的矿石块；但矿石在设备中经受的破碎次数较少，产物粒度粗，因而常被用作中碎设备。短头型圆锥破碎机的平行带较长，矿石在设备内经受的破碎次数多，产物粒度细，但给矿口的宽度小，所以被用作细碎设备。中间型圆锥破碎机介于前两种之间。

圆锥破碎机由于具有破碎比大、工作效率高、能耗低、产品粒度均匀且适合破碎坚硬矿石等优点，是目前应用最广泛的中碎和细碎设备，特别是在大、中型规模的选矿厂中，迄今为止尚无能够替代的合适机械。但这种设备在破碎黏性矿石时容易堵塞，常常需要在破碎前进行碎散和脱泥。

目前生产中使用的圆锥破碎机主要有美卓（Mesto）的 HP、MP、GP 系列圆锥破碎机，山特维克（Sandvik）的 H、S 系列圆锥破碎机及 PY 和 PYY 系列圆锥破碎机，西蒙斯（Symons）的圆锥破碎机。

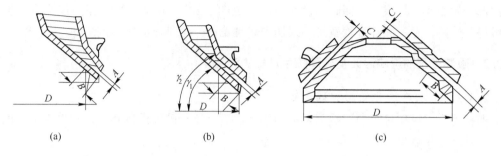

图 2-21 中碎和细碎圆锥破碎机的破碎腔形式

（a）标准型；（b）中间型；（c）短头型

A—排矿口宽度；B—平行带宽度；C—给矿口宽度；D—动锥底部直径；

γ_1—动锥锥角；γ_2—定锥锥角

2.3.2.3 高压辊磨机

长期的工作实践表明，破碎过程的能耗和钢耗都明显比磨碎过程的低，所以多碎少磨是物料粉碎过程一直坚持的一项重要原则。为了有效地降低破碎产品的粒度，德国的施温迪希（G. Schwendig）教授等进行了大量的试验研究，于 20 世纪 80 年代提出了利用高压辊磨机对物料进行预损伤粉碎的理论。在此基础上，德国的 Krupp Polgsius 公司于 1985 年制造出世界上第一台规格为 ϕ1800mm×570mm 的工业型高压辊磨机，注册商标为 POLY-COM，并于 1986 年在 Leimen 水泥厂正式投入工业生产。继 Krupp 公司之后，德国的 KHD Humboldt Wedag 公司、美国的 Fuller 公司、丹麦的 F. L. Smith 公司等也先后生产出多种规格的高压辊磨机。生产中应用的高压辊磨机的最大规格为 ϕ2800mm×500mm，驱动功率为 1200kW，于 1987 年初在南非一金刚石矿山正式投入工业生产，处理的是含金刚石的金伯利岩，给矿最大粒度约为 130mm，生产能力达 250t/h。

高压辊磨机的机械结构与光滑辊面双辊破碎机的非常相似，其工作部件是两个直径和长度相同的辊子。其中一个辊子的轴承座是固定的，称为固定辊；另一个辊子的轴承座与液压缸连接，随着缸内压强的变化可以使辊子沿径向前后移动，因而称为活动辊。两个辊子分别由两台电动机通过各自的减速装置带动，其中带动活动辊的电动机及其减速装置可以随着活动辊一起前后移动。高压辊磨机的工作原理如图 2-22 所示。

矿石由给料装置给入两个沿相反方向旋转的辊子之间，辊子便对矿石施加一较大的挤压力，首先是形状不规则的大矿石块受到点接触压力，使矿石的整体体积减小而趋于密实，并随辊子一起向下移动；与此同时，矿石也由受点接触压力变为受线接触压力，因而更加密实。随着密实程度的急剧增加，矿石块的内应力也迅速上升。当矿石通过两个辊子之间的最小间隙时将受到更大的压力，使矿石块内部的应力超过其耐压强度极限，这时矿石块内便开始出现裂纹并不断扩展，致使矿石块

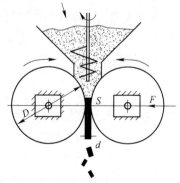

图 2-22 高压辊磨机的
工作原理示意图

F—液压缸的压力；S—辊子之间的距离；
D—辊子直径；d—排料饼厚度

从内部开始破碎,形成一动即碎的饼状小块(见图2-22),在下一个工序中仅用少量能量即可将其碎解。这一破碎过程就是预损伤粉碎理论的一个具体应用实例。

2.3.3 破碎过程的影响因素及破碎机生产能力计算

2.3.3.1 破碎过程的影响因素

概括地讲,破碎过程的影响因素可归纳为矿石性质、破碎设备和操作条件3个方面。

A 矿石性质

对破碎过程有影响的矿石性质主要包括硬度、密度、平均粒度和结构、含水量、含泥量等。矿石硬度越大,越不容易破碎。矿石的密度越大,按给料计的设备处理能力就越大。当矿石的最大块粒度一定时,平均粒度越细,需要的破碎工作量就越少。结构松弛、节理发育良好的矿石容易被破碎,而含水、含泥量大的矿石易黏结,严重时会导致破碎腔堵塞。

B 破碎设备

破碎设备这一影响因素主要包括设备的类型、规格、排矿口和啮角等。破碎设备的类型和规格是决定它能否满足特定作业要求的首要条件,因而在选择破碎设备时,首先要根据待破碎矿石的性质和数量确定所采用设备的类型及规格。就一台具体的设备来说,排矿口的尺寸实际上决定着它的工作质量和生产能力。当排矿口过大时,大部分矿石块未经破碎即通过排矿口,从而使设备的生产能力很大,但破碎比却很小;反之,当排矿口过小时,虽然破碎比会明显增大,但设备的生产能力却因此而严重下降。所以在确定破碎机的排矿口尺寸时,应根据具体情况兼顾两者、综合考虑。

C 操作条件

影响破碎过程的操作条件主要是给料条件和破碎设备的作业形式。连续、均匀地给料既能保证生产正常进行,又能提高设备的生产能力和工作效率。此外,闭路破碎时,破碎机的生产能力可增加15%~40%。

2.3.3.2 破碎机生产能力计算

因为破碎过程的影响因素很多,而且许多因素的具体影响机理尚没有完全研究清楚,所以很难从理论上推导出破碎机生产能力的计算公式,只能通过引入校正系数的方法,把那些主要因素对破碎机生产能力的影响在计算公式中体现出来。例如,颚式破碎机、旋回破碎机和圆锥破碎机开路破碎时的生产能力可按下式进行计算:

$$Q = K_1 \cdot K_2 \cdot K_3 \cdot Q_0 \qquad (2\text{-}23)$$

式中　Q——待计算的破碎机按给料计的生产能力,t/h;

　　　K_1——矿石可碎性系数,见表2-7;

　　　K_2——矿石密度校正系数,其计算式为:$K_2 = \rho_0/1600 \approx \rho_1/2700$,其中 ρ_0 和 ρ_1 分别为矿石的堆密度和密度,单位为 kg/m^3;

　　　K_3——矿石粒度或破碎比校正系数,其值见表2-8和表2-9;

　　　Q_0——标准条件(破碎堆密度为1600kg/m^{3}的中硬矿石)下破碎机开路破碎时的生产能力,t/h。

表 2-7　矿石可碎性系数 K_1

矿石硬度	抗压强度/MPa	K_1
硬	160～200	0.9～0.95
中硬	80～160	1.0
软	<80	1.1～1.2

表 2-8　粗碎设备的矿石粒度校正系数 K_3

给料最大粒度与设备给矿口宽度之比	0.85	0.6	0.4
K_3	1.0	1.1	1.2

表 2-9　中碎和细碎设备的矿石粒度校正系数 K_3

标准型和中间型圆锥破碎机		短头型圆锥破碎机	
$b_排/b$	K_3	$b_排/b$	K_3
0.60	0.90～0.98	0.40	0.90～0.94
0.55	0.92～1.00	0.25	1.00～1.05
0.40	0.96～1.06	0.15	1.06～1.12
0.35	1.00～1.10	0.075	1.14～1.20

注：1. $b_排$ 为前一段破碎机的排矿口宽度，b 为本段破碎机的给矿口宽度。

　　2. 有预先筛分取小值，没有预先筛分取大值。

Q_0 的计算公式为：

$$Q_0 = q_0 b_排 \qquad (2-24)$$

式中　q_0——破碎机排矿口单位宽度的生产能力，$t/(h \cdot mm)$，具体数值见表 2-10～表 2-13；

　　　$b_排$——破碎机排矿口宽度，mm。

表 2-10　颚式破碎机的 q_0 值

设备规格/mm	250×400	400×600	600×900	900×1200	1200×1500	1500×2100
$q_0/t \cdot (h \cdot mm)^{-1}$	0.4	0.65	0.95～1.0	1.25～1.3	1.9	2.7

表 2-11　旋回破碎机的 q_0 值

设备规格/mm	500/75	700/130	900/160	1200/180	1500/180	1500/300
$q_0/t \cdot (h \cdot mm)^{-1}$	2.5	3.0	4.5	6.0	10.5	13.5

表 2-12　开路破碎时标准型和中间型圆锥破碎机的 q_0 值

设备规格/mm	$\phi600$	$\phi900$	$\phi1200$	$\phi1650$	$\phi1750$	$\phi2100$	$\phi2200$
$q_0/t \cdot (h \cdot mm)^{-1}$	1.0	2.5	4.0～4.5	7.8～8.0	8.0～9.0	13.0～13.5	14.0～15.0

注：当排料口小时取大值，当排料口大时取小值。

表 2-13　开路破碎时短头型圆锥破碎机的 q_0 值

设备规格/mm	φ900	φ1200	φ1650	φ1750	φ2100	φ2200
$q_0/\text{t}\cdot(\text{h}\cdot\text{mm})^{-1}$	4.0	6.5	12.0	14.0	21.0	24.0

当破碎机采用闭路作业形式时，其生产能力计算公式为：

$$Q_闭 = KQ_开 \tag{2-25}$$

式中　$Q_闭$——破碎机闭路破碎时的生产能力，t/h；

　　　K——系数，其值为 1.15~1.40；

　　　$Q_开$——破碎机开路破碎时的生产能力，t/h。

2.4　磨　矿

2.4.1　磨矿作业的评价指标

磨矿作业可以干式进行，也可以湿式进行。由于在大多数情况下磨矿作业的产品直接给入选别回路，磨矿产品的质量是影响分选指标的重要因素。在实际工作中，常常用磨机运转率、磨机生产率、磨机比生产率和磨矿效率等技术指标来评价磨矿作业的工作质量。

磨机运转率也称为磨机作业率，是指磨机实际运转的小时数与日历总小时数之比，亦即：

$$磨机运转率 = \frac{磨机实际运转的小时数}{日历总小时数} \times 100\% \tag{2-26}$$

磨机运转率一般每月计算一次，整个工厂的磨机运转率按所有磨机的平均值计，停止给矿的空转时间也计入磨机的实际运转时数。磨机运转率反映磨机的技术状态和工厂的管理水平。一些技术水平比较先进的选矿厂，其球磨机运转率可高达 98%，大多数选矿厂的磨机运转率在 90%~98% 之间。

磨机生产率和比生产率都是磨机生产能力的表示方式，它们直接从数量上衡量磨机的工作情况。磨机生产率是指单位时间内新给入磨机的矿石量，记为 Q，单位为 t/h。磨机比生产率是指单位时间、单位磨机有效容积所产出的新生 -0.074mm 粒级的数量，记为 $q_{-0.074}$，单位为 $\text{t}/(\text{m}^3\cdot\text{h})$，也被称为磨机的利用系数。若磨机给矿中 -0.074mm 粒级的质量分数为 β_f，磨矿产物中 -0.074mm 粒级的质量分数为 β_p，磨机的有效容积为 $V(\text{m}^3)$，则磨机生产率 Q 与磨机比生产率 $q_{-0.074}$ 之间的关系为：

$$q_{-0.074} = Q(\beta_p - \beta_f)/V \tag{2-27}$$

按新给料计的磨机生产率计算简单，但没有考虑给矿粒度、磨矿产品粒度和磨机容积等因素，所以只能在这些因素都相同的条件下对各台磨机的工作情况进行评价。而磨机比生产率却比较真实地反映了磨机的工作情况，可以在不同的工作条件下比较不同规格磨机的工作情况，所以尽管它计算复杂一些，但仍得到了广泛应用。

磨矿效率是磨机的单位能耗生产率，也就是磨机每消耗 1kW·h 能量所处理的矿石量。在生产实践中，磨机的磨矿效率既可以表示为每消耗 1kW·h 能量所处理的新给料的吨数，记为 μ；也可以表示为每消耗 1kW·h 能量所产生的 −0.074mm 粒级的吨数，记为 $\mu_{-0.074}$。由此可见，磨矿效率是从能耗的角度对磨矿过程进行评价的一个量化指标，尤其是采用后一种表示方法时，它就把磨矿设备的能耗与磨矿效果紧密地联系起来。

2.4.2 钢球在磨机内的运动及其磨矿作用

2.4.2.1 钢球在磨机内的运动状态

滚筒式磨机的突出特点是利用松散的磨矿介质。这些磨矿介质个体相对于待磨的矿石块而言尺寸大、硬度高、质量大，但相对于磨机的容积而言却是很小的。磨矿介质在磨机内的堆积体积稍小于磨机容积的 1/2。

由于磨机筒体的旋转和摩擦作用，磨矿介质沿着磨机筒体上升的一侧被提高，直至达到动力平衡点。此后，它们将以某种运动方式落回到整个磨矿介质载荷的底脚。

滚筒式磨机内磨矿介质的运动情况取决于磨机筒体的运转速度、介质充填率、磨机衬板的形状和磨机内矿浆的浓度等，尤其是磨机筒体的运转速度和介质充填率，它们对磨矿介质的运动情况具有最为重要的影响。滚筒式磨机的介质充填率是磨矿介质以及它们之间的空隙体积与磨机有效容积之比，通常用字母 φ 表示，可以用下式进行近似计算：

$$\varphi = \left[113 - (126H_c/D_m)\right] \times 100\% \tag{2-28}$$

式中　H_c——从磨机筒体内部顶点到静止的磨矿介质表面的距离，m；

　　　D_m——磨机筒体加衬板以后的内径，m。

大量的研究结果表明，当磨矿介质为钢球且充填率低于 40% 时，钢球沿滚筒内壁的滑动非常严重，特别是当介质充填率很低时，钢球在筒体内壁的最低点附近跳动；当介质充填率大于 40% 以后，钢球沿筒体内壁的滑动现象逐渐消失。根据磨机筒体旋转速度的不同，钢球在磨机内呈现出如图 2-23 所示的 3 种基本运动状态。

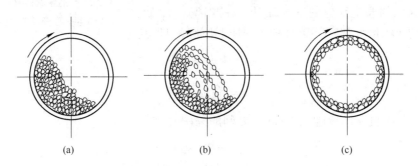

图 2-23　钢球在磨机内的运动状态
(a) 泻落式；(b) 抛落式；(c) 离心式

当磨机筒体低速转动时，球荷整体沿筒体旋转方向偏转一个角度（见图 2-23 (a)）。

这时，除了每个钢球都绕自身的轴线旋转外，位于球荷顶部的钢球还不断地沿球荷表面滚下，球荷的这种运动状态称为泻落运动状态。在此状态下，介质的磨碎作用主要是研磨。随着磨机筒体旋转速度的增加，球荷整体的偏转高度不断上升。

当磨机筒体的转速增加到一定程度时，球荷顶部的钢球将不再沿球荷表面滚下，而是沿一抛物线轨迹落下（见图 2-23（b））。这时钢球的运动状态发生了质的变化，实践中把钢球的这种运动状态称为抛落运动状态。在此运动状态下，抛落下的钢球将对矿石块产生冲击破碎作用，所以介质的磨矿作用是研磨和冲击的结合。

钢球脱离筒壁开始做抛落运动的点称为脱离点。过脱离点的筒体半径与筒体垂直直径之间的夹角称为脱离角。随着筒体转速的增加，脱离点的位置逐渐上移，脱离角逐渐减小，直到脱离点移到筒体的最高点时，脱离角相应减小到零，从而使钢球的运动状态又发生了一次质的变化。此时钢球紧紧贴在筒体内壁上，同它一起旋转（见图 2-23（c）），钢球的这种运动状态称为离心运动状态。在离心运动状态下，钢球与钢球之间、钢球与磨机衬板之间都没有相对运动，球荷与磨机筒体一起做回转运动，所以没有任何磨矿作用，可称为磨机的非工作状态，而前两种运动状态则是磨机的工作状态。

2.4.2.2　抛落运动状态下钢球的运动分析

前已述及，钢球在磨机内做泻落运动或抛落运动是磨机的两种工作状态，查明钢球在这两种运动状态下的运动规律是研究和控制物料磨碎过程的基础。然而，由于钢球的泻落运动过程比较复杂，目前已进行的研究非常有限，所以在此仅就钢球做抛落运动时的受力情况和运动轨迹进行一些分析。

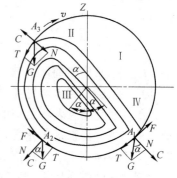

图 2-24 是钢球做抛落运动时的运动轨迹和受力图。从图 2-24 中可以看出，钢球在磨机内的运动轨迹由两部分组成，其中钢球在磨机衬板附近被向上提升阶段的轨迹是一段圆弧，而落回到球荷底角的轨迹是一段抛物线。图中的 A_1 既是钢球运动轨迹的开始点，又是钢球运动轨迹的终点；A_3 是钢球的脱离点；α 为脱离角。

若一质量为 $m(\mathrm{kg})$ 的钢球沿着内径为 $R(\mathrm{m})$、线速度为 $v(\mathrm{m/s})$ 的磨机筒体内壁被提升，在脱离点 A_3 处，钢球自身的重力恰好与它所受到的离心惯性力平衡，即有：

图 2-24　钢球做抛落运动时的
运动轨迹和受力图

$$mv^2/R = mg\cos\alpha$$

或
$$v = \sqrt{Rg\cos\alpha} \tag{2-29}$$

由于 v 与磨机筒体转速 $n(\mathrm{r/min})$ 之间的关系为：

$$v = \pi Rn/30$$

且有：
$$\sqrt{g} = \sqrt{9.807} = 3.132 \approx \pi$$

将上述两式代入式（2-29）得：

$$n = 30\sqrt{\cos\alpha/R} \tag{2-30}$$

式(2-30)反映了筒体转速 n 与钢球在磨机内的上升高度或脱离角 α 之间的关系。从式(2-30)中可以看出,随着 n 值的增加,α 角逐渐减小。当 n 值增加到使 $\alpha = 0$ 时,钢球即进入离心运动状态。此时,磨机筒体的转速称为磨机的临界转速,亦即磨机筒体内的最外层钢球开始发生离心运动时磨机的转速,记为 n_c,单位为 r/min。由于这时 $\cos\alpha = 1$,代入式(2-30)得:

$$n_c = 30/\sqrt{R} = 42.4/\sqrt{D} \tag{2-31}$$

式中,D 为磨机筒体加衬板以后的内径,m。

磨机正常工作时的实际运转速度 n 通常为其临界转速 n_c 的 $50\% \sim 90\%$。n 与 n_c 之比称为磨机的转速率,记为 ψ,亦即:

$$\psi = (n/n_c) \times 100\% \tag{2-32}$$

由于

$$n = 30\sqrt{\cos\alpha/R}$$

$$n_c = 30/\sqrt{R}$$

代入式(2-32)得:

$$\psi^2 = \cos\alpha \tag{2-33}$$

2.4.3 球磨机和棒磨机

2.4.3.1 球磨机和棒磨机的基本类型及构造

球磨机和棒磨机分别以钢球和钢棒作为磨矿介质,其规格通常都以筒体的内径和长度($D \times L$)来表示,例如,目前中国生产的最大规格球磨机为 $\phi 7.92\text{m} \times 13.6\text{m}$。按照排料方式,球磨机又分为格子型、溢流型和周边排矿型 3 种,棒磨机又分为溢流型和周边排矿型两种。按照筒体的形状,球磨机又分为短筒型($L \leq D$)、长筒型($L = (1.5 \sim 3.0)D$)、锥型($L = (0.25 \sim 1.0)D$)和管型($L = (3 \sim 6)D$),其中管型球磨机习惯上称为管磨机,而棒磨机仅有 $L = (1.5 \sim 2.5)D$ 的筒型 1 种。周边排矿型磨机应用较少,而管磨机的结构又与常规球磨机的大同小异,只是筒体内常常用隔板分成几个研磨室,在同一个设备内实现多段磨矿。因此,生产中常用的球磨机和棒磨机的基本类型主要有格子型球磨机、溢流型球磨机和溢流型棒磨机 3 种。

A 格子型球磨机

格子型球磨机的结构如图 2-25 所示。从图 2-25 中可以看出,格子型球磨机主要由筒体、给矿端部、排矿端部、主轴承和传动系统等部分组成。

磨机的筒体是一个空心圆柱筒,通常用 $18 \sim 36\text{mm}$ 厚的钢板卷制而成。筒体的两端焊有法兰盘,磨机的两个端盖用螺栓连接在法兰盘上。为了保护筒体不被磨损和调整磨机内介质的运动状态,筒体内壁上铺上耐磨衬板。衬板通常用高锰钢、橡胶或复合材料制造,其常见形状如图 2-26 所示。筒体中部还开有人孔,供检修磨机时使用。

磨机的给矿端部由端盖、中空轴颈和给矿器等组成。端盖内壁铺有平的扇形衬板,端盖外焊有中空轴颈,中空轴颈内镶有带螺旋叶片的轴颈内套,除保护轴颈外还有向磨机筒体内推进矿石的作用。给矿器固定在中空轴颈的端部,其形式取决于磨机是开路作业还是

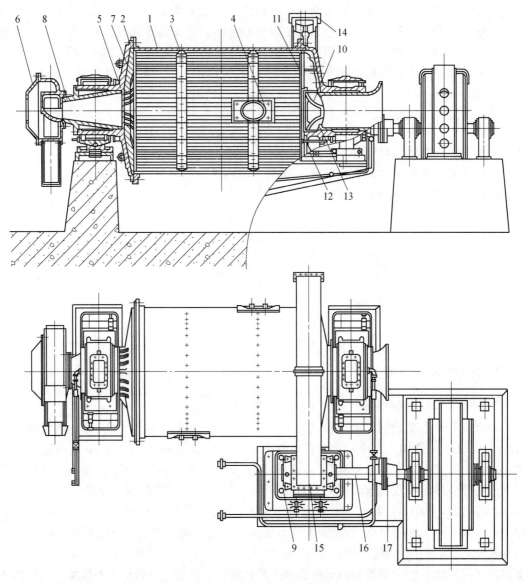

图 2-25　格子型球磨机的结构

1—筒体；2—法兰盘；3—螺钉；4—人孔盖；5，10—中空轴颈端盖；6—联合给矿器；7—端盖衬板；
8—轴颈内套；9—防尘罩；11—格子板；12—中心衬板；13—轴承内套；
14—大齿圈；15—小齿轮；16—传动轴；17—联轴节

闭路作业、是湿磨还是干磨。干磨时常采用某种形式的振动给矿机，而湿磨时常用的给矿器有如图 2-27 所示的鼓式、蜗式和联合式 3 种。

鼓式给矿器的端部为截头圆锥形盖子，盖子与外壳之间装有扇形孔隔板，外壳内装有螺旋，物料通过扇形孔由螺旋送入磨机内。这种给矿器用于开路作业且给矿点位置较高的情况。

蜗式给矿器有单勺和双勺两种，勺子将矿浆舀起，通过侧壁上的孔进入中空轴颈，由此进入磨机。这种给矿器通常与给矿点较低的第 2 段开路或闭路磨矿用磨机配合使用。

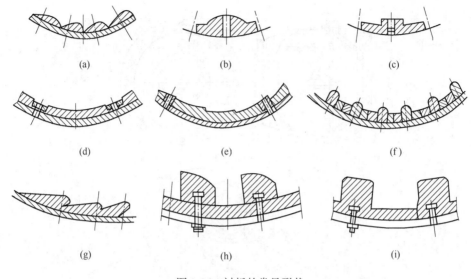

图 2-26　衬板的常见形状

(a) 楔形；(b) 波形；(c) 平凸形；(d) 平形；(e) 阶梯形；

(f) 长条形；(g) 船舵形；(h) K 形橡胶衬板；(i) B 形橡胶衬板

联合给矿器由鼓式和蜗式两种给矿器组合而成，可以同时给入磨机的新给矿石和分级机的返砂，所以它适合与第 1 段闭路磨矿用磨机配合使用。

格子型球磨机的排矿端部如图 2-28 所示，它主要由格子板、端盖和排矿中空轴颈等组成。带有中空轴颈的端盖和筒体之间设有一个格子板，格子板相当于一个屏障，将钢球和粗颗粒拦隔在筒体内，磨细的颗粒从格子板上的孔眼排出。排矿端盖的内壁被放射状筋条分成若干个扇形室，扇形室内衬有簸箕形衬板，用螺栓固定在端盖上。扇形室朝向筒体的一面用格子板盖住。

格子板上孔眼的断面为梯形，向排矿方向扩大，以防止格子板堵塞。磨细的颗粒随矿浆通过格子板进入扇形室，随着筒体的转动，扇形室内的矿浆被提升到高处，然后沿壁流入排矿中空轴颈而排出。

干式格子型球磨机的排矿中空轴颈内套上还设有与磨机转向同向的螺旋叶片，以帮助磨细的物料从磨机内排出。因为湿式格子型球磨机排矿端的矿浆面低于排矿中空轴颈中的矿浆面，所以属于低水平的强制排矿，可以将磨细的矿石颗粒及时排出，减少过磨。

球磨机筒体两端的中空轴颈分别支撑在两个主轴承上。由于主轴承的载荷很大，一般都采用稀油循环润滑。

滚筒式磨机的传动方式几乎都采用周边齿轮传动。

B　溢流型球磨机

溢流型球磨机的结构如图 2-29 所示。从图 2-29 中可以看出，溢流型球磨机的结构与格子型球磨机的基本相同，两者的区别主要是排矿端部的结构不同。溢流型球磨机的排矿端部没有排矿格子板和扇形提升室，只是排矿中空轴颈的直径明显比给矿中空轴颈的直径大，从而在磨机的给矿端和排矿端之间形成一矿浆的液面差，磨细的颗粒和矿浆一起借助

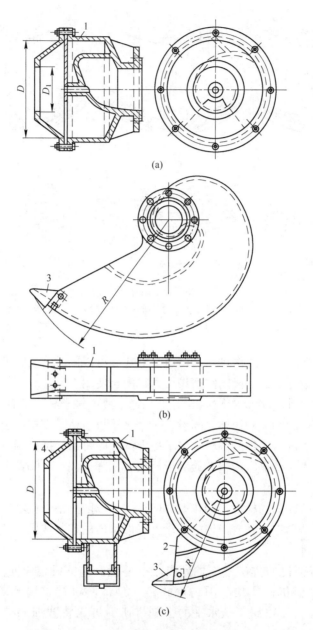

图 2-27 给矿器的结构

(a) 鼓式；(b) 蜗式；(c) 联合式

1—给矿器机体；2—螺旋形勺子；3—勺头；4—端盖

D—鼓式给矿器的外径；D_1—鼓式给矿器的给矿口直径；R—蜗式给矿器的最大曲率半径

于重力从磨机中溢流出去。为了防止小钢球和粗颗粒随矿浆一起溢流出去，在溢流型球磨机的排矿中空轴颈内镶有与磨机旋转方向相反的螺旋叶片，磨细的颗粒悬浮在矿浆中，从螺旋叶片上面溢流出去；由矿浆带出的没有磨细的粗颗粒和小钢球则沉在螺旋叶片之间，被反向旋转的螺旋叶片送回磨机内。

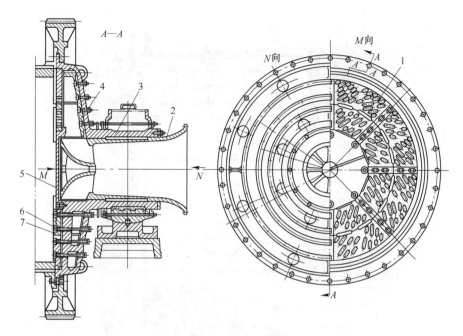

图 2-28 格子型球磨机的排矿端部

1—格子板；2—轴承内套；3—中空轴颈；4—簸箕形衬板；5—中心衬板；6—筋条；7—楔铁

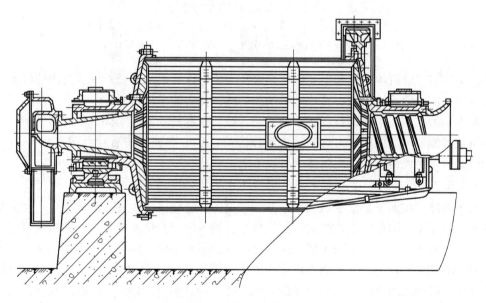

图 2-29 溢流型球磨机的结构

C 溢流型棒磨机

虽然中心周边排矿型棒磨机和端部周边排矿型棒磨机在某些场合也有应用，但生产中使用的棒磨机绝大部分都是溢流型，其结构如图 2-30 所示。

对比图 2-29 和图 2-30 可以看出，溢流型棒磨机的结构与溢流型球磨机的大致相同，只是由于前者采用比磨机筒体长度短 25~50mm 的钢棒作为磨矿介质，为了保证钢棒顺利

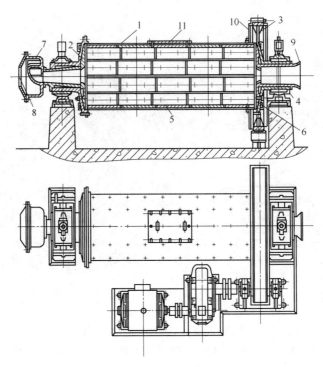

图 2-30　溢流型棒磨机的结构

1—筒体；2—端盖；3—传动齿轮；4—主轴承；5—筒体衬板；6—端盖衬板；

7—给矿器；8—给矿口；9—排矿口；10—法兰盘；11—检查孔

运动，溢流型棒磨机的筒体长度一般比同直径溢流型球磨机的要长一些，且内铺较平滑的波形衬板；两个端盖的曲率也比球磨机的小一些，且内铺平滑衬板。

此外，为了加快矿浆在棒磨机中的运动并使装棒容易，溢流型棒磨机的排矿中空轴颈比同直径溢流型球磨机的要大许多，大型棒磨机排矿中空轴颈的直径可达 1200mm 以上，检修时人可以经此出入，因而筒体上可以不设检查孔。

2.4.3.2　球磨机和棒磨机的工艺性能及用途

格子型球磨机属于低水平强制排矿型磨矿设备，磨机筒体内储存的矿浆少，已磨细的颗粒能及时排出，因而发生过磨的可能性较小；同时由于有格子板拦住，磨机内可以多装球，也便于装小球，从而增加了磨矿过程的研磨面积和单位时间内冲击破碎的次数，使磨机具有较强的磨碎能力；加上磨机筒体内矿浆的液面较低，对钢球落下时的缓冲作用弱，所以格子型球磨机的生产率比同规格溢流型球磨机的高 10%~15%，且磨矿效率也比后者高。然而，由于格子型球磨机的排矿速度快，矿石在磨机内停留的时间短，磨矿产物粒度相对较粗，适宜的磨矿产物粒度为 0.2~0.3mm 或 -0.074mm 粒级的百分比为 45%~65%。因此，格子型球磨机常用作粗磨设备，或用于被磨矿石容易发生泥化的磨矿作业。

与格子型球磨机相比，因为溢流型球磨机的磨细产物是从排矿中空轴颈中溢流出去的，所以磨矿产物的粒度相对较细，设备规格相同时生产能力较小，磨矿过程的过粉碎现象严重，磨矿效率也明显较低。但由于溢流型球磨机的结构简单、价格低廉且适合作细磨设备，溢流型球磨机在生产实践中同样得到了广泛应用。

与球磨机不同，棒磨机内的磨矿介质是钢棒，所以其工作特性与球磨机的有着明显差异。一方面，由于钢球之间是点接触，钢棒之间是线接触，当钢棒之间夹有颗粒时，粗颗粒首先被破碎，而细颗粒则受到一定程度的保护；另一方面，当钢棒沿筒体内壁向上提升时，夹在钢棒之间的细颗粒从缝隙中漏出，从而使粗颗粒集中受到钢棒落下时的冲击破碎。正是由于棒磨机这种特有的选择性破碎粗颗粒的作用，使得这种磨矿设备的产物粒度均匀，且过粉碎现象较轻，因而棒磨机常常开路工作。此外，钢棒介质单位体积的表面积比钢球介质的小，所以棒磨机的利用系数比相同筒体直径球磨机的要低一些，且不适宜作细磨设备。

一般来说，棒磨机的生产率比同规格格子型球磨机的低15%左右，比同规格溢流型球磨机的低5%左右。棒磨机的这些工作特性决定了其适宜作钨矿石、锡矿石及其他一些脆性物料的磨矿设备，以减轻过粉碎现象，提高分选作业的回收率。除此之外，棒磨机也可以在两段磨矿回路中用作粗磨设备，尤其是当处理黏性矿石时，棒磨机常取代细碎破碎机，以解决细碎设备排矿口的堵塞问题。在生产中，棒磨机的转速率一般在50%~65%之间。

2.4.3.3 球磨机和棒磨机磨矿过程的影响因素

有介质磨矿过程的影响因素一般可归纳为矿石的性质、磨机的结构参数和磨机的工作条件3个方面。

A 矿石的性质

待磨矿石对磨矿过程的影响主要体现在矿石的可磨性、给矿粒度及产物粒度等几个方面。

矿石的可磨性是指矿石由某一粒度磨碎到规定粒度的难易程度，它既可以用相对方法表示（即可磨性），也可以用绝对方法表示（即可磨度）。由这两个概念的定义可知，无论是采用相对表示方法还是采用绝对表示方法，都是矿石的硬度越大，可磨性越小，磨机的生产率也就越低。

给矿粒度和产物粒度是磨机生产率的主要影响因素。一般来说，给矿粒度越粗，磨碎到规定粒度所需要的时间越长，磨机的生产率也就越低。然而这一影响并不是孤立的，其影响程度还会随矿石性质和磨矿产物粒度的变化而改变。

磨矿产物粒度通常用其中最大颗粒的粒度或-0.074mm粒级的质量分数表示。它对磨机生产率的影响表现在两个方面：其一，从被磨矿石的粒度来看，随着磨矿时间的延续，被磨矿石的平均粒度逐渐减小，从而使磨机的生产率不断上升；其二，从被磨矿石的可磨性来看，在磨矿的初始阶段，易磨颗粒首先被磨碎，随着时间的推移，被磨矿石的平均可磨性逐渐下降，从而使磨机的生产率不断减小。当磨机处理均匀矿石时，由于后一种现象不甚明显，磨机的生产率随着磨矿产物粒度的下降而上升；然而，当磨机处理非均匀矿石时，后一种现象表现得特别突出，从而导致磨机的生产率随着磨矿产物粒度的下降而明显减小。

B 磨机的结构参数

磨机的结构参数对磨矿过程的影响主要表现在磨机的类型和规格尺寸两个方面。

磨机的类型对磨矿过程的影响在前面已做了详细分析。概括地说，格子型球磨机的生产率大，磨矿过程的过粉碎现象较轻，但磨矿产物的粒度较粗，不适宜作细磨设备；溢流型球磨机的生产率比同规格格子型球磨机的低 10% ~ 15%，且磨矿过程的过粉碎现象较为严重，但产物粒度比较细，用作细磨设备时明显优于格子型球磨机；溢流型棒磨机的生产率比同规格溢流型球磨机和格子型球磨机的分别低 5% 和 15% 左右，但它的磨矿产物粒度均匀，适宜开路作业，节省了分级设备。

磨机的规格尺寸主要是筒体的直径 D 和长度 L，这两个参数主要影响磨机的生产率和磨矿产物粒度。实践表明，磨机的生产率 Q 与其筒体尺寸的关系为：

$$Q = KD^{2.5 \sim 2.6}L \tag{2-34}$$

磨机筒体的长度在一定程度上决定了矿石在磨机内的停留时间。长度太大，会因矿石在磨机内停留的时间太长而导致过粉碎现象加剧；反之，若筒体过短，则可能达不到要求的磨矿产物粒度。所以棒磨机筒体的长径比一般为 1.5 ~ 2.5，而球磨机筒体的长径比则通常为 1 ~ 1.5。

C　磨机的工作条件

影响矿石磨碎过程的磨机工作条件主要包括磨机的转速率 ψ、磨矿介质的充填率 φ、磨矿过程的矿浆浓度、磨机的给矿速度、分级机的工作情况、循环负荷以及磨矿介质的形状和尺寸等。

转速率和充填率是决定磨机所能产生的磨矿作用的关键因素。实践表明，当 $\varphi = 30\%$ ~ 50%、$\psi = 40\%$ ~ 80% 时，磨机的有用功率随着转速率的增加而上升，这表明磨机的生产率将随着转速率的增加而上升；另外，当转速率为一适宜值时，理论分析和生产实践均表明，磨机的生产率在 $\varphi = 40\%$ ~ 50% 之间出现最大值。因此，工业生产中球磨机的转速率一般为 70% ~ 80%，磨矿介质的充填率一般为 40% ~ 50%；而棒磨机的转速率通常为 50% ~ 65%，磨矿介质的充填率通常为 35% ~ 45%。

磨矿介质的形状除了钢球和钢棒以外，因为钢质短柱、钢质柱球等异形磨矿介质的磨碎效果比钢球的要好一些，所以在一些铁矿石选矿厂的第 2 段磨矿作业中已经用异形磨矿介质替代了钢球。

当采用钢球作磨矿介质或采用异形磨矿介质时，在一定的充填率下，磨矿介质的尺寸越小，则装入磨矿介质的个数越多，磨矿介质的表面积也越大，因而单位时间内磨矿介质冲击固体颗粒的次数也就越多，介质研磨物料的面积越大，而打击颗粒的冲击力却比较小。随着磨矿介质尺寸的增加，颗粒所受到的冲击力增大，但单位时间内打击颗粒的次数和研磨矿石的面积却随之下降。所以，对于一定粒度的矿石总存在着一个最佳的磨矿介质尺寸，使得矿石的磨碎速度最大。人们从长期的生产实践中总结出矿石块直径 d 与有效破碎所需要的磨矿介质尺寸 D 之间的关系为：

$$D = id^n \tag{2-35}$$

式中，i 和 n 是两个随被磨物料性质而变的参数，可以通过试验确定。当无法进行试验或做粗略估算时，可以采用邦德经验公式进行计算：

$$D = 25.4\sqrt{d} \tag{2-36}$$

上述两式中，D 和 d 的单位均为 mm，且 d 是按 80% 过筛计的给矿最大粒度。

磨矿过程的矿浆浓度通常以矿浆中固体的质量分数表示。所以矿浆浓度越高，则单位体积矿浆内颗粒的数目越多，矿浆的黏度也越大，颗粒就越容易黏附在磨矿介质上。这无疑会有利于矿石的磨碎，但黏稠的矿浆又会对下落的磨矿介质产生较大的缓冲作用，从而削弱了它们对矿石块的冲击力。综合上述两个方面的作用，在磨碎过程中矿浆的浓度存在着最佳范围。就中等转速率的磨机而言，当磨矿产物粒度大于 0.15mm 或处理密度较大的矿石时，适宜的磨矿矿浆浓度为 75%~80%；当磨矿产物粒度小于 0.1mm 或处理密度较小的矿石时，适宜的磨矿矿浆浓度为 65%~75%。

磨机的给矿要求均匀、连续，较大的波动会导致严重问题。若给矿量太少，磨机内下落的磨矿介质会直接打在衬板上，使磨损加剧，过粉碎现象严重；而给矿量过大时，又容易产生"胀肚"现象。所谓胀肚现象，就是磨机内的磨矿介质和被磨矿石黏结在一起，使磨矿作用大大降低。胀肚现象是磨机的常见故障之一，严重时需要停止生产，进行专门处理。

循环负荷是磨机采用闭路作业时，分级设备分出的、返回磨机的粗粒级矿石量与新给入磨机的矿石量之比，记为 C。当循环负荷较小时，适当增加其数值可以加速已磨碎颗粒从磨机中排出，提高磨机的处理能力，降低磨矿能耗。然而，当循环负荷达到一定数值（600%）后，磨机的生产率将不再随着循环负荷的增加而明显上升，而是趋近于一条渐近线，借助于增加循环负荷提高磨机生产率的幅度不大于 40%。通常情况下，磨机循环负荷的适宜值为 150%~600%。

2.4.4 自磨机和砾磨机

前面介绍的破碎设备和磨矿设备的共同特点是，利用钢材制成的破碎工作件或磨矿介质直接作用在被粉碎的矿石块上，从而产生破碎或磨碎作用，因而在矿石的粉碎过程中消耗了大量的钢材。这不仅导致生产费用上升，而且在某些情况下，还因会对磨矿产物造成铁污染而不能采用这些粉碎方法。此外，这些常规的破碎、磨矿设备因自身的结构和工作原理限制，破碎比都很低，所以在大多数情况下，破碎+磨矿大都需要 4 个或 5 个甚至更多的工作段完成。尽管利用冲击式破碎机可以在一定程度上简化粉碎流程，但因其机械结构和材料的限制，这种粉碎设备的应用范围迄今仍非常有限。

为了克服常规破碎、磨矿设备的缺陷，早在 20 世纪 40 年代人们就开始了对无介质磨矿工艺的探索。经过大量的研究，于 1950~1960 年间在工业上获得了成功应用，并在以后的生产实践中不断发展和完善。

无介质磨矿工艺实质上就是借助于被破碎矿石块之间的相互碰撞和摩擦达到磨碎矿石的目的，亦即通常所说的自磨和砾磨。自磨机和砾磨机的根本区别在于，自磨机中发挥冲击破碎作用的大块物料来自给入磨机的待粉碎矿石，而砾磨机中发挥冲击破碎作用的大块物料则是专门加入磨机中的。

自磨工艺的突出特点是：钢耗低，铁污染轻，物料泥化轻，破碎比大（其破碎比的上限值可达 3000~4000），用一台自磨机就可以完成常规粉碎流程中的中碎、细碎和粗磨 3 段作业，从而使生产流程大为简化，使基建费用和操作维护费用明显降低。

当然，物料的自磨工艺并非尽善尽美，尚有一些问题需要进一步研究解决。例如，自磨机的作业率比球磨机的低 8%~10%，比生产率仅为有介质磨碎设备的 1/2~2/3，而能耗却比后者的高 10%~20%，诸如此类的问题都有待进一步研究和完善。

与球磨机和棒磨机一样，自磨机和砾磨机的规格也用筒体的直径和长度（$D \times L$）表示。例如，德国 Krupp Polysius 公司制造的半自磨机规格为 ϕ12.2m×7.31m，装机容量为

21000kW；中国中信重工机械股份有限公司生产的半自磨机的规格为 $\phi11m\times5.4m$；印度尼西亚生产的自磨机的规格为 $\phi10.36m\times5.18m$，装机容量为 12000kW，处理能力达 35000t/d。

2.4.4.1　自磨机

按照作业方式，自磨机又分为干式和湿式两种。与常规的球磨机和棒磨机相比，自磨机在机械结构方面有如下 4 个突出特点：

（1）自磨机的筒体直径 D 很大、长度 L 很短，长径比一般为 0.35 左右，仅为普通球磨机的 1/4~1/3、棒磨机的 1/7~1/4。自磨机的筒体直径大是为了保证矿石块落到底脚时有足够大的冲击力，而长度短则是为了防止矿石在筒体轴向上发生粒度偏析现象而干扰磨矿过程的正常进行。

（2）自磨机的两个端盖几乎与筒体垂直，而且在端盖内侧还设有三角形断面的波峰衬板。波峰衬板除能对矿石起到一定的破碎作用外，还能引起矿石块翻滚，帮助消除矿石块在磨机内的粒度偏析现象。

（3）自磨机的筒体内壁上除了铺有光滑衬板外，还装有丁字形提升衬板，以便把矿石块提升到足够的高度，这样既可以保证矿石块落下时具有足够的冲击力，又可以有效地减少矿石块沿筒体内壁的下滑，减轻衬板磨损。

（4）自磨机的给矿中空轴颈的直径较大，以便于给入大块矿石。正是由于自磨机给矿中空轴颈的直径通常可达 1200mm 以上，磨机筒体上一般不需再设人孔。

A　干式自磨机

图 2-31 是干式自磨机的结构简图。从图 2-31 中可以看出，这种设备主要由给矿漏斗、筒体、排矿漏斗、传动部分、润滑系统和基础部分组成。

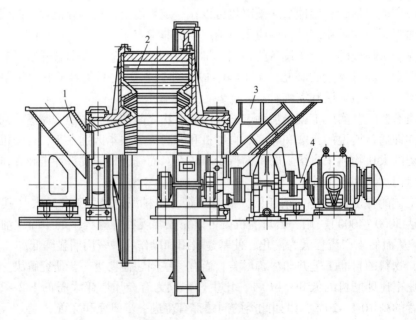

图 2-31　干式自磨机的结构简图

1—给矿漏斗；2—筒体；3—排矿漏斗；4—传动部分

干式自磨机磨碎产物的排出和分级都借助于风力来完成，因而这种设备的工作系统包括磨机本身和风路系统两部分。按照风路系统中气流的运动情况，其又分为闭路干式自磨系统和开路干式自磨系统两种。在闭路干式自磨系统中，运送物料的气流循环使用，为了保证生产过程能正常进行，用一单独的净化装置从系统中抽出一部分含粉尘的气体，净化后排入大气。而在开路干式自磨系统中，运送物料的气流全部经净化后排入大气。

干式自磨机的优点主要有可以给入较大的矿石块、产物排出速度快、生产率较大、产物粒度粗而均匀、磨矿过程的过粉碎现象较轻等，但它需要复杂的风路系统，管路磨损严重，能耗也比较高，特别是当矿石的含水量大于4%时，还需要对矿石进行预先干燥。因此，干式自磨工艺仅在水源缺乏的地区才被采用。

B 湿式自磨机

图 2-32 是湿式自磨机的结构简图。对比图 2-32 和图 2-31 可以看出，湿式自磨机和干式自磨机的结构非常相似，两者的不同仅在于如下 3 个方面：

(1) 湿式自磨机的端盖呈锥形，上面仅设一圈波峰衬板；

(2) 湿式自磨机的排矿端增设了一个排矿格子板；

(3) 湿式自磨机的排矿中空轴颈内装有圆筒筛，圆筒筛内还装有返砂管和返砂勺，返砂管内设有螺旋叶片。

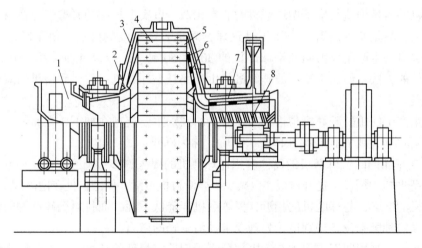

图 2-32　湿式自磨机的结构简图
1—给矿小车；2—波峰衬板；3—端盖衬板；4—筒体衬板；
5—提升衬板；6—格子板；7—圆筒筛；8—自返装置

通过格子板从湿式自磨机内排出的矿浆，经过圆筒筛筛分后，筛上的粗粒部分由返砂勺挡回返砂管，被反向旋转的螺旋叶片送回自磨机内再磨；筛下的细粒部分则通过排矿中空轴颈排出，成为磨碎产物。

在湿式自磨机内，由于矿浆的缓冲作用降低了矿石块落下时的冲击破碎能力，致使25~75mm 粒级的矿石块非常难破碎，常常在湿式自磨机内形成积累，生产中把这部分矿石块称为"难磨粒子"或"顽石"。顽石在自磨机内积累过多时，将导致磨机的生产率显著下降。为了克服这一问题，生产中常采用如下一些处理顽石的措施：

(1) 增加自磨机给矿中大块矿石的比例，增强冲击力；

（2）在自磨机内加入少量的大钢球帮助破碎顽石，在这种情况下，加入钢球的体积一般不超过自磨机有效容积的2%；

（3）将顽石从自磨机内引出，单独进行处理或用作下一段砾磨机的磨矿介质。

湿式自磨机、分级设备、顽石处理设施组成湿式自磨系统。与干式自磨系统相比，湿式自磨系统的优点主要表现在如下4方面：

（1）湿式自磨系统的辅助设备比干式的少，物料运输简单，因而投资费用比干式的低5%~10%；

（2）湿式自磨的能耗比干式的低25%~30%；

（3）湿式自磨能处理含水、含泥量较大的矿石；

（4）湿式自磨产生的粉尘少，工业卫生条件好。

湿式自磨系统的缺点主要有：磨机衬板因受矿浆的侵蚀作用，磨损比干式的明显严重，而且处理矿石的最大块粒度比干式的要小一些，磨机的生产率也比干式的低一些。

此外，当自磨机处理性质不均匀的矿石时，往往在磨机中加入占筒体有效容积6%~10%的钢球来帮助完成破碎，习惯上把这种磨碎作业称为半自磨。半自磨的设备生产率高、单位功耗低，但却不能降低钢耗，有时甚至比有介质磨矿时的钢耗还高。

2.4.4.2 砾磨机

砾磨机的机械构造与格子型球磨机的非常相似，事实上早期的砾磨就是在格子型球磨机中进行的，只是使用的磨矿介质不是钢球，而是一定粒度的砾石。由于磨矿介质的更换，使砾磨机的生产率仅为同规格球磨机的30%~50%。自1949年加拿大一矿山采用放大磨机筒体的方法，使功率相同的砾磨机的生产率赶上球磨机以后，砾磨机的应用才得到了迅速发展。

目前生产中使用的砾磨机与格子型球磨机的区别主要表现在如下3方面：

（1）砾磨机用砾石代替钢球作磨矿介质，称为砾介；

（2）功率相同时，砾磨机的筒体容积比球磨机的要大许多；

（3）砾磨机中增设了提升衬板，以减少砾介沿衬板下滑，使磨机处在抛落式工作状态。

砾磨机的磨碎比与球磨机的相近，但砾磨机能降低钢耗，而且对磨碎产物的铁污染比较轻，所以这种磨碎设备特别适于处理要求铁污染轻的矿石。

砾介起初是采用卵石，但现在绝大部分都采用适宜粒度的待磨矿石。一般来说，砾介取自前一段自磨机时，其尺寸为25~60mm；砾介取自破碎筛分产物时，粒度为40~80mm；砾磨机用作粗磨设备时，砾介的适宜尺寸为80~250mm。

2.4.4.3 自磨过程的影响因素

矿石自磨过程的力学特征与常规磨矿过程的力学特征并无明显差异，所以对常规磨矿过程有影响的矿石性质、磨机结构和操作条件等对矿石的自磨过程同样会产生重要影响。由于这些因素的影响机理大同小异，在此不再做全面的重复分析，仅结合自磨过程的特点分析以下几个有特殊影响的因素。

A 给矿粒度特性

在自磨过程中，矿石既是被磨对象，又是磨矿介质，因而给矿粒度特性对自磨过程的影响远比对常规磨矿过程的大。若给矿中最大块的粒度过小或粗粒的含量偏低，则会因冲击破碎作用太弱而导致顽石在磨机内形成积累，所以自磨机给矿中的最大块粒度一般要求不小于 250~300mm，而且粗粒级的含量还必须适宜。

B 充填率

自磨机的充填率实际上就是被磨矿石及其颗粒之间的间隙体积与磨机筒体有效容积之比，有时也用料位表示。所谓料位，就是矿石在磨机内所占据的高度。与有介质磨矿过程的介质充填率不同，自磨机的充填率是给矿速度、磨碎速度和排矿速度达到动态平衡时的一个平衡值，只能通过改变操作条件进行调节，不能事先人为确定。

试验结果表明，当充填率在 35%~40% 之间时，自磨机的有用功率出现最大值，这一点与球磨机非常相似，只是后者的介质充填率范围为 40%~50%；当自磨机的充填率超过40% 时，就有可能导致磨机的工作情况失常，甚至会发生胀肚故障。

C 筒体转速

筒体转速对自磨过程的影响与被磨矿石的硬度、粒度组成、充填率、提升衬板高度、磨矿过程的矿浆浓度、磨矿产品的粒度等因素有关，因涉及的因素较多，使得自磨机的适宜转速率的范围很宽（65%~90%），然而大多数自磨机的转速率在 70%~80% 之间，与球磨机的转速率相当。当处理一定的矿石时，自磨机的适宜转速率需要通过试验来确定。

一般来说，充填率大时转速率应低一些，以免发生离心现象；给矿中大块含量低时转速率也应低一些，以降低大块矿石的消耗速度，维持较长时间的冲击破碎作用。此外，粗磨时可适当增加提升衬板的高度，降低磨机转速；而细磨时则可以适当增加磨机的转速，降低提升衬板的高度。

D 附加钢球

在自磨机中加入少量直径在 100~150mm 之间的钢球，既可以帮助破碎顽石，又可以解决因大块矿石数量不足而产生的问题，因而能大幅度提高自磨机的生产率，降低磨矿功耗。然而，添加钢球会导致衬板的磨损加剧，钢耗明显上升。所以应根据具体情况，慎重考虑是否需要添加钢球以及加入钢球的数量。

E 风量

采用干式自磨工艺时，磨矿产物的运输和粒度控制都借助于风力完成，所以风路中风量的大小对干式自磨系统的工作情况具有重要影响。当风量由小变大时，磨机的生产率随之上升，产物粒度相应变粗。然而当风量大到足以将磨细的颗粒及时排出时，磨机的生产率即趋于稳定，继续增加风量将会干扰磨矿过程的正常进行，严重时会导致自磨机的生产率下降。

2.4.5 磨机生产率计算

2.4.5.1 球磨机和棒磨机生产率计算

迄今为止，已提出的球磨机和棒磨机生产率计算方法主要有容积法、邦德功指数法、汤普森（C. F. Thompson）法和转换系数法等。限于本书的篇幅，下面仅介绍容积法。

采用容积法计算磨机生产率时，首先需要确定磨机比生产率 $q_{-0.074}$，采用的计算公式为：

$$q_{-0.074} = K_1 K_2 K_3 K_4 q_{0,-0.074} \tag{2-37}$$

而磨机生产率的计算公式为:

$$Q_{-0.074} = q_{0,-0.074} V K_1 K_2 K_3 K_4 \qquad (2\text{-}38)$$

式中 $Q_{-0.074}$——待计算磨机按新生 -0.074mm 计的生产率,t/h;

     $q_{0,-0.074}$——工业生产磨机或工业试验磨机的比生产率,$t/(m^3 \cdot h)$;

       V——待计算磨机的筒体有效容积,m^3;

      K_1——物料可磨性校正系数,需要通过试验确定;

      K_2——磨机类型校正系数,亦即待计算磨机的类型系数与标准磨机的类型系数之比,磨机的类型系数如表 2-14 所示;

      K_3——磨机直径校正系数,其计算式为:

$$K_3 = \sqrt{D - 2\delta} / \sqrt{D_0 - 2\delta_0} \qquad (2\text{-}39)$$

     式(2-39)中的 D 和 D_0 分别为待计算磨机和工业生产或工业试验磨机的筒体内径,m;δ 和 δ_0 分别为相应的衬板厚度,m;

      K_4——磨机的给矿粒度和产物粒度校正系数,其计算式为:

$$K_4 = m_1 / m_2 \qquad (2\text{-}40)$$

     式(2-40)中的 m_1 和 m_2 分别为在一定的给矿及产物粒度下,待计算磨机和工业生产或工业试验磨机的相对生产能力。

表 2-14   磨机的类型校正系数 K_2

待计算磨机的类型 工业生产或工业试验磨机的类型	格子型球磨机	溢流型球磨机	棒 磨 机
格子型球磨机	1.0	0.91~0.87	
溢流型球磨机	1.10~1.15	1.0	
棒磨机			1.0

     由于磨机按新生 -0.074mm 计的生产率 $Q_{-0.074}$ 与按新给矿计的生产率 Q 之间存在如下关系:

$$Q_{-0.074} = Q(\beta_{排,-0.074} - \beta_{给,-0.074})$$

所以按新给矿计的磨机生产率计算公式为:

$$Q = Q_{-0.074} / (\beta_{排,-0.074} - \beta_{给,-0.074}) \qquad (2\text{-}41)$$

式中,$\beta_{排,-0.074}$、$\beta_{给,-0.074}$ 分别为磨机排矿和给矿中 -0.074mm 粒级的质量分数。

2.4.5.2   自磨机和砾磨机生产率计算

     自磨机和砾磨机生产率的计算主要是基于式(2-34):

$$Q = KD^{2.5 \sim 2.6} L$$

采用按比例放大的方法进行。

     对于自磨机,根据半工业试验的数据,按下式计算其生产率:

$$Q = Q_1 (D/D_1)^k L/L_1 \qquad (2\text{-}42)$$

式中 Q——待计算自磨机的生产率,t/h;

      Q_1——半工业试验自磨机的生产率,t/h;

       D——待计算自磨机的筒体直径,m;

D_1——半工业试验自磨机的筒体直径，m；

k——与自磨机作业方式和磨矿产物粒度有关的指数，湿式磨矿时 $k=2.5\sim2.6$，干式粗磨时 $k=2.8\sim3.1$，干式细磨时 $k=2.5\sim2.8$；

L——待计算自磨机的筒体长度，m；

L_1——半工业试验自磨机的筒体长度，m。

对于砾磨机则是采用放大球磨机的方法计算其生产率，亦即在生产率和安装功率相同的条件下，由球磨机的规格尺寸来推算砾磨机的规格尺寸，其计算式为：

$$L_p D_p^{2.5} = 7800LD^{2.5}/\rho_p \tag{2-43}$$

式中　L_p——砾磨机筒体的长度，m；

D_p——砾磨机筒体的直径，m；

L——球磨机筒体的长度，m；

D——球磨机筒体的直径，m；

ρ_p——砾介的密度，kg/m^3。

2.5　破碎与磨矿流程

2.5.1　破碎流程

破碎流程是指连接破碎作业及其辅助作业的程序。破碎机和筛分机的不同组合构成了各种各样的破碎流程。一台破碎机与其辅助设备构成一个破碎段。包括几个破碎段的破碎流程就称为几段破碎流程。此外，按照筛分机的配置方式，又可以把破碎流程分为开路破碎流程和闭路破碎流程两大类。

生产中常见的破碎流程如图 2-33 所示，根据处理矿石的具体情况，有时在适当的破碎机前增设预先筛分作业，以提高破碎设备的利用效率。

开路破碎流程的优点是投资少、设备配置简单，但破碎产物的粒度粗而不均匀，常导致后续磨矿设备的生产率下降、能耗上升。由于磨矿机的能耗大、能量利用效率低，目前生产中广泛采用闭路破碎流程，且坚持多碎少磨的原则。只有当矿石的含水量和含泥量较高、采用闭路作业筛分机因堵塞严重而无法正常工作时，才采用开路破碎流程。

2.5.2　磨矿流程

磨矿流程是指连接磨矿作业及其辅助作业的程序。一台磨矿机与其辅助设备构成一个磨矿段。在生产实践中多采用一段磨矿流程和两段磨矿流程。根据分级机的配置方式，一段和两段磨矿流程有如图 2-34 和图 2-35 所示的几种常见形式。

当磨矿回路的给矿粒度较细或产物粒度在 0.15mm 以上、或被磨矿石的硬度小、或选矿厂的生产规模较小时，常采用一段磨矿流程。

在如图 2-34 所示的 3 种一段磨矿流程中，以图 2-34（a）所示的流程应用最为广泛，其适宜的给矿最大粒度为 6~20mm。采用闭路磨矿既可以控制磨矿回路最终产物的粒度，又能增加单位时间通过磨机的矿石量，缩短矿石在磨机内的停留时间，减轻过粉碎现象，提高磨机的磨矿效率。

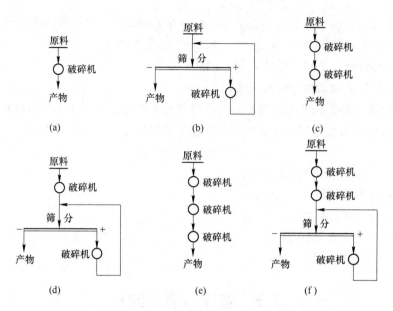

图 2-33　生产中常见的破碎流程

（a）一段开路破碎流程；（b）一段闭路破碎流程；（c）两段开路破碎流程；

（d）两段一闭路破碎流程；（e）三段开路破碎流程；（f）三段一闭路破碎流程

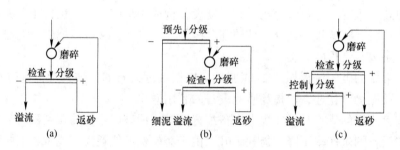

图 2-34　一段磨矿流程

（a）一段闭路磨矿流程；（b）带预先分级的一段闭路磨矿流程；（c）带控制分级的一段闭路磨矿流程

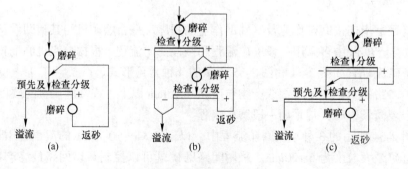

图 2-35　两段磨矿流程

（a）两段一闭路磨矿流程；（b）两段不完全闭路磨矿流程；（c）两段全闭路磨矿流程

当待磨矿石中粒度合格部分的质量分数大于15%或者有必要将原料中的细泥和可溶性盐类预先分出进行单独处理时，可采用如图2-34（b）所示的流程。预先分级设备一般采用机械分级机。这种磨矿流程的给矿粒度上限大都在6~7mm以下，以免导致分级机严重磨损。若预先分级仅是为了分出合格粒级、减小磨机负荷，则流程中的预先分级作业和检查分级作业可以合并。

当要求在一段磨矿条件下得到较细的产物或需要对产物的粒度进行严格控制时，多采用如图2-34（c）所示的流程。由于在这种流程中磨机常常因给矿粒度不均而很难实现磨矿介质的合理配比，磨矿效率一般较低，而且分级机工作也不稳定。

在如图2-35所示的3种两段磨矿流程中，以图2-35（c）所示的流程应用最广泛。

两段磨矿流程的磨碎比大，可以产出较细或很细的产物，而且两段磨机分别完成粗磨和细磨，所以可根据各自的给矿性质选择适宜的操作条件。因此，两段磨矿流程中的设备工作效率高，产物粒度均匀，泥化较轻。当要求磨碎产物粒度小于0.15mm（相当于-0.074mm粒级的质量分数为70%~80%），或矿石难以磨碎，或矿石中有价成分呈不均匀浸染且容易泥化时，通常采用两段磨矿流程。此外，当需要对矿石进行阶段磨矿、阶段选别时，也必须采用两段磨矿流程。

与一段磨矿流程相比，两段磨矿流程使用的设备多，配置复杂，操作和管理不便，尤其是两段磨机的负荷平衡比较困难。

一般来说，除两段磨矿流程中有时第1段采用的棒磨机以外，磨矿设备均采用闭路作业。与磨机组成闭路的分级设备常常采用螺旋分级机、细筛或水力旋流器。

2.5.3 自磨和砾磨流程

自磨工艺的应用实践表明，由1台自磨机同时完成常规的中碎、细碎和粗磨3个粉碎作业较为合适，所以在采用自磨工艺的破碎、磨矿流程中，一般仅设粗碎一段破碎，粗碎作业的产物直接给入自磨机进行磨矿。

生产中采用的自磨流程根据设备的配置情况，分为一段全自磨流程、一段半自磨流程、两段全自磨流程和两段半自磨流程4种。一段自磨流程适用于磨矿产物中-0.074mm粒级的质量分数小于60%的情况，当要求磨矿产物中-0.074mm粒级的质量分数大于70%时，则适宜采用两段自磨流程。

图2-36所示为一段全自磨流程的应用实例。当采用一段自磨流程处理硬度较大的矿石时，常常需要在磨碎回路中设置处理顽石的破碎设备，形成如图2-36（b）和图2-36（c）所示的两种一段全自磨流程。

一段半自磨流程是把粗碎后的物料用半自磨机一次磨碎到要求的产物粒度。由于采用这种磨矿流程并不能降低钢耗，仅在个别特殊情况下才采用。

两段全自磨流程是第1段采用自磨机、第2段采用砾磨机或两段都采用砾磨机的磨矿流程。图2-37所示为3个两段全自磨流程的应用实例。

两段半自磨流程是一段采用自磨机、另一段采用常规磨矿设备的两段磨矿流程。第1段采用自磨机，第2段采用球磨机；或者第1段采用棒磨机，第2段采用砾磨机；或者第1段采用半自磨机，第2段采用球磨机，诸如此类的磨矿生产流程均属于两段半自磨流程，其应用实例如图2-38所示。

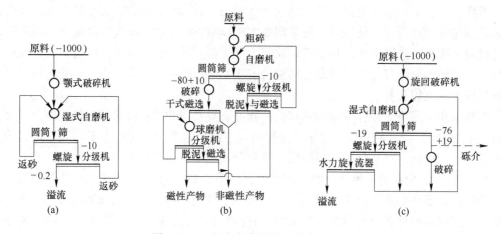

图 2-36　一段全自磨流程（单位：mm）

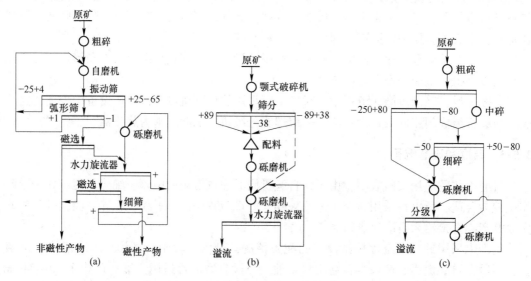

图 2-37　两段全自磨流程（单位：mm）

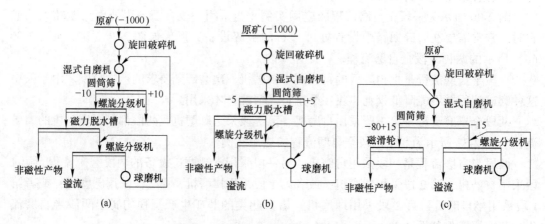

图 2-38　两段半自磨流程（单位：mm）

复习思考题

2-1 破碎和磨矿在选矿过程中的作用和地位是什么?

2-2 矿石的粒度通常如何表示、如何分析,研究矿石的粒度组成有何意义和作用?

2-3 在工业生产中使用的筛分设备主要有哪些,它们的机械结构和工艺性能各有什么特点?

2-4 常用的破碎设备有哪些,它们的机械结构和工艺性能各有什么特点?

2-5 常用的磨矿设备有哪些,它们的机械结构和工艺性能各有什么特点?

2-6 常见的破碎和磨矿流程有哪几种,它们各有什么特点?

3 磁选与电选

3.1 磁选的基本原理

3.1.1 磁选的物理基础

磁选是基于待分选矿石中不同组分导磁性之间的差异而进行的，所以掌握磁学的一些基本概念是学习磁选的首要前提。

3.1.1.1 磁场

A 磁感应强度和磁场强度

场是处所、场所的意思。磁场强度在空间的分布称为磁场。磁的相互作用是通过磁场进行的。表示磁场性质的物理量包括磁感应强度和磁场强度。

磁感应强度通常用字母 B 表示，其定义是：磁场中某点的磁感应强度大小等于该点处的导线通过每单位电流所受力的最大值，它的方向为放在该点的小磁针的 N 极所指方向。

要确定磁感应强度 B 的大小，可以利用载流导线在外磁场中受力这一效应。安培发现，一段通电导线在磁场中所受力的大小与线段长度 L 以及其中通过的电流 I 成正比。为了反映磁场中各点的磁场强弱，设想在通电导线上取一小段长度 dL，dL 必须足够小，一方面可以把它看作一段直线，另一方面又可以认为在 dL 范围内磁场强度变化不大，可近似地表示为一个常量。在上述条件下，可以把 IdL 看作一个矢量，其方向与电流的方向相同。IdL 称为电流线，根据安培定律，电流线所受力 dF 可表示为：

$$dF = KBIdL\sin\theta \tag{3-1}$$

式中，θ 为 IdL 与 B 的夹角。

在国际单位制中，B 的单位是根据 dF 和 IdL 的单位确定的，因而 $K=1$，所以式 (3-1) 可写成：

$$dF = BIdL\sin\theta \tag{3-2}$$

当 $\theta = 90°$ 时，电流线的受力最大，这时式 (3-2) 变为：

$$dF_m = BIdL \tag{3-3}$$

因而磁感应强度的大小为：

$$B = dF_m/IdL \tag{3-4}$$

在国际单位制中，dF 的单位为 N，I 的单位为 A，dL 的单位为 m，B 的单位为 T；在电磁单位制中，B 的单位为高斯（Gs）。两者的换算关系为：

$$1T = 10^4 Gs$$

磁场强度是指在任何介质中，磁场中某点的磁感应强度 B 与同一点上磁介质的磁导

率 μ 的比值，常用符号 H 表示，简称为 H 矢量，即：

$$H = B/\mu \tag{3-5}$$

在国际单位制中，磁场强度 H 的单位为 A/m（安培每米），磁导率 μ 的单位为 H/m（亨利每米）；在电磁单位制中，磁场强度 H 的单位为 Oe（奥斯特），1Oe 等于真空中磁感应强度为 1Gs 处的磁场强度。两种单位制之间的换算关系为：

$$1A/m = 4\pi \times 10^{-3} Oe$$

B 非均匀磁场和磁场梯度

根据磁场中磁力线的分布状态，可将磁场分为均匀磁场和非均匀磁场。典型的均匀磁场和非均匀磁场如图 3-1 所示。

在均匀磁场中，磁力线的分布是均匀的，各点的磁场强度大小相等、方向相同，即磁场强度 H 等于常数。在非均匀磁场中，磁力线的分布是不均匀的，各点磁场强度的大小和方向都是变化的，亦即磁场强度 H 不是常数。

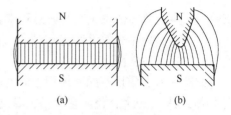

图 3-1 两种不同的磁场示意图
（a）均匀磁场；（b）非均匀磁场

磁场的不均匀程度用磁场梯度表示，其表示形式为 dH/dx 或 $\mathrm{grad}H$。显然，在均匀磁场中 $dH/dx = 0$；在非均匀磁场中 $dH/dx \neq 0$。dH/dx 越大，磁场的不均匀程度越高。磁场中某点的磁场梯度方向为磁场强度在该点处变化率最大的方向，该点处磁场梯度的大小恰好是这个最大变化率的数值。

分选磁性不同的矿物必须在非均匀磁场中进行。因为在均匀磁场中磁性颗粒只受到转矩作用，转矩使它的长轴平行于磁场方向，处于稳定状态；而在非均匀磁场中，磁性颗粒除受到转矩的作用外，还受到磁力作用。磁力呈现出引力作用，使磁性颗粒向着磁场强度升高的方向移动，最后被吸到磁极上。正是由于磁力的作用，才有可能将磁性强的矿物颗粒与磁性较弱或非磁性的矿物颗粒分开。因此，位于磁选设备分选空间中的磁场不但要有一定的磁场强度，还必须有适当的磁场梯度。

C 物体的磁化

原子是有磁性的，由原子或分子组成的物体也具有磁性。原子中各个电子产生的磁效应用原子磁矩表示，分子产生的磁效应用分子磁矩表示。物体在不受外磁场作用时，由于分子的热运动使得分子磁矩的取向分散，其矢量和为零，所以物体不显示磁性。当把物体置于磁场中时，分子磁矩沿外磁场方向取向，其矢量和不等于零，从而使物体显示出磁性，这就是物体被磁化的实质。

不同磁性的物体在相同的磁场中被磁化时，由于分子磁矩取向程度的不同，使其磁性有强弱之分。所谓非磁性物体，只是这种物体中的分子磁矩在磁场中的取向程度极小而已，并不是绝对没有磁性。假如将其置于极强的外磁场中，它也可能显示出较强的磁性。

物体被磁化的程度用磁化强度 M 表示，它是单位体积物体的磁矩，即：

$$M = \sum P_m / V \tag{3-6}$$

式中 $\sum P_m$——物体中各原子（或分子）磁矩的矢量和；

V——物体的体积。

磁化强度的物理意义是：在磁感应强度为 B 的外磁场作用下，单位体积物体的磁矩是一个体现在外磁场作用下物体被磁化程度的物理量，其单位为 A/m。

将磁性和体积都相同的甲、乙两个物体分别置于不同的外磁场中磁化，若甲物体在较强的磁场中被磁化，乙物体在较弱的磁场中被磁化，则甲物体的磁化强度必然比乙物体的大，但这并不表明甲物体的磁性比乙物体的强，因为两者被磁化的条件（外磁场强度）不一样。如果两个物体在相同的外磁场中磁化，则它们的磁化强度必定是相同的。所以对于质地均匀的物体，常用单位外磁场强度使物体所产生的磁化强度来表示它的磁性，即：

$$\kappa_0 = M/H \tag{3-7}$$

式中　κ_0——物体的磁化系数或磁化率；

　　　M——物体的磁化强度，A/m；

　　　H——外磁场强度，A/m。

这样一来，质地不同而体积相同的两个物体在相同的外磁场强度下被磁化时，磁矩大的物体，其 κ_0 也大，说明它容易被磁化或磁性强；磁矩小的物体，其 κ_0 也小，说明它不容易被磁化或磁性弱。由此可见，物体的磁化率 κ_0 是表示物体被磁化难易程度的物理量，是一个无量纲的量。

实际上，物体的质地往往是不均匀的，其内部常存在一些空隙，因而当同一性质（化学组成相同）、体积相同的两物体在相同的外磁场中被磁化时可以有不同的磁化强度，亦即有不同的 κ_0。这主要是由于受到物体内存在的空隙的影响，空隙越多，取向的分子磁矩数量就越少，物体的磁性也就越弱。为了消除物体中空隙的影响，需要用单位磁场强度在单位质量物体上产生的磁矩，即物体比磁化系数或比磁化率 χ_0 来表示物体的磁性，即：

$$\chi_0 = \sum P_m / (V\rho_1 H) = \kappa_0/\rho_1 \tag{3-8}$$

式中　χ_0——物体的比磁化率，m^3/kg；

　　　ρ_1——物体的密度，kg/m^3。

D　退磁场

物体在外磁场中被磁化后，如果两端出现磁极，将在物体内部产生磁场，其方向与外磁场方向相反或接近相反，因而有减退磁化的作用，这个磁场称为退磁场。退磁场强度 H_d 在物体内部的方向是从 N 极到 S 极，恰好与外磁场的方向相反。在一般的物体中退磁场往往是不均匀的，因而使原来有可能均匀的磁化也会变成不均匀，在这种情况下，磁化强度和退磁场之间不能找出简单的关系。当磁化均匀时，产生的退磁场强度与磁化强度成正比，即：

$$H_d = -NM \tag{3-9}$$

式中　H_d——退磁场强度，A/m；

　　　N——退磁系数，其数值取决于物体的形状，在选矿实践中 N 一般取 0.16；

　　　M——物体的磁化强度，A/m。

3.1.1.2　磁介质中有关物理量之间的关系

根据物理学的知识，当电流所产生的磁场中有磁介质时，如在含有铁芯的螺绕环内（见图3-2），安培环路定律可表示为：

$$\oint Bdl = \mu_0 \sum I + \mu_0 \oint Mdl \tag{3-10}$$

移项后得：

$$\oint \left[(B-\mu_0 M)/\mu_0 \right] \mathrm{d}l = \sum I \qquad (3\text{-}11)$$

式(3-11)中等号左边中括号内的代数式，可整体看作一个新的与磁场性质有关的矢量 H，即令：

$$H = (B-\mu_0 M)/\mu_0 \qquad (3\text{-}12)$$

由式(3-12)得到 3 个磁矢量的普遍关系式为：

$$B = \mu_0 (H+M) \qquad (3\text{-}13)$$

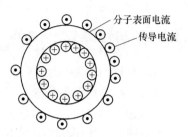

分子表面电流
传导电流

图 3-2　含有铁芯的螺绕环

由式(3-13)可以看出，当电流所产生的磁场中有磁介质时，磁场中任意一点的磁感应强度 B 除了包括电流产生的磁场外，还应考虑磁介质磁化后分子电流产生的附加磁场。

因为 $M = \kappa_0 H$，所以式(3-13)又可写成：

$$B = \mu_0 (1+\kappa_0) H \qquad (3\text{-}14)$$

令 $\mu_r = 1+\kappa_0$，这里的 μ_r 是磁介质的相对磁导率，因而式(3-14)又可写为：

$$B = \mu_0 \mu_r H = \mu H \qquad (3\text{-}15)$$

3.1.2　磁性颗粒在非均匀磁场中所受的磁力

体积为 ΔV 的磁性颗粒在磁场中被磁化后，若磁化强度为 M，则该磁性颗粒在不均匀磁场中所受的磁力 F_m 为：

$$F_m = \mu_0 P_m \cdot \mathrm{grad}H \qquad (3\text{-}16)$$

式中，P_m 为磁矩，即 $P_m = M \cdot \Delta V = \kappa_0 H \cdot \Delta V$，所以有：

$$F_m = \mu_0 \kappa_0 \cdot \Delta V H \mathrm{grad}H \qquad (3\text{-}17)$$

由式(3-8)：$\chi_0 = \kappa_0/\rho_1$ 得 $\kappa_0 = \chi_0 \rho_1$，代入式(3-17)得：

$$F_m = \mu_0 \chi_0 \rho_1 \cdot \Delta V H \mathrm{grad}H = m\mu_0 \chi_0 H \mathrm{grad}H \qquad (3\text{-}18)$$

式中，$m = \rho_1 \cdot \Delta V$ 为颗粒的质量。式(3-18)的等号两边同时除以 m，即得到作用在单位质量颗粒上的磁力为：

$$f_m = F_m/m = \mu_0 \chi_0 H \mathrm{grad}H \qquad (3\text{-}19)$$

式中，f_m 为比磁力，N/kg；$H\mathrm{grad}H$ 为磁场力。

应该指出的是，利用式(3-19)计算颗粒所受的比磁力时，一般采用颗粒中心处的磁场强度 H，因此，只有在磁场梯度 $\mathrm{grad}H$ 等于常数时，计算结果才是准确的。但在实际生产中，磁选设备分选空间的 $\mathrm{grad}H$ 不是常数，所以颗粒的粒度越小，其计算误差也就越小。对于粗颗粒或尺寸较大的矿石块，必须将其分成许多体积很小的部分，先对每个小部分所受的磁力进行计算，然后再求出总的磁力。这在实际工作中是很难做到的，所以在通常的情况下多是根据磁选机的类型，结合实际情况，首先估算出作用在颗粒上的机械力的合力 $\sum F_{机}$，然后再确定所需要的磁力。

磁性颗粒在磁场中所受比磁力的大小按式(3-19)计算。磁力的方向是沿磁场梯度的方向，即颗粒所受磁力的方向指向磁场强度升高的方向。而某点处的磁场梯度方向可能与该点的磁场方向平行，也可能与磁场方向垂直或成某一角度，但磁场梯度一定与等磁场线（磁场中磁场强度相等的点的连线）垂直。一个细长磁性颗粒在不均匀磁场中，其长轴方向一定平行于磁场方向，而其所受磁力方向是沿磁场梯度方向。

3.1.3　磁选过程所需要的磁力

3.1.3.1　磁选分离的基本条件

磁选是在磁选设备分选空间的磁场中进行的。被分选的矿石给入磁选设备的分选空间后，受到磁力和机械力（包括重力、摩擦力、流体阻力、离心惯性力等）的作用，矿石中磁性不同的矿物颗粒因受到不同的磁力作用而沿着不同的路径运动，在不同位置分别接取就可得到磁性产物和非磁性产物。

进入磁性产物的磁性颗粒的运动路径由作用在这些颗粒上的磁力和所有机械力的合力决定，而进入非磁性产物的非磁性颗粒的运动路径则由作用在它们上面的机械力的合力决定。因此，为了保证把被分选矿石中的磁性颗粒与非磁性颗粒分开，必须满足的条件是：

$$F_m > \sum F_{机} \tag{3-20}$$

式中　F_m——作用在磁性颗粒上的磁力；

$\sum F_{机}$——作用在颗粒上的、与磁力方向相反的所有机械力的合力。

如果要分离磁性较强和磁性较弱的两种矿物颗粒，则必须满足的条件为：

$$F_{1m} > \sum F_{机} > F_{2m} \tag{3-21}$$

式中　F_{1m}，F_{2m}——分别为作用在磁性较强颗粒和磁性较弱颗粒上的磁力。

由此可见，磁选是利用磁力和机械力对不同磁性矿物颗粒产生的不同作用而实现的。两种矿物的磁性差别越大，越容易实现分离。而对于磁性相近的矿物颗粒，则不容易实现有效分离。

3.1.3.2　回收磁性颗粒所需要的磁力

由磁选必须满足的条件可知，与磁力相竞争的力是作用在颗粒上的机械力。分选设备类型不同时，每种机械力的重要性也不同。磁性颗粒在磁场中分离有如图3-3所示的3种基本形式。在上面给矿的干式磁选过程中，磁性颗粒（或矿石块）所受的机械力主要是重力和离心惯性力。在湿式磁选过程中，磁性颗粒所受的机械力主要是重力和流体对颗粒运动产生的阻力。

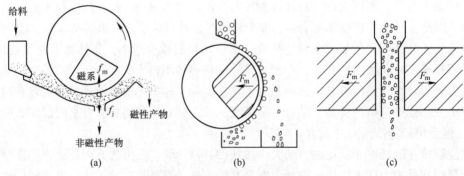

图 3-3　物料在磁选机中分离的示意图

f_j—单位质量颗粒所受到的机械力的合力

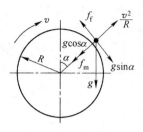

图 3-4 颗粒在磁滑轮
上的受力分析图

上面给矿干式分选时，颗粒或矿石块直接给到回转的筒面或辊面上，磁性颗粒或矿石块做曲线运动。这时磁分离的任务是将磁性颗粒或矿石块吸在筒面或辊面上，非磁性颗粒或矿石块在离心惯性力和重力的作用下脱离辊面，从而实现两种性质颗粒或矿石块的分离（见图 3-4）。

设分选圆筒的半径为 R，圆周速度为 v，颗粒或物料块在圆筒上的位置到圆筒中心的连线与圆筒垂直直径之间的夹角为 α。在惯性系（以地面为参考）中，忽略颗粒之间的摩擦力和压力以后，作用在单位质量磁性颗粒上的力有重力 g（即重力加速度）、筒皮对颗粒的摩擦力 f_f、磁系对磁性颗粒的磁吸引力 f_m、与磁力方向相反的离心惯性力 f_C $(f_C = v^2/R)$。

重力在圆筒表面切线上的分力会引起磁性颗粒在圆筒表面上滑动，为了避免颗粒在筒面上滑动，必须满足的条件为：

$$f_f \geq g\sin\alpha$$

或

$$(f_m + g\cos\alpha - v^2/R)\tan\varphi \geq g\sin\alpha$$

由此得：

$$f_m \geq v^2/R - g\cos\alpha + g\sin\alpha/\tan\varphi = v^2/R + g\sin(\alpha-\varphi)/\sin\varphi \tag{3-22}$$

式中 φ——颗粒和筒面之间的静摩擦角；

$\tan\varphi$——颗粒和筒面之间的静摩擦系数。

当 $\alpha = 90° + \varphi$ 时，颗粒所需要的磁力最大，此时：

$$f_m = v^2/R + g/\sin\varphi \tag{3-23}$$

对于表面较为粗糙的皮带，$\varphi = 30°$ 或 $\sin\varphi = 0.5$，因而有：

$$f_m = v^2/R + 2g$$

此时颗粒所在的位置角 $\alpha = 120°$，所需要的比磁力最大。

利用式(3-23)计算磁性颗粒的比磁力时，v 的单位为 m/s，R 和 d 的单位为 m，重力加速度 g 取为 9.81m/s²，f_m 的单位为 N/kg。

下面给矿湿式分选时磁性颗粒的受力分析如图 3-5 所示，作用在单位质量磁性颗粒上的比重力 g_0 为：

$$g_0 = g(\rho_1 - 1000)/\rho_1 \tag{3-24}$$

式中 ρ_1——磁性颗粒的密度，kg/m³。

由于水介质的作用，使得磁性颗粒在磁力作用方向上的运动速度下降。在实际分选过程中，水介质对颗粒运动的比阻力（介质对单位质量颗粒的运动阻力）f_d 一般用下式进行计算：

$$f_d = 18\mu v/(d^2\rho_1) \tag{3-25}$$

式中 f_d——作用在颗粒上的比阻力，N/kg；

μ——水介质的动力黏度，Pa·s；

v——磁性颗粒在磁力作用方向上的运动速度，m/s；

d——颗粒的粒度，m。

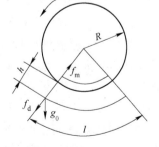

图 3-5 下面给矿湿式磁选
机中磁性颗粒的受力分析
v'—滚筒表面的线速度；
l—磁系的包角

由上述分析可知，在磁力作用方向上，作用在单位质量磁性颗粒上的合力的最小值 f 为：

$$f = f_m - g(\rho_1 - 1000)/\rho_1 - 18\mu v/(d^2\rho_1) \qquad (3\text{-}26)$$

由牛顿第二定律得磁性颗粒在磁力作用方向上的运动方程为：

$$f_m - g(\rho_1 - 1000)/\rho_1 - 18\mu v/(d^2\rho_1) = a \qquad (3\text{-}27)$$

式中，a 为磁性颗粒在磁力作用方向上的加速度，m/s^2。

如果分选空间中距圆筒表面最远点到圆筒表面的距离为 h，磁性颗粒在加速度 a 的作用下，从该点运动到圆筒表面所需的时间为 t_1，则三者之间的关系为：

$$h = a t_1^2/2$$

如果矿浆在磁选机的分选空间内运动的距离为 L，平均运动速度为 v_0，则磁性颗粒通过分选空间的运动时间 t_2 为：

$$t_2 = L/v_0$$

在上述情况下，把通过分选空间的矿浆中携带的磁性颗粒全部吸到圆筒表面的条件为：

$$t_1 \leqslant t_2$$

或

$$a \geqslant 2hv_0^2/L^2$$

把这一条件代入式（3-27）得：

$$f_m \geqslant g(\rho_1 - 1000)/\rho_1 + 18\mu v/(d^2\rho_1) + 2hv_0^2/L^2 \qquad (3\text{-}28)$$

从式（3-28）中可以看出，在湿式磁选过程中，吸出磁性颗粒所需要的磁力与颗粒的粒度、密度、矿浆通过分选空间的平均运动速度等有关，颗粒的粒度越小、密度越大，所需要的磁力也就越大。

3.2　矿物的磁性

3.2.1　强磁性矿物的磁性

所谓强磁性矿物，通常是指可以用弱磁场磁选机对其进行回收的矿物。磁铁矿、磁赤铁矿、钛磁铁矿、磁黄铁矿等都属于强磁性矿物，它们都具有强磁性矿物在磁性上的共同特性。由于磁铁矿是典型的强磁性矿物，又是磁选的主要回收对象，因而在这里以磁铁矿为例，通过对它的磁性分析阐明强磁性矿物的磁性特点。

3.2.1.1　磁铁矿在磁场中的磁化

鞍山某天然磁铁矿和人工磁铁矿的比磁化强度和比磁化系数与外部磁化磁场强度的关系如图 3-6 所示。由图 3-6 中的磁化曲线 $M_b = f(H)$ 可以看出，磁铁矿在磁化磁场强度 $H = 0$ 时，它的比磁化强度 $M_b = 0$。随着外部磁场强度 H 的增加，磁铁矿的比磁化强度 M_b 不断增加，在开始阶段增加缓慢，随后增加迅速，此后又变为缓慢增加。直到外磁场强度增加而比磁化强度 M_b 不再增加时，比磁化强度 M_b 达到最大值。此点称为磁饱和点，用 $M_{b,max}$ 表示。如果从磁饱和点开始降低外部磁化磁场强度 H，M_b 将随之减小，但并不沿原来的曲线变化，而是沿着位于原来曲线上方的另一条曲线下降。当 H 减小到零时，M_b 并不下降为零，而是保留一定的数值，这一数值称为剩磁，用 M_{br} 表示。这种磁化强度变化滞后于磁化磁场强度变化的现象称为磁滞现象。如果要消除磁铁矿的剩磁 M_{br}，需要对磁铁矿施加一个与磁化磁场方向相反的磁场，这个磁场称为退磁场。随着退磁场强度的逐渐增大，M_b 继续下降，直到 M_b 等于零。消除剩磁 M_{br} 所施加的退磁场强度称为矫顽力，用 H_c 表示。

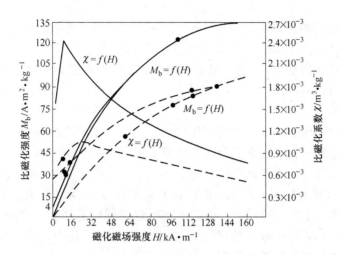

图 3-6　磁铁矿的比磁化强度和比磁化系数与外部磁化磁场强度的关系
——天然磁铁矿；－－－－人工磁铁矿

由图 3-6 中的比磁化系数曲线 $\chi = f(H)$ 可以看出，磁铁矿的比磁化系数并不是一个常数，它随着磁化磁场强度 H 的变化而变化。开始时，比磁化系数 χ 随磁化磁场强度 H 的增加而迅速增加，并且很快达到最大值。此后，磁化磁场强度 H 再增加，比磁化系数 χ 不仅不增加，反而减小。在相同的磁化磁场强度条件下，不同矿物的比磁化系数也不相同，χ 达到最大值所需要的磁化磁场强度 H 也不同，它们所具有的剩磁 M_{br} 和矫顽力 H_c 都不相同。另外，即使是同一种矿物，例如都是天然磁铁矿，化学组成都是 Fe_3O_4，但当它们的生成特性（如晶体结构、晶格缺陷、类质同象置换等）不同时，它们的 χ、M_{br} 和 H_c 也都不相同。

从图 3-6 中还可以看出，使磁铁矿的比磁化系数 χ 达到最大值所需要的磁化磁场强度是很低的。从理论上来讲，磁选过程应当使颗粒处于最大比磁化系数状态，以使颗粒受到较大的磁力。从这点出发，磁选机的磁场强度为达到最大比磁化系数所需要的磁场强度。然而，实际生产中使用的磁选机的磁场强度要比这高得多。这是由于颗粒受到的比磁力大小不仅与比磁化系数有关，还取决于磁场强度和磁场梯度的大小。当磁场强度太低时，比磁化系数虽然达到了最大值，但仍不能产生足够大的比磁力。

3.2.1.2　磁铁矿的磁性特点

磁铁矿属于亚铁磁质，是典型的强磁性矿物，其磁性具有如下一些特点：

（1）磁铁矿的比磁化强度 M_b 不是磁化磁场强度 H 的单值函数，对于同一个磁化磁场强度，它的比磁化强度可以有多个不同的数值。这就是说，强磁性矿物的比磁化强度不仅与它们本身的性质有关，还与磁化磁场强度的变化过程有关。

（2）磁铁矿的比磁化系数 χ 不是常数，与磁化磁场强度 H 也不呈线性关系，而且磁铁矿的比磁化系数很大，是弱磁性矿物的几百倍乃至几千倍，且在较低的磁化磁场强度作用下就能达到最大值。

（3）磁铁矿的比磁化强度不仅数值大，而且在较低的磁化磁场强度作用下就能达到磁饱和。

（4）磁铁矿存在剩磁现象，当离开磁化磁场以后，它仍然保留着一定的剩磁。

（5）磁铁矿的强磁性特点是可以改变的，它具有一个临界点，即居里点（575℃）。当温度超过磁铁矿的居里点时，亚铁磁性的磁铁矿变为顺磁性的弱磁性矿物。

3.2.1.3　强磁性矿物磁性的影响因素

A　氧化程度

磁铁矿在矿床中经受长期的氧化作用以后，局部或全部变成假象赤铁矿（仍然保持着磁铁矿的晶体结构，但其化学成分已经变成了 Fe_2O_3）。随着氧化程度的增加，矿物的磁性将发生很大变化。磁铁矿的化学成分是 Fe_3O_4，也可以写成 $FeO·Fe_2O_3$，这表明磁铁矿中的铁元素有两种价态，即 $Fe(Ⅱ)$ 和 $Fe(Ⅲ)$。磁铁矿的氧化过程也就是其中的 $Fe(Ⅱ)$ 被氧化成 $Fe(Ⅲ)$ 的过程，磁铁矿被氧化的程度越高，其中的 $Fe(Ⅱ)$ 含量就越少，矿物的磁性也就越弱。当磁铁矿被完全氧化后，其中的 $Fe(Ⅱ)$ 全部变成了 $Fe(Ⅲ)$，它也完全变成了假象赤铁矿。

在生产中，通常用铁矿石的磁性率来表示其磁性。所谓铁矿石的磁性率，就是矿石中 FeO 的质量分数与全铁（TFe）的质量分数之比，常用百分数表示，即：

$$磁性率 = (w(FeO)/w(TFe)) × 100\%$$

纯磁铁矿的磁性率为 42.8%。生产中一般把磁性率大于 36% 的铁矿石划为磁铁矿矿石，把磁性率为 28%~36% 的铁矿石划为半假象赤铁矿矿石，把磁性率小于 28% 的铁矿石划为假象赤铁矿矿石。

应当指出，采用磁性率表示矿石的磁性时有一定的局限性。因为自然界中的铁矿石由单纯磁铁矿组成的情况很少见，大多数的铁矿石都是一些铁矿物的共生体。除磁铁矿以外的其他铁矿物中的 FeO 和 Fe 也参与了磁性率的计算，所以此时磁性率就不能正确地反映矿石的磁性。例如，当矿石中含有较多的硅酸铁时，若硅酸铁中的 FeO 也参与磁性率的计算，将使得磁性率增大，有时甚至会大于纯磁铁矿的磁性率，从而使人们误认为该矿石是强磁性矿石，而实际上它却为磁性并不是很强的矿石。又如，当矿石中含有较多的磁黄铁矿时，若磁黄铁矿中的 Fe 也参与磁性率的计算，将使得磁性率下降，从而其被误认为是磁性很弱的矿石，而实际上却是磁性很强的矿石。一般来说，用磁性率表示矿石的磁性只对单一的磁铁矿矿石才比较准确，对于共生有少量黄铁矿、磁黄铁矿的矿石也可大致应用，而对于以菱铁矿、褐铁矿或镜铁矿为主的铁矿石则不能应用。

B　粒度

强磁性矿物颗粒粒度的大小对其磁性有显著的影响。一般来说，随着颗粒粒度的减小，强磁性矿物的比磁化系数也随之减小，而矫顽力却随之增加。这表明粒度越细，越不容易磁化，也越不容易退磁。

C　颗粒形状

物体的磁化强度一般都与磁化时的条件有关，特别是物体的形状因素对其磁性的影响很大。体积相同而形状不同的同一种颗粒，在同一磁化磁场中被磁化时所显示出的磁性有着明显差异。长条形颗粒的比磁化强度、比磁化系数均比球形颗粒的大。

形状不同的颗粒在相同的外部磁化磁场中磁化时，尺寸相对长的颗粒的磁性比尺寸相对短的颗粒的磁性要强。产生这种现象的原因是，不同形状的物体磁化时本身所产生的退磁场不同。颗粒的退磁场越大，作用在颗粒上的有效磁场越小，颗粒的磁化效果越差。

具有一定形状的颗粒或矿石块，其磁性强弱可用物体磁化系数 κ_0 或物体的比磁化系数 χ_0 来表示。由于颗粒的形状或尺寸比对颗粒的磁性有影响，当样品在相同的外加磁化磁场中磁化时，样品中形状或尺寸比不同的颗粒具有不同的磁化系数。于是，为了便于表示、比较和评定矿物的磁性强弱，必须消除形状或尺寸比的影响。因此，采用磁化强度与作用在颗粒内部的有效磁场强度之比来表示矿物颗粒磁性的大小，这一比值称为矿物的物质磁化系数。它也分为物质磁化系数和物质比磁化系数，分别用 κ 和 χ 表示，即：

$$\kappa = M/H_{有效} = M/(H_{外} - H_{退}) \tag{3-29}$$

$$\chi = \kappa/\rho_1 = M/[(H_{外} - H_{退})\rho_1] \tag{3-30}$$

显然，只要组成相同，不论矿物颗粒的形状与尺寸比如何，在同样大小的有效磁场中磁化时都有相等的物质磁化系数和物质比磁化系数。

在矿石分选过程中所遇到的是具有一定形状的颗粒，因此，应该用物体比磁化系数来表示它的磁性。而在一般文献资料上所列出的强磁性矿物的磁化系数都是物质比磁化系数。知道了物质磁化系数和物质比磁化系数后，可通过下式计算物体磁化系数和物体比磁化系数：

$$\kappa_0 = M/H_{外} = M/(H_{有效} + H_{退}) = \kappa H_{有效}/(H_{有效} + \kappa N H_{有效}) = \kappa/(1 + \kappa N) \tag{3-31}$$

$$\chi_0 = \kappa_0/\rho_1 = \kappa/[(1 + \kappa N)\rho_1] = \chi\rho_1/[(1 + \chi N\rho_1)\rho_1] = \chi/(1 + \chi N\rho_1) \tag{3-32}$$

3.2.2 弱磁性矿物的磁性

弱磁性矿物的磁性比强磁性矿物的要弱得多。它们的比磁化系数只有 $(19 \sim 750) \times 10^{-8} m^3/kg$。这是由它们的物质结构和磁化本质所决定的。

弱磁性矿物绝大多数属于顺磁质，只有个别矿物（如赤铁矿等）属于反铁磁质。对于顺磁性物质来说，它们的原子或分子都具有未被抵消的电子磁矩，因而使原子有一个总磁矩。在无外磁场时，原子磁矩的方向是无规则的，所以物体显示不出宏观磁性。只有在外部磁场作用下，部分原子磁矩转向外磁场方向，因而对外显示出磁性。但由于它的磁性来源是部分原子磁矩的转动，而属于亚铁磁质的磁铁矿的磁性是来源于磁畴运动，所以，弱磁性矿物的比磁化系数比强磁性矿物的低很多。由于原子磁矩的磁性主要由电子自旋所贡献，而要使电子自旋方向完全一致需要极高的外磁场（大约为 $8.0 \times 10^7 A/m$），这实际上是达不到的，所以弱磁性矿物没有磁饱和现象。

反铁磁质与亚铁磁质在结构上是一样的，均由磁畴组成，但磁畴内部的微观结构不同。在亚铁磁质中，磁畴磁矩不为零；而在反铁磁质中，每个磁畴的磁矩都等于零，外磁场对它几乎不产生什么影响，因此反铁磁质的磁化率接近于零。与亚铁磁质存在居里点一样，反铁磁质也存在使其转化为顺磁质的特定温度，这个温度称为涅耳温度。由于涅耳温度极低，多数在绝对温度几十度（即 -200℃ 左右），因此，在一般情况下（如室温）反铁磁质均表现为顺磁质。

由于顺磁质与亚铁磁质在结构和磁化本质上的差别，致使纯的弱磁性矿物不具有强磁性矿物的磁性特点。弱磁性矿物的比磁化系数不仅数值小，而且与磁化磁场强度无关，是一个常数。其矿物的磁化强度与磁化磁场强度呈简单的线性关系，没有磁滞现象和剩磁现象。

需要指出的是，弱磁性矿物之间在磁性上的差别还是很大的。即使是同一种矿物，由于矿床成因类型不同，矿石的形成条件不同，矿物内部结构上的某些差异使得矿物的比磁化系数有较大的差别。例如，江西铁坑铁矿的高硅型蜂窝状褐铁矿的比磁化系数为 $0.8×10^{-6} m^3/kg$，同一矿山的矽卡岩型褐铁矿的比磁化系数为 $2.25×10^{-6} m^3/kg$。另外，当弱磁性矿物中夹杂有强磁性矿物时，即使是极少量，也会对其比磁化系数产生较大甚至是很大的影响。

3.2.3 弱磁性铁矿物的磁性转变

弱磁性铁矿物由于磁性弱，不能用弱磁场磁选设备对其进行有效分选。为了用弱磁场磁选设备处理弱磁性铁矿石，常采用磁化焙烧将弱磁性铁矿石中的弱磁性铁矿物（如赤铁矿、褐铁矿、黄铁矿、菱铁矿等）转变为强磁性铁矿物。

磁化焙烧按其焙烧炉的形式，分为竖炉焙烧、转炉焙烧、沸腾炉焙烧以及斜坡炉焙烧等。竖炉焙烧适合处理粒度为 25~75mm 的块矿；沸腾炉焙烧就是在流态化沸腾床中对矿石进行磁化焙烧，适于处理 0~3mm 的粉矿；回转窑是一种主要用来处理粒度在 30mm 以下的矿石的炉型。在国内应用历史最长、最为普遍的是竖炉焙烧。

3.2.3.1 磁化焙烧的原理及分类

磁化焙烧是矿石加热到一定温度后，在一定气氛中进行化学反应的过程。经磁化焙烧后，铁矿物的磁性显著增强，脉石矿物的磁性则变化不大。铁锰矿石经磁化焙烧后，其中的弱磁性铁矿物转变成强磁性铁矿物，而锰矿物的磁性则变化不大。因此，各种弱磁性铁矿石或铁锰矿石经磁化焙烧后，都可以用弱磁场磁选设备对其进行有效分选。

磁化焙烧除了增加矿物的磁性外，还能排除矿石中的结晶水、二氧化碳和硫、砷等一些有害杂质，并能使坚硬致密的矿石结构疏松，有利于降低磨矿费用。常用的磁化焙烧法有还原焙烧、中性焙烧、氧化焙烧和氧化还原焙烧。

A 还原焙烧

赤铁矿、褐铁矿和铁锰矿石在加热到一定温度后与适量的还原剂作用，就可以使弱磁性的赤铁矿转变为强磁性的磁铁矿。常用的还原剂有 C、CO 和 H_2。赤铁矿（Fe_2O_3）与还原剂作用的反应如下：

$$3Fe_2O_3 + C \xrightarrow{570℃} 2Fe_3O_4 + CO$$

$$3Fe_2O_3 + CO \xrightarrow{570℃} 2Fe_3O_4 + CO_2$$

$$3Fe_2O_3 + H_2 \xrightarrow{570℃} 2Fe_3O_4 + H_2O$$

褐铁矿（$Fe_2O_3 \cdot nH_2O$）在加热到一定温度后开始脱水，变成赤铁矿，按上述反应被还原成磁铁矿。

矿石的还原焙烧程度一般用还原度 R 表示，其定义式为：

$$R = (w(FeO)/w(TFe)) × 100\%$$

(3-33)

式中　　$w(\text{FeO})$——还原焙烧矿石中 FeO 的质量分数；

　　　　$w(\text{TFe})$——还原焙烧矿石中全铁的质量分数。

　　B　中性焙烧

菱铁矿、菱镁铁矿等碳酸铁矿石以及菱铁矿与赤铁矿或褐铁矿的比值大于 1（$w(\text{FeCO}_3)/w(\text{Fe}_2\text{O}_3)>1$）的含有多种铁矿物的铁矿石，都可以用中性磁化焙烧法进行处理。中性磁化焙烧法就是将这些矿石与空气隔绝加热至适当的温度后，使菱铁矿分解生成磁铁矿。对于含多种铁矿物的铁矿石，菱铁矿分解出的一氧化碳可以将赤铁矿或褐铁矿还原成磁铁矿，其化学反应式为：

$$3\text{FeCO}_3 \xrightarrow{300\sim400℃} \text{Fe}_3\text{O}_4 + 2\text{CO}_2 + \text{CO}$$

$$3\text{Fe}_2\text{O}_3 + \text{CO} \xrightarrow{570℃} 2\text{Fe}_3\text{O}_4 + \text{CO}_2$$

　　C　氧化焙烧

黄铁矿（FeS_2）在氧化气氛中短时间焙烧时被氧化成磁黄铁矿，其化学反应为：

$$7\text{FeS}_2 + 6\text{O}_2 \longrightarrow \text{Fe}_7\text{S}_8 + 6\text{SO}_2$$

如焙烧时间很长，则磁黄铁矿可继续与 O_2 发生反应，生成磁铁矿，其化学反应为：

$$3\text{Fe}_7\text{S}_8 + 38\text{O}_2 \longrightarrow 7\text{Fe}_3\text{O}_4 + 24\text{SO}_2$$

这种焙烧方法多用于稀有金属矿石分选产物的提纯，采用焙烧磁选工艺分出其中的黄铁矿杂质。

　　D　氧化还原焙烧

含有黄铁矿、赤铁矿或褐铁矿的铁矿石，在菱铁矿与赤铁矿的比值 $w(\text{FeCO}_3)/w(\text{Fe}_2\text{O}_3)<1$ 时可用氧化还原焙烧法处理。氧化还原焙烧法就是将矿石加热至一定温度，在氧化气氛中将矿石中的 FeCO_3 氧化成 Fe_2O_3，然后在还原气氛中将 Fe_2O_3 还原成 Fe_3O_4，其化学反应为：

$$4\text{FeCO}_3 + \text{O}_2 \longrightarrow 2\text{Fe}_2\text{O}_3 + 4\text{CO}_2$$

$$3\text{Fe}_2\text{O}_3 + \text{CO} \longrightarrow 2\text{Fe}_3\text{O}_4 + \text{CO}_2$$

3.2.3.2　铁矿物磁化焙烧图

弱磁性铁氧化物矿物转变为强磁性铁氧化物矿物，可用 Fe-O 系图来研究其磁化焙烧过程，一般将其称为铁矿物磁化焙烧图（见图 3-7）。

图 3-7 示出温度不同时各种铁氧化物相互转变的关系。图中 A 点为赤铁矿（约 30% 的氧和 70% 的铁），L 点为褐铁矿，C 点为菱铁矿。

菱铁矿在 400℃ 以下开始分解，到 500℃ 时结束（CBD 线段），完成磁化过程。褐铁矿在 300~400℃ 下开始脱水，脱水结束后褐铁矿变成赤铁矿。赤铁矿在还原气氛中加热到 400℃ 时，还原反应开始进行，但还原速度很慢；在温度为 570℃ 时，赤铁矿在较短的时间内即可完全被还原为磁铁矿（D 点）。当赤铁矿还原反应终止于 D 点或 G 点时，其变成磁铁矿，并完成了磁化过程。磁铁矿在无氧气氛中迅速冷却时，其组成不变，仍是磁铁矿（DM 线段）。磁铁矿在 400℃ 以下、在空气中冷却时，被氧化成强磁性的 $\gamma\text{-Fe}_2\text{O}_3$（$DEN$ 线段）；如在 400℃ 以上、在空气中冷却时，则被氧化成弱磁性的 $\alpha\text{-Fe}_2\text{O}_3$（$DB$ 线段）。

由图 3-7 可以看出，最佳磁化过程是沿着 $ABDM$ 线段或 $ABDEN$ 线段进行的。所以磁

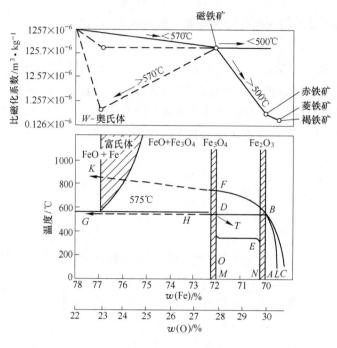

图 3-7　铁矿物磁化焙烧图

化焙烧过程的温度必须适当，温度过高时，将生成弱磁性富氏体（Fe_3O_4-FeO 固溶体）和硅酸铁；温度过低时，还原反应速度慢，影响生产能力。在工业生产中，赤铁矿矿石的有效还原温度下限是 450℃，上限为 700~800℃，最佳温度为 570℃。当采用固体还原剂时，还原温度是 800~900℃。

　　中国在生产实践中对弱磁性铁矿石主要是采用还原焙烧处理，常用的还原焙烧炉有鞍山竖炉和回转窑两种，前者适合处理 30~300mm 的矿石，后者适合处理 0~30mm 的矿石。

3.2.4　矿物的磁性对磁选过程的影响

　　磁选是根据矿物在磁性上的差别进行分离的分选方法。因此，矿物的磁性强弱、矿石中不同组分之间磁性差异的大小和被分选矿物的磁性特点等，都对磁选过程有着显著的影响。

　　处理强磁性的磁铁矿矿石，一般都采用弱磁场磁选设备。而磁铁矿矿石中又都程度不同地含有某些弱磁性铁矿物，特别是在矿体上部，由于氧化作用，矿石的磁性率都比较低。由于弱磁性铁矿物在弱磁场磁选设备中不能被回收，造成金属流失，影响金属回收率。如果弱磁性铁矿物的含量高到一定程度，在技术条件允许的情况下，需要考虑回收这些弱磁性铁矿物。

　　另外，在弱磁性铁矿石中也往往含有强磁性的铁矿物，例如，鞍山式赤铁矿矿石中和假象赤铁矿矿石中都含有磁铁矿。对于这些含有磁铁矿的弱磁性铁矿石，采用强磁场磁选设备进行分选时，强磁性矿物对选别过程影响很大，如没有相应措施，分选设备会发生磁性堵塞。为此，常常在强磁场磁选设备前面加弱磁场磁选机或中磁场磁选机，预先选出矿石中的强磁性矿物。

3.3 磁分离空间的磁场特性

3.3.1 磁选机的磁系

磁选设备的磁源是它们的磁系，有永磁磁系和电磁磁系两种。磁选设备的磁场由磁系产生，根据磁场的特点可将磁场分为恒定磁场、交变磁场、脉动磁场和旋转磁场。

目前产生恒定磁场的方法有两种：一种是由通入直流电的电磁铁产生；另一种则是由永磁材料产生。后者目前广泛应用，而且是磁选设备上常用的一种磁场。

交变磁场由通交流电的电磁铁产生。这种磁场尚未得到广泛应用。

脉动磁场的产生方法有 3 种：一种是由通入直流电和交流电的电磁铁产生；另一种是由在永磁材料上加一交流线圈产生；还有一种是由直接通入脉动电流的电磁铁产生。这种磁场在部分磁选机中已得到应用。

旋转磁场是当圆筒对固定多极磁系或可动多极磁系（磁系皆由极性沿圆周交替排列的磁极组成）做快速相对运动时形成的。这种磁场应用在旋转磁场磁选机中。

磁选设备的磁系按照磁极的配置方式，可分为开放磁系和闭合磁系两种。所谓开放磁系，是指磁极在同一侧做相邻配置且磁极之间无感应铁磁介质的磁系。常用的开放磁系形式如图 3-8 所示，其按照磁极的排列特点可分为平面磁系、弧面磁系和塔形磁系 3 种。平面磁系的磁极排列为平面，带式磁选机采用的是这种磁系；弧面磁系的磁极排列为圆弧面，筒式磁选机采用的是这种磁系；塔形磁系的磁极排列为塔形，某些磁力脱水槽采用的是这种磁系。

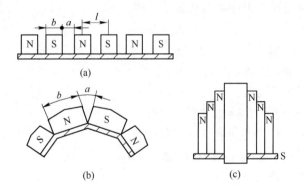

图 3-8　常用的开放磁系形式

（a）平面磁系；（b）弧面磁系；（c）塔形磁系

a—磁极间隙；b—磁极极面宽度；l—磁极距

在开放磁系中，磁力线通过空气的路程长，磁路的磁阻大，漏磁损失大，因而分选空间的磁场强度低，这种磁系应用在分选强磁性物料的弱磁场磁选设备中。但开放磁系的分选空间比较大，能处理粗粒级物料，且设备处理能力大。

磁极做相对配置的磁系称为闭合磁系。在这种磁系中，空气隙小，磁力线通过空气的路程短，磁阻小，漏磁损失小，磁场强度高。又由于其采用具有特殊形状的聚磁感应磁极，磁场梯度也大，因而磁场力大。但这种磁系只适于处理细粒物料，且生产能力一般较低。这种磁系应用于分选弱磁性物料的强磁场磁选设备中。常见的闭合磁系磁路类型如图3-9所示。

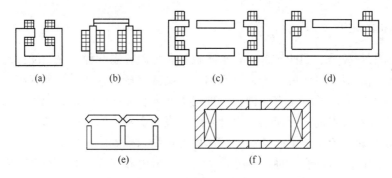

图3-9　常见的闭合磁系的磁路类型

(a)~(d) 方框磁路；(e) 山字形磁路；(f) 螺旋管线圈无铁芯磁路

3.3.2　开放磁系的磁场特性及其影响因素

3.3.2.1　开放磁系的磁场特性

磁选设备的磁场特性是指在其分选空间内，磁场强度 H 和磁场力 $H\mathrm{grad}H$ 的大小及其变化规律。研究磁系的磁场特性，对正确选择磁选设备、提高分选效果、设计磁选设备时确定合理的磁系结构参数等都具有重要意义。

试验研究表明，在开放磁系（平面与弧面）中，在磁极对称面或磁极间隙对称面上，磁场强度的变化规律可用如下指数方程表述，即：

$$H_x = H_0 \mathrm{e}^{-cx} \tag{3-34}$$

式中　H_x——离开磁极表面的距离为 $x(\mathrm{m})$ 处的磁场强度，A/m；

H_0——磁极表面处的磁场强度，A/m；

e——自然对数的底数；

c——表示磁场非均匀性的系数，m^{-1}。

将式(3-34)对 x 求导即得到磁场梯度表达式为：

$$\mathrm{grad}H = \mathrm{d}H_x/\mathrm{d}x = -cH_0\mathrm{e}^{-cx} = -cH_x \tag{3-35}$$

离开磁极表面距离为 x 处的磁场力表达式为：

$$H\mathrm{grad}H = H_x(-cH_x) = -cH_x^2 = -cH_0^2\mathrm{e}^{-2cx} \tag{3-36}$$

式中负号仅表示磁场梯度和磁场力随 x 的增大而降低，因此可略去，即有：

$$\mathrm{grad}H = cH_x \tag{3-37}$$

$$H\mathrm{grad}H = cH_0^2\mathrm{e}^{-2cx} \tag{3-38}$$

由式(3-34)和式(3-38)可以看出，当 $x=0$ 时，$H_x=H_0$，$H\mathrm{grad}H=cH_0^2$，此为磁场强度和磁场力的最大值。当 $x\rightarrow\infty$ 时，$H_x=0$，$H_x\mathrm{grad}H=0$，此为磁场强度和磁场力的最小值。由此可见，在平面与弧面磁系中，磁极或极隙对称面上极表面处的磁场强度和磁场力最大；离开磁极表面越远，场强和磁场力越小；至无限远处，场强与磁场力达最小值（为零）。

3.3.2.2　开放磁系磁场特性的影响因素

A　极宽 b 与极隙宽 a 的比值

在磁选过程中，一般要求磁性颗粒在随运输装置（如圆筒、皮带）移动的过程中受到较均匀的磁力，以使运输装置不但能顺利搬运磁性产品，而且在搬运过程中确保磁性产品不脱落。在开放磁系中，当极距相同时，b/a 的不同数值影响着磁场强度沿极距方向的变化规律。无论是电磁磁系还是永磁磁系，只要 b/a 的数值适宜就能产生所需要的磁场。b/a 的值不同时，磁场强度沿极距 l 方向的变化规律如图 3-10 所示。

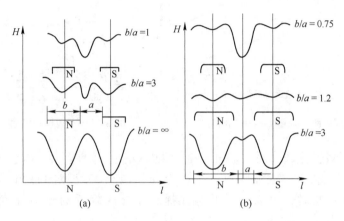

图 3-10　b/a 的值不同时磁场强度沿极距 l 方向的变化规律
(a) 永磁磁系；(b) 电磁磁系

图 3-10 表明，对于永磁磁系，当极间隙接近零（$b/a = \infty$）时，极隙中心处的场强比极面中心处的高很多；当 $b/a = 1$ 时，极面中心处的场强比极隙中心处的高；只有当 $b/a = 3$ 时，场强沿极距方向的变化才比较均匀。根据分选过程对磁力的要求，永磁磁系的 b/a 值在 2~3 之间是比较合适的。对于电磁磁系，当 b/a 的值为 0.75 和 3 时，场强沿极距方向的变化都是不均匀的；只有当 $b/a = 1.2~1.5$ 时，场强变化才比较均匀。所以，电磁磁系的 b/a 值在 1.2~1.5 之间是合适的。

B　极距 l

极距 l 是开放磁系的一个主要结构参数，它影响着磁场强度的大小、磁场的不均匀程度和磁场力的作用深度。不同极距平面磁系的 $H=f(x)$ 和 $H\mathrm{grad}H=f(x)$ 曲线如图 3-11 所示。不同极距的磁场作用深度示意图如图 3-12 所示。

由图 3-11 和图 3-12 可以看出，离极面同一距离处，极距大的磁场强度高，磁场作用深度大，但磁场的不均匀性降低。反之，极距小时，在极面和极面附近，H 和 $H\mathrm{grad}H$ 很大；但离开极面稍远些，H 和 $H\mathrm{grad}H$ 急剧降低，即磁场作用深度小。由此可见，极距是影响磁场特性的重要因素，在开放磁系中选择适宜的极距是十分重要的。

3.3.3　闭合磁系的磁场特性

在实际生产中，有时在原磁极之间安置一个整体的、具有一定形状的感应磁介质（如转辊、转盘和转锥等）构成磁路，这时在磁极间所形成的分选空间是单层的；而有时

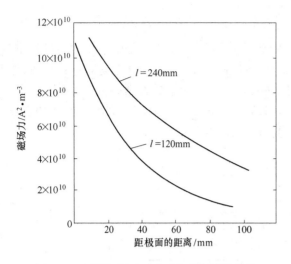

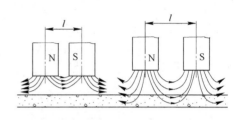

图 3-11　不同极距平面磁系的磁场特性曲线　　　　图 3-12　不同极距的磁场作用深度示意图

在磁极之间安置多层分选介质（齿板、冲压网、钢毛、球等），这类介质所形成的分选空间是多层的。由于在磁极间放入了磁介质，减小了气隙的磁阻，大大提高了气隙中的磁场强度；同时，由于介质的存在提高了介质附近的磁场梯度，大大提高了分选空间的磁场力。

3.3.3.1　单层感应磁极对的磁场特性

A　闭合磁系单层分选空间磁极对的形状

常见的闭合磁系磁极对的形状如图 3-13 所示。

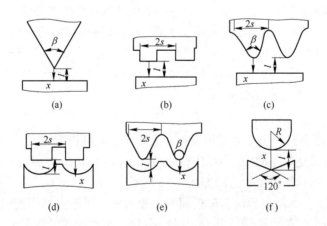

图 3-13　常见的闭合磁系磁极对的形状

图 3-13(a) 所示的磁极对由一平面极（原磁极）和一尖形齿极（感应磁极）组成，图 3-13(b) 和图 3-13(c) 所示的磁极对由一平面极（原磁极）和多个平齿或尖形齿极（感应磁极）组成，图 3-13(d) 和图 3-13(e) 所示的磁极对由槽形极（原磁极）和多个平齿或尖齿极（感应磁极）组成，图 3-13(f) 所示的磁极对由弧面极和凹形极组成。

B　三角形单齿磁极-平面磁极对

在三角形单齿磁极-平面磁极对中，一般平面磁极为原磁极，三角形磁极为感应磁极（见图3-13a）。研究表明，在这种磁极对的分选空间中，沿磁极对称面上的磁场强度变化规律可以用如下经验公式来表示：

$$H_x = H_0/(1-ay^2)^{0.5} = H_0/\{1-a[(l-x)/l]^2\}^{0.5} \tag{3-39}$$

式中　H_x——离开齿形磁极距离为 x 处的磁场强度，A/m；

$\quad\quad H_0$——平面磁极上的磁场强度，A/m；

$\quad\quad a$——与极距 l 有关的系数，$a \approx 0.3+0.25l$，m；

$\quad\quad y$——离开平面磁极的相对距离，$y=(l-x)/l=1-x/l$；

$\quad\quad l$——极距，m；

$\quad\quad x$——离开齿形磁极的距离，m。

将式(3-39)对 x 求导数，得到磁场梯度的表达式为：

$$\mathrm{grad}H = \mathrm{d}H_x/\mathrm{d}x = -aH_0y/[l(1-ay^2)^{1.5}] \tag{3-40}$$

磁场力 $H\mathrm{grad}H$ 的变化规律为：

$$H\mathrm{grad}H = -aH_0^2y/[l(1-ay^2)^2] \tag{3-41}$$

式(3-41)中的负号表示磁场力随 x 的增大而降低，可以省去。即沿齿极对称面上磁场力的变化规律为：

$$H\mathrm{grad}H = \frac{aH_0^2[(l-x)/l]}{l\{1-a[(l-x)/l]^2\}^2} \tag{3-42}$$

由式(3-39)和式(3-42)可以看出，当 $x=0$、$y=1$ 时，有：

$$H_x = H_0/(1-a)^{0.5}$$

$$H\mathrm{grad}H = aH_0^2/[l(1-a)^2]$$

此为 H 和 $H\mathrm{grad}H$ 的最大值。当 $x=l$、$y=0$ 时，有：

$$H_x = H_0$$

$$H\mathrm{grad}H = 0$$

此为 H 和 $H\mathrm{grad}H$ 的最小值。可见，在三角形单齿磁极-平面磁极对中，齿极对称面上齿尖处 H 和 $H\mathrm{grad}H$ 最大；离开齿极越远，H 和 $H\mathrm{grad}H$ 越小；至平面磁极，H 和 $H\mathrm{grad}H$ 最小。

C　多齿磁极-平面磁极对

多齿磁极-平面磁极对（见图3-13b和图3-13c）用于干式感应辊式强磁场磁选机。研究结果表明，在这种磁极对的分选空间中，沿磁极对称面上磁场强度的变化规律可用如下经验公式表示：

$$H_x = H_0/(1-a_1y_1^n)^{0.5} = H_0/\{1-a_1[(s-x)/s]^n\}^{0.5} \tag{3-43}$$

式中　H_x——离开齿形磁极距离为 x 处的磁场强度，A/m；

$\quad\quad H_0$——平面磁极上的磁场强度，A/m；

$\quad\quad a_1$——与齿距 $2s$ 和齿形有关的系数，可从图3-14所示的 $a_1=f(2s)$ 曲线查出；

$\quad\quad y_1$——离开齿形磁极的相对距离，$y_1=(s-x)/s=1-x/s$（适用于 $x \leqslant s$ 的情况）；

$\quad\quad s$——齿距之半，m；

$\quad\quad n$——与齿形有关的系数，对于三角形齿 $n \approx 2$，对于矩形齿 $n=1.5$；

x——离开齿形磁极的距离，m。

由式(3-43)通过对 x 求导数，得出齿极对称面上的磁场梯度，进而可得到磁场力的表达式为：

$$H\mathrm{grad}H = \frac{0.5na_1H_0^2\left[(s-x)/s\right]^{n-1}}{s\left\{1-a_1\left[(s-x)/s\right]^n\right\}^2} \tag{3-44}$$

由式(3-43)和式(3-44)可以看出，当 $x=0$ 时：

$$H_x = H_0/(1-a_1)^{0.5}$$

$$H\mathrm{grad}H = 0.5na_1H_0^2/\left[s(1-a_1)^2\right]$$

此为 H 和 $H\mathrm{grad}H$ 的最大值。当 $x=s$ 时，有：

$$H_x = H_0$$

$$H\mathrm{grad}H = 0$$

此为 H 和 $H\mathrm{grad}H$ 的最小值。

由以上分析可知，在多齿磁极-平面磁极对的齿极对称面上，齿极表面处的 H 和 $H\mathrm{grad}H$ 最大；离开齿极越远，H 和 $H\mathrm{grad}H$ 越小；当离开齿极的距离等于齿距之半时，$H\mathrm{grad}H$ 等于零。因此在这种磁极对中，并不是整个分选空间都是不均匀磁场，而是只有深度 $h\leqslant s$ 的区域内为不均匀磁场。

齿距 $2s$ 越大，磁场强度和磁场不均匀性越大，即 $H\mathrm{grad}H$ 越大；当 $2s$ 较大时，两极之间整个工作空间都是不均匀的，因此多齿磁极应采用较大的齿距。在实践中，齿距 $2s$ 取决于给矿方式和物料粒度。对于上面给矿，当物料最大粒度 $d_m<$ 6mm 时，一般取 $2s\approx(2\sim3)d_m$；对于下面给矿，当物料最大粒度 $d_m<4$mm 时，一般取 $2s\approx6d_m$。

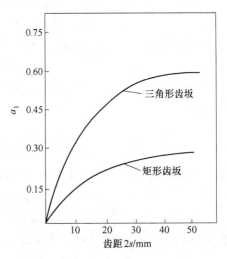

图 3-14　参数 a_1 与
齿距 $2s$ 的关系曲线（$l=s$）

D　多齿磁极-槽形磁极对

图 3-13(d)和图 3-13(e)所示的磁极对即为多齿磁极-槽形磁极对。对于矩形多齿磁极-槽形磁极对（见图 3-13d），当齿距 $2s<50$mm 时，齿极对称面上磁场强度的变化规律可用如下经验公式表示：

$$H_x = H_0\left[1+m(l-x)\right] \tag{3-45}$$

式中　H_x——在齿极对称面上离齿极距离为 x 处的磁场强度，A/m；

H_0——槽形磁极底上的磁场强度，A/m；

m——系数，$m=(H_1-H_0)/(lH_0)$，H_1 为磁极上（$x=0$）的磁场强度；

l——极距，m；

x——离开齿极的距离，m。

通过对式(3-45)求 x 的导数，进而得到磁场力的表达式为：

$$H\mathrm{grad}H = mH_0^2\left[1+m(l-x)\right] \tag{3-46}$$

当 $x=0$ 时，$H_x = H_0(1+ml)$，$H\mathrm{grad}H = mH_0^2(1+ml)$，此为 H 和 $H\mathrm{grad}H$ 的最大值；当

$x=l$ 时，$H_x=H_0$，$H\mathrm{grad}H=mH_0^2$，此为 H 和 $H\mathrm{grad}H$ 的最小值。由上面讨论可知，用槽形磁极代替平面磁极时，$H\mathrm{grad}H$ 的最小值不是零，即整个工作空间都是不均匀磁场。这是槽形磁极优于平面磁极的地方。

研究表明，对于三角形多齿磁极，以尖削角 $\beta=45°\sim60°$、齿端圆弧半径 $r=0.2s$ 为宜；对于槽形磁极，以凹槽圆弧半径 R 为齿距之半，即 $R=s$ 为宜。另外，极距 l 增大，m 变小，即磁场不均匀性降低。一般采用较小的极距，即 $l=s$ 较合适。

E 等磁场力磁极对

图 3-13(f) 所示的磁极对称为等磁场力磁极对，即由圆弧半径为 1.6l（l 为极距）的圆弧形单齿磁极和张开角为 120° 的角槽形磁极组合的磁极对，其特点是能在齿极对称面上的工作空间内得到处处都相等的磁场力。这种磁极对应用在采用绝对法测定物料比磁化系数的磁天平中。在这种磁极对中，沿齿极对称面上磁场强度的变化规律是：

$$H_x=H_1y^{0.5}=H_1\left[(l-x)/l\right]^{0.5} \tag{3-47}$$

式中 H_x——离开齿极 x 距离处的磁场强度，A/m；

H_1——齿极上（$x=0$）的磁场强度，A/m；

y——离开齿极的相对距离，$y=(l-x)/l=1-x/l$；

l——极距，m；

x——离开齿极的距离，m。

磁场梯度与磁场力的变化规律为：

$$\mathrm{grad}H=\mathrm{d}H_x/\mathrm{d}x=-0.5H_1\left[(l-x)/l\right]^{-0.5}/l \tag{3-48}$$

$$H\mathrm{grad}H=-0.5H_1^2/l \tag{3-49}$$

省去式(3-49)中的负号，得到磁场力表达式为：

$$H\mathrm{grad}H=0.5H_1^2/l \tag{3-50}$$

从式(3-50)中可以看出，在这种磁极对中，$H\mathrm{grad}H$ 与 x 无关。当 H_1 与 l 一定时，$H\mathrm{grad}H$ 是一常数。在这种磁极对中，颗粒所受的磁力方向是以角槽形磁极张开角的角顶为起点，指向圆弧形齿极的半径方向。

3.3.3.2 多层聚磁感应介质的磁场特性

一般采用磁模拟法研究闭合磁系多层感应介质的磁场特性。磁选设备分选空间的磁场是无源无旋场（$\mathrm{div}B=0$，$\mathrm{rot}H=0$）。根据相似原理，为无源无旋场造型时，作为相似的唯一原则便是几何相似。这就是说，只要把待测的微小空间按几何相似条件放大若干倍做成模型，那么模型与原型具有相同的磁场特性。磁选设备中应用的感应介质（齿板、钢毛、网介质等）一般都是采用磁模拟法进行研究的。

A 齿板聚磁介质的磁场特性

齿板聚磁介质应用在 shp（仿琼斯）型湿式强磁场磁选机中，其材质多是工程纯铁或导磁不锈钢。在磁选机的两原磁极之间设置多层齿板作为聚磁介质时，一般以齿尖对齿尖进行安装（见图 3-15）。经过测定，在齿板间的一个分选间隙内，磁场强度和磁场

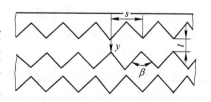

图 3-15 多层齿板的形状及配置

力在间隙中心两边呈对称分布，在齿谷与齿谷连线两边也是对称的，故只需要分析 1/4 分选间隙的磁场特性。

试验研究结果表明，沿齿极对称面上的磁场强度变化可用下式表示：

$$H_y = K_1 K_2 K_3 H_0 e^{0.45[(s-4y)/s]^2} \tag{3-51}$$

式中　K_1——系数，与齿板的齿尖角 β 和背景磁场强度有关，其值见表 3-1；

　　　K_2——系数，与齿板的极距有关，其值见表 3-2；

　　　K_3——系数，与齿板的材质有关，对于一般材质 $K_3 = 2.75$；

　　　H_0——背景磁场强度，A/m；

　　　s——齿板的齿距，m；

　　　y——离齿极的距离，m。

表 3-1　式（3-51）中的 K_1 值

齿板的齿尖角 $\beta/(°)$	背景磁场强度 $H_0/\text{kA} \cdot \text{m}^{-1}$				
	200	280	360	440	520
60	1.19	1.04	0.87	0.83	0.80
75	1.17	1.02	0.86	0.81	0.78
90	1.15	1.00	0.85	0.80	0.77
105	1.13	0.98	0.84	0.79	0.76

表 3-2　式（3-51）中的 K_2 值（$H_0 = 280\text{kA/m}$，$\beta = 90°$ 时）

极距 l	0.45s	0.5s	0.6s	0.65s
K_2	1.03	1.0	0.98	0.76

式（3-51）应用的条件为：$l \approx (0.45 \sim 0.65)s$，齿尖角 $\beta = 60° \sim 105°$。式（3-51）对 y 求导数可得：

$$dH_y/dy = -3.6 K_1 K_2 K_3 H_0 (s-4y) e^{0.45[(s-4y)/s]^2}/s^2 \tag{3-52}$$

磁场力 $(H\text{grad}H)_y$ 为：

$$(H\text{grad}H)_y = -3.6 K_1^2 K_2^2 K_3^2 (H_0/s)^2 (s-4y) e^{0.9[(s-4y)/s]^2} \tag{3-53}$$

在离齿尖 $y = 0.25s$ 处的磁场力 $H\text{grad}H = 0$，而靠近齿极处（$y = 0$）的磁场力为：

$$(H\text{grad}H)_{y=0} = -3.6 K_1^2 K_2^2 K_3^2 H_0^2 e^{0.9}/s \tag{3-54}$$

由以上讨论可知，在齿板介质对中，齿极处的磁场力最大；离开齿极越远，磁场力越小；在离开齿极的距离等于齿距的 1/4（$y = 0.25s$）处，磁场力最小（为零）。可见，这种齿板的非均匀区深度 $h = 0.25s$。

在齿距一定的条件下，齿尖角越小，单位体积分选槽内的齿板充填数量越少，因而齿极的有效吸着表面积越小，设备的处理能力也就越低；同时，齿尖角越小，齿谷越深，处于齿谷处的磁性颗粒从齿谷到齿尖端的运动距离越大，在分选过程中磁性颗粒特别是细粒越容易流失；另外，齿尖角越小，保证齿尖对位组装的难度越高，而且齿极尖端越容易达到磁饱和。由此可见，在实际应用中不宜选用齿尖角过大或过小的齿板，一般选用 $80° \sim 100°$ 的齿尖角。

多层齿板不同极距配置时，沿齿板对称面上的相对磁场强度 H_y/H_0 和离齿极相对距离 y/s 之间的关系示于图 3-16 中。测量条件为：齿尖角 $\beta = 90°$，齿距 $s = 24mm$，背景磁场强度 $H_0 = 280kA/m$。

从图 3-16 中的曲线看出，当极距 l 一定时，离齿极的相对距离 y/s 越大，磁场强度越低。在齿尖附近，磁场强度下降很快，磁场梯度大；而在离齿极较远处，磁场强度下降得慢，即磁场梯度小。同时，当 $l \leqslant 0.5s$ 时，整个空隙内的磁场是不均匀的；而当 $l > 0.5s$ 时，在离齿极的相对距离 $y/s > 0.25$ 处的磁场趋于均匀。由此可见，多层齿板的磁场非均匀区深度 $h \approx 0.25s$。其他齿距也有上述规律。可见，适宜的极距约等于半个齿距（$l \approx 0.5s$）。

图 3-17 所示为不同齿距时沿齿极对称面上的 $H\mathrm{grad}H = f(y/s)$ 曲线。测定条件为：尖削角 $\beta = 90°$，极距 $l = 12mm$，背景磁场强度 $H_0 = 280kA/m$。

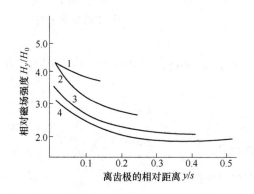

图 3-16　不同极距时沿齿极对称面上
的 $H_y/H_0 = f(y/s)$ 曲线

1—$l = 0.25s$；2—$l = 0.5s$；3—$l = 0.75s$；4—$l = s$

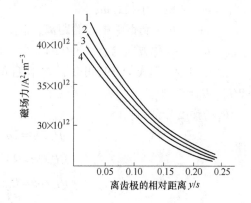

图 3-17　不同齿距时沿齿极对称面上
的 $H\mathrm{grad}H = f(y/s)$ 曲线

1—$s = 18mm$；2—$s = 21mm$；3—$s = 24mm$；4—$s = 27mm$

从图 3-17 中可以看出，对于齿距不同的齿板，当离开齿极的相对距离 y/s 相同时，随着齿距 s 的增大，磁场力变小；在齿极附近磁场力相差较大，在极中心附近相差较小。当极距约为齿距之半时，这种规律是普遍的。可见，齿距大的齿板适用于处理粗粒物料，齿距小的齿板适用于处理细粒物料。齿板齿距和欲回收颗粒粒度的适宜匹配关系，可以通过颗粒所受磁力的公式推导得出。磁性颗粒所受到的比磁力 f_m 为：

$$f_\mathrm{m} = \mu_0 \kappa_0 V H \mathrm{grad} H \tag{3-55}$$

设磁性颗粒为球形，半径为 R，则其体积 $V = 4\pi R^3/3$。将体积 V 及式（3-53）代入式（3-55）得：

$$f_\mathrm{m} = 15 K_1^2 K_2^2 K_3^2 \mu_0 \kappa_0 (H_0/s)^2 R^3 (s - 4y) \mathrm{e}^{0.9[(s-4y)/s]^2} \tag{3-56}$$

对 s 求导数，在 $\mathrm{d}f_\mathrm{m}/\mathrm{d}s = 0$ 时 f_m 有最大值，此时有：

$$s = 5.45 d_\mathrm{m} \tag{3-57}$$

式（3-57）即为齿板齿距和欲回收颗粒粒度的适宜匹配关系。在实际应用中，可取

$s = (5 \sim 6) d_m$。

B 丝状聚磁介质的磁场特性

钢毛是一种很微细（一般为十几微米至几十微米）的不锈钢磁性材料，有矩形断面和圆形断面两种。钢毛置于均匀的背景磁场中，在钢毛周围产生很高的磁场梯度，但磁场力的作用范围很小。为了说明钢毛介质的磁场特性，下面分析一根圆形断面钢毛在均匀磁场中的磁化（见图3-18）。在背景磁场强度 H_0 小于钢毛达饱和磁化强度的磁场强度 H_s 的条件下，磁场强度可以用下式近似表示：

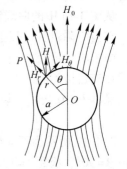

图 3-18　在均匀磁
场中磁化的钢毛

$$H_r = H_0 (1 + a^2/r^2)(-\cos\theta) \tag{3-58}$$

$$H_\theta = H_0 (1 - a^2/r^2)\sin\theta \tag{3-59}$$

式中　H_r——径向磁场强度分量，A/m；

　　　H_θ——切向磁场强度分量，A/m；

　　　H_0——背景磁场强度，A/m；

　　　a——钢毛半径，m；

　　　r——P 点到钢毛中心的距离，m；

　　　θ——磁化方向与直线 OP 的夹角，(°)。

由式(3-58)和式(3-59)可知，在钢毛介质表面上（$r=a$），当 $\theta=0°$ 和 $\theta=180°$ 时，$H_r = 2H_0$，$H_\theta = 0$。

磁场梯度分量为：

$$\partial H_r / \partial r = 2a^2 H_0 \cos\theta / r^3 \tag{3-60}$$

$$\partial H_\theta / \partial r = 2a^2 H_0 \sin\theta / r^3 \tag{3-61}$$

$$\partial H_r / \partial \theta = H_0 (1 + a^2/r^2)\sin\theta \tag{3-62}$$

$$\partial H_\theta / \partial \theta = H_0 (1 - a^2/r^2)\cos\theta \tag{3-63}$$

相应的磁场力分别为：

$$(H \mathrm{grad} H)_r = H_r g \partial H_r / \partial r + H_\theta g \partial H_\theta / \partial r \tag{3-64}$$

$$(H \mathrm{grad} H)_\theta = (H_r g \partial H_r / \partial \theta + H_\theta g \partial H_\theta / \partial \theta)/r \tag{3-65}$$

式中　$(H \mathrm{grad} H)_r$——使磁性颗粒吸在钢毛上的磁场力；

　　　$(H \mathrm{grad} H)_\theta$——使磁性颗粒向圆形钢毛表面（$\theta=0°$ 和 $\theta=180°$ 的位置）移动的磁
场力。

3.4　磁选设备

目前国内外应用的磁选设备类型很多，规格也比较复杂。通常按磁场强弱，将磁选设备分为弱磁场磁选机、中磁场磁选机和强磁场磁选机3类。

弱磁场磁选机磁极表面的磁场强度 $H = (72 \sim 160) \mathrm{kA/m}$，磁场力 $H \mathrm{grad} H = (3 \sim 6) \times 10^{11}$ $\mathrm{A^2/m^3}$，用于分选强磁性矿物。

中磁场磁选机磁极表面的磁场强度 $H = (160 \sim 480) \mathrm{kA/m}$，磁场力 $H \mathrm{grad} H = (6 \sim 300) \times 10^{11} \mathrm{A^2/m^3}$，用于分选中等磁性的矿物，也可用于再选作业。

强磁场磁选机磁极表面的磁场强度 $H = (480 \sim 1600) \text{kA/m}$，磁场力 $H\text{grad}H = (300 \sim 1200) \times 10^{11} \text{A}^2/\text{m}^3$，用于分选弱磁性矿物。

3.4.1 弱磁场磁选设备

3.4.1.1 永磁筒式磁选机

永磁筒式磁选机是处理铁矿石的选矿厂普遍应用的一种磁选设备。根据磁选机槽体（或底箱）的结构，永磁筒式磁选机分为半逆流型、逆流型和顺流型3种类型，其底箱示意图如图3-19所示。

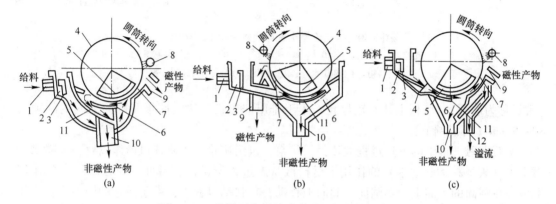

图 3-19　3 种类型永磁筒式磁选机的底箱示意图
(a) 半逆流型；(b) 逆流型；(c) 顺流型
1—给料管；2—给料箱；3—挡板；4—圆筒；5—磁系；6—扫选区；7—脱水区；8—冲洗水区；
9—磁性产物管；10—非磁性产物管；11—底板；12—溢流管

目前生产中应用的主要是 CT 系列的永磁筒式磁选机，其中 CTB 型是半逆流型、CTN 型是逆流型、CTS 型是顺流型。CTS-1530 型永磁筒式磁选机的台时处理能力为 270t，CTS-1540 型永磁筒式磁选机的台时处理能力为 350t。

A　半逆流型永磁筒式磁选机

图 3-20 是半逆流型永磁筒式磁选机的结构图。这种设备主要由圆筒、磁系和槽体（或称底箱）3 个部分组成。

圆筒是用不锈钢板卷成的，为了保护筒皮，在上面加一层薄的橡胶带或绕一层细铜线，也可粘上一层耐磨橡胶。这不仅可以防止筒皮磨损，还有利于磁性颗粒在筒皮上的附着及增强圆筒对磁性产物的携带作用。保护层的厚度一般为 2mm 左右。圆筒端盖是用铝或铜铸成的。圆筒的各部分之所以采用非磁性材料，是为了避免磁力线与筒体形成短路。圆筒由电动机经减速机带动。圆筒的旋转线速度一般为 $1.0 \sim 1.7 \text{m/s}$。

半逆流型槽体的突出特征是：矿浆从下方给到圆筒的下部，非磁性产物的移动方向和圆筒的旋转方向相反，磁性产物的移动方向和圆筒旋转方向相同。槽体靠近磁系的部位需要使用非导磁材料，其余可用普通钢板或硬质塑料板制成。

槽体的下部为给矿区，其中插有喷水管，用来调节选别作业的矿浆浓度，把矿浆吹散，使其呈较松散的悬浮状态进入分选空间，有利于提高选别指标。在给矿区上部有底板

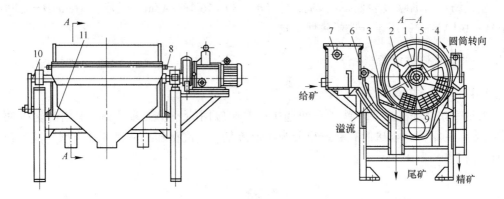

图 3-20   半逆流型永磁筒式磁选机的结构图

1—圆筒；2—磁系；3—槽体；4—磁导板；5，11—支架；6—喷水管；

7—给料箱；8—卸矿水管；9—底板；10—磁偏角调整装置

（现场称为堰板），底板上开有矩形孔，用于排出非磁性产物。底板和圆筒之间的间隙为 30~40mm （可以调节）。

矿石在磁选机中的分选过程大致为：矿浆经过给矿箱进入磁选机槽体以后，在喷水管喷出水（现场称为吹散水）的作用下呈松散状态进入给矿区；磁性颗粒在磁场力的作用下被吸在圆筒的表面上，随圆筒一起向上移动；在移动过程中，由于磁系的极性交替，使得磁性颗粒成链地进行翻动（现场称为磁翻或磁搅拌）；在翻动过程中，夹杂在磁性颗粒中间的一部分非磁性颗粒被清除出去，这有利于提高磁性产物的质量。磁性颗粒随圆筒转到磁系边缘磁场较弱的区域时，被冲洗水冲进磁性产物槽中；非磁性颗粒和磁性很弱的颗粒则随矿浆流一起，通过槽体底板上的孔进入非磁性产物管中。

在半逆流型磁选机中，矿浆以松散悬浮状态从槽底下方进入分选空间，给矿处矿浆的运动方向与磁场力方向基本相同，因而颗粒可以到达磁场力很高的圆筒表面上。另外，非磁性产物经槽体底板上的孔排出，从而使溢流面的高度保持在槽体中矿浆的水平面上。半逆流型磁选机的这两个特点决定了它可以得到较高的磁性产物质量和选别回收率。这种类型的磁选机常用作粗选设备和精选设备，尤其适合用作 0~0.15mm 的强磁性矿石的精选设备。

B   逆流型永磁筒式磁选机

在图 3-21 所示的逆流型永磁筒式磁选机中，给矿矿浆的运动方向和圆筒旋转方向或磁性产物的移动方向相反。矿浆由给矿箱直接进入到圆筒的磁系下方，非磁性颗粒和磁性很弱的颗粒随矿浆流一起，经位于给矿口相反侧底板上的孔进入尾矿管中；磁性颗粒则被吸在圆筒表面，随着圆筒的旋转，逆着给矿矿浆的流动方向移动到磁性产物排出侧，被排到磁性产物槽中。

逆流型磁选机的适宜给料粒度为 0~0.6mm，用在细粒强磁性矿石的粗选和扫选作业中。由于这种磁选机的磁性产物排出端距给矿口较近，磁翻作用差，所以磁性产物质量不高。但它的非磁性产物排出口距给矿口较远，矿浆经过较长的选别区，增加了磁性颗粒被吸附的机会；另外，两种产物排出口间的距离远，磁性颗粒混入非磁性产物中的可能性小，所以这种磁选机对磁性颗粒的回收率高。

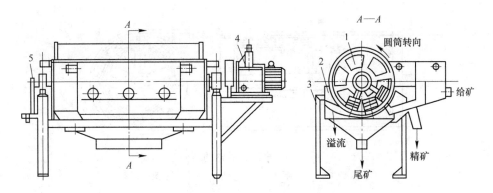

图 3-21 逆流型永磁筒式磁选机的结构图

1—圆筒；2—槽体；3—机架；4—传动部分；5—磁偏角调整装置

C 顺流型永磁筒式磁选机

图 3-22 是顺流型永磁筒式磁选机的结构图。在顺流型磁选机中，给矿矿浆的流动方向和圆筒的旋转方向或磁性产物的移动方向一致。矿浆由给矿箱直接给入到磁系下方，非磁性颗粒和磁性很弱的颗粒随矿浆流一起，由圆筒下方两底板之间的间隙排出；磁性颗粒则被吸在圆筒表面上，随圆筒一起旋转到磁系边缘磁场较弱处排出。顺流型磁选机适用于粒度为 0~6.0mm 的粗粒强磁性矿石的粗选和精选作业。

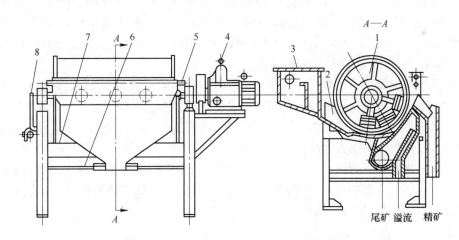

图 3-22 顺流型永磁筒式磁选机的结构图

1—圆筒；2—槽体；3—给矿箱；4—传动部分；5—卸矿水管；6—排矿调节阀；7—机架；8—磁偏角调整装置

3.4.1.2 磁滑轮

磁滑轮（也称磁滚筒或干式大块磁选机）有永磁式和电磁式两种。永磁磁滑轮的结构如图 3-23 所示。这种设备的主要组成部分是一个回转的多极磁系，套在磁系外面的是用不锈钢或铜、铝等非导磁材料制成的圆筒。磁系的包角为 360°。磁系和圆筒固定在同一个轴上，安装在皮带机的头部（代替首轮）。

目前使用的磁滑轮的磁系结构有两种：一种是磁极沿矿石运动方向同极性排列（极性沿轴向是交替排列的）；另一种是磁极沿矿石运动方向异极性排列。后一种排列方式由

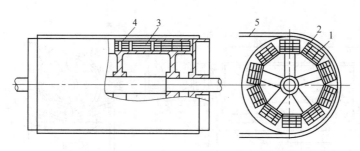

图 3-23   永磁磁滑轮的结构

1—多极磁系；2—圆筒；3—磁导板；4—铝环；5—皮带

于磁极沿圆筒方向极性交替，减少了两端的漏磁，提高了圆筒表面的磁场强度，所以近年来采用得较多。

在实际使用中，矿石均匀地给到皮带上，当矿石随皮带一起经过圆筒时，非磁性或磁性很弱的颗粒在离心惯性力和重力的作用下脱离皮带面；而磁性较强的颗粒则受磁力的作用被吸在皮带上，并由皮带带到圆筒的下部，当皮带离开圆筒伸直时，由于磁场强度减弱而落入磁性产物槽中。磁性产物的产率和质量，通过调节装在圆筒下方的分离板的位置来控制。

目前生产中使用的磁滑轮主要有 CT 系列和 CTDG 系列的产品。CT 系列磁滑轮的筒体直径最小的为 410mm，最大的为 1500mm；筒体长度最小的为 465mm，最大的为 1800mm。其中 CT-1518 型磁滑轮的皮带宽度为 1600mm，给矿粒度为−400mm，台时处理能力为 600t。CTDG 系列磁滑轮的筒体直径最小的为 500mm，最大的为 1500mm；筒体长度最小的为 600mm，最大的为 1800mm。其中 CT-1516N 型磁滑轮的皮带宽度为 1600mm，给矿粒度为−350mm，台时处理能力为 600~800t。

在大多数情况下，永磁磁滑轮只能选出可直接丢弃的非磁性产物和尚需进一步处理的中间产物。用永磁磁滑轮对磁铁矿型铁矿石进行干式预选，可以预先抛弃混入矿石中的废石，恢复地质品位，实现节能增产。对于直接入炉的富矿，在入炉前应用这种设备选出混入的废石，以提高入炉矿石的品位。

在磁化焙烧铁矿石的选矿厂中，用永磁磁滑轮处理块状焙烧矿，选出焙烧质量较好的矿石送入下一作业（如破碎、磨碎和磁选），而将没焙烧好的矿块返回还原焙烧炉再次焙烧，用这种设备控制焙烧矿的质量。

3.4.1.3   磁力脱水槽

磁力脱水槽也称磁力脱泥槽，是一种重力和磁力联合作用的选别设备，广泛应用于磁选工艺中，用来脱除矿石中非磁性或磁性较弱的微细粒级部分，也可用作预先浓缩设备。磁力脱水槽的磁源有永磁磁源和电磁磁源两种。永磁磁源有放置于槽体底部的，也有放置在顶部的，而电磁磁源必须放置在顶部。

永磁和电磁磁力脱水槽的结构如图 3-24 和图 3-25 所示。两种磁力脱水槽的主要组成部分都是槽体、磁源、给矿筒、给水装置和排矿装置。

永磁磁力脱水槽的塔形磁系由许多永磁块擦合而成，放置在磁导板上，并通过非磁性材料（不锈钢或铜）支架支撑在槽体的中下部。给矿筒是用非磁性铝板或硬质塑料板制成的，并由铝支架支撑在槽体的上部。上升水管装在槽体的底部，在每根水管口的上方装

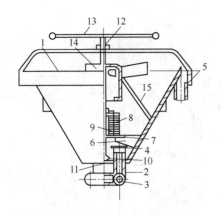

图 3-24　永磁磁力脱水槽的结构
1—平底锥形槽体；2—上升水管；3—水圈；
4—迎水帽；5—溢流槽；6，15—支架；
7—导磁板；8—塔形磁系；9—硬质塑料管；
10—排矿胶砣；11—排矿口胶垫；12—丝杠；
13—调节手轮；14—给矿筒

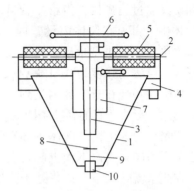

图 3-25　电磁磁力脱水槽的结构
1—槽体；2—铁芯；3—铁质空心筒；
4—溢流槽；5—线圈；6—手轮；
7—拢料圈；8—返水盘；9—丝杠；
10—排矿口及排矿阀

有迎水帽，以使上升水能沿槽体的水平截面均匀地分散开。排矿装置由铁质调节手轮、丝杠（上段是铁质，下段是铜质）和排矿胶砣组成。

电磁磁力脱水槽的磁源由装成十字形的 4 个铁芯、圈套在铁芯上的激磁线圈、与铁芯连在一起的空心筒组成。铁芯支撑在槽体上面的溢流槽的外壁上，4 个线圈的磁通方向一致，空心筒外部有一个用非磁性材料制成的给料筒，空心筒的内部有一个连接排矿砣的丝杠。在丝杠下部还有一个铜质返水盘。线圈通电后，在槽体内壁与空心筒之间形成磁场。

在磁力脱水槽中，颗粒受到的力有重力、磁力和上升水流的作用力。重力作用是使颗粒向下沉降；磁力作用是加速磁性颗粒的沉降；而上升水流的作用力则是阻止颗粒沉降，使非磁性或弱磁性的微细颗粒随上升水流一起进入溢流中，从而与磁性颗粒分开。同时，上升水流还可以使磁性颗粒呈松散状态，把夹杂在其中的非磁性颗粒冲洗出来，从而提高磁性产物的质量。

在分选过程中，矿浆由给矿管沿切线方向进入给矿筒内，比较均匀地散布在脱水槽的磁场中。磁性颗粒在重力和磁力的作用下，克服上升水流的向上作用力而沉降到槽体底部，从排矿口排出；非磁性的微细颗粒在上升水流的作用下，克服重力等作用而与上升水流一起进入溢流中。

磁力脱水槽由于具有结构简单、无运转部件、维护方便、操作简单、处理能力大和分选指标较好等优点，被广泛地应用于强磁性铁矿石的选矿厂中。

3.4.1.4　磁团聚重力选矿机

磁团聚重选法是利用不同颗粒的磁性和密度等多种性质的差异，综合磁聚力、剪切力和重力等多种力的作用而进行分选的方法。实现磁团聚重选法的设备是磁团聚重力选矿机，图 3-26 为 $\phi2500mm$ 磁团聚重力选矿机的结构示意图。

磁团聚重力选矿机的分选筒体为一圆柱体，磁化的矿浆通过给矿槽，由给矿管沿水平切向给入筒体中上部。在筒体内设置内、中、外3层由永磁块构成的小型永磁磁系，从而在分选区内形成3层磁场强度为0~12kA/m的不均匀磁场，使磁性颗粒在分选区内受到间歇、脉动的磁化作用，形成适宜的轻度磁团聚。

磁团聚重力选矿机从筒体下部水包和给水环，沿圆周切向给入由下而上旋转上升的分选水流，在此水流作用下，矿浆处于弥散悬浮状态。水流在一定的压强下沿切向给入，产生水力搅拌作用，对矿浆施加一剪切作用力。水流的剪切作用自下而上随着圆周速度的降低而逐步减弱。剪切作用力的这种变化符合分选机分选过程的需要。分选水流的压强以选择能破坏矿浆的结构化状态、不断分散磁聚团、使分选区内矿浆处于分散与团聚的反复交变状态为宜。

磁团聚重力选矿机的重力分选作用主要取决于上升水流的竖直速度，该速度通过分选水流的流量来控制。分选水流的流量选择和控制，应以保证入选矿石中分选粒度上限的贫连生体颗粒进入溢流为准。

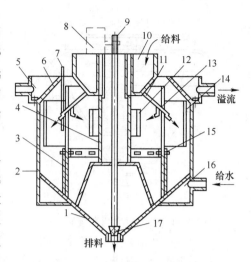

图 3-26　φ2500mm 磁团聚重力选矿机的结构示意图

1—底锥；2—筒体；3—支架；4—中心筒；5—溢流槽；6—溢流锥；7—浓度监测管；8—自控执行器；9—升降杆；10—给矿槽；11—给矿管；12—内磁系；13—中磁系；14—外磁系；15—给水环；16—水包；17—排矿阀

矿浆给入磁团聚重力选矿机后进入分散与团聚的交变状态，在旋转上升水流的剪切作用和重力、浮力作用下，磁性颗粒聚团与上升水流成逆向运动，自上而下地不断净化，最后进入分选机底锥，经排矿阀门排出。被分散的非磁性颗粒和连生体颗粒被上升水流带向分选机上部，从溢流槽排出。正常工作状态下，磁团聚重力选矿机内的矿浆自下而上分为净化聚团沉积区、磁聚团分散与团聚交变分选区以及悬浮溢流区3个区域。

磁团聚重力选矿机采用浓度监测管、自控执行器和升降杆组成分选浓度的自动控制系统，保证分选区的矿浆浓度（固体质量分数）稳定在30%~35%之间。

3.4.1.5　磁选柱和磁场筛选机

使用弱磁场磁选设备分选强磁性铁矿石时，有效克服非磁性颗粒的机械夹杂现象是提高最终精矿铁品位的关键之一。由于永磁筒式磁选机的磁场强度比较高，在分选过程中存在较强的磁团聚现象；而磁力脱水槽和磁团聚重力选矿机因采用恒定磁场，允许的上升水流速度小，只能分出微细粒级脉石及部分细粒连生体。所以在这些设备的分选过程中，都不同程度地存在磁聚团中夹杂连生体颗粒和单体脉石颗粒的现象，不能彻底解决非磁性夹杂问题，从而降低了精矿品位。磁选柱和磁场筛选机就是为了更好地解决强磁性铁矿石分选过程中的非磁性夹杂问题而研制的。

A　磁选柱

如图3-27所示，磁选柱是一种由外套和多个励磁线圈组成的分选内筒、给矿和排矿装置及电控柜构成的电磁式磁重分选设备。其突出特征在于：分选筒、励磁线圈和外套均由上下两组的形式组成；上下励磁线圈设置在上下分选筒外侧；励磁线圈由与之连接的可用程序控制的电控柜供电，励磁线圈的极性是一致的，也有 1 组或 2 组极性相反的情况。由于励磁线圈借助于顺序通断电励磁，在分选柱内形成时有时无、顺序下移的磁场力，允许的上升水流速度高达 20～60mm/s，从而能高效分出连生体，获得高品位的磁铁矿精矿，但存在耗水量较大、设备高度较高的问题。

设备运行时，矿浆由给矿斗进入磁选柱中上部，磁性颗粒，尤其是单体磁性颗粒在由上而下移动的磁场力作用下团聚与分散交替进行，再加上上升水流的冲洗作用，使夹杂在磁聚团中的脉石、细泥、贫连生体颗粒不断地被剔除出去。分选出的尾矿从顶部溢流槽排出，精矿经下部阀门排出。

B 磁场筛选机

磁场筛选机与传统磁选机的最大区别在于，这种设备不靠磁场直接吸引，而是在只有常规弱磁场磁选机的磁场强度几十分之一的均匀磁场中，利用单体解离的强磁性铁矿物颗粒与脉石及贫连生体颗粒磁性的差异，使前者实现有效磁团聚，增加它们与脉石及贫连生体颗粒的尺寸差和密度差，然后利用安装在磁场中、筛孔比给矿中最大颗粒的尺寸大许多倍的专用筛分装置，使形成链状磁团聚体的强磁性铁矿物沿筛面运动，从而进入精矿箱中；不能形成磁团聚体的单体脉石和贫连生体颗粒则透过筛面，经尾矿排出装置排出。CSX 系列磁场筛选机的分选原理如图 3-28 所示。

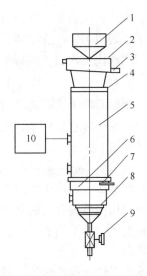

图 3-27 磁选柱的结构示意图
1—给矿斗及给矿管；2—给矿斗支架和上部给水管；3—溢流槽；4—封顶套；5—上分选筒及电磁磁系和外套；6—支撑法兰；7—主给水管（切向）；8—下分选筒及电磁磁系；9—精矿排矿阀门；10—电控柜

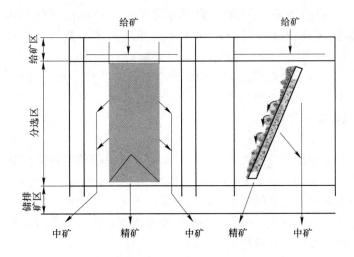

图 3-28 CSX 系列磁场筛选机的分选原理示意图

生产实践表明，这种设备能有效分离夹杂于磁铁矿选别精矿中的连生体，对已解离的单体磁铁矿颗粒实现优先回收，提高了铁精矿的品位。

3.4.1.6　永磁双筒干式磁选机

永磁双筒干式磁选机的结构如图 3-29 所示，其主要组成部分包括辊筒、磁系、分选箱、给料机和传动装置。

辊筒由 2mm 厚的玻璃钢制成，在筒面上粘有一层耐磨橡胶。由于辊筒的转速高，为了防止由于涡流作用而使辊筒发热和电动机功耗增加，这种磁选机的筒皮不采用不锈钢，而采用玻璃钢或铁锰铝无磁钢。

磁系均由锶铁氧体永磁块组成。其中，圆缺磁系由 27 个磁极按 N-S-N 极性交替形式排列，磁极距为 50mm（也有 30mm 和 90mm 的），磁系包角为 270°，装在辊筒内固定不动；同心磁系由 36 个磁极按极性交替形式组成，磁极距也是 50mm，磁系包角为 360°，装在辊筒内，且和辊筒同心安装，可以旋转。

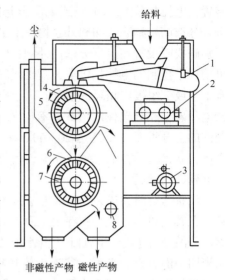

图 3-29　永磁双筒干式磁选机的结构

1—电振给料机；2—无级调速器；
3—电动机；4—上辊筒；
5—圆缺磁系；6—下辊筒；
7—同心磁系；8—感应排料辊

分选箱用泡沫塑料密封。在分选箱的顶部装有管道，其与除尘器相连，使分选箱内处于负压状态工作。可调挡板装在分选箱内，其作用是截取分选产物和改变选别流程。

在实际应用中，干式磨细后的矿石由电振给料机给到上辊筒进行粗选，磁性颗粒吸在筒面上被带到无极区（圆缺部分）卸下，从磁性产物区排出；非磁性颗粒在离心惯性力的作用下被抛离筒面，从非磁性产物区排出；中间产物则经漏斗给到下辊筒进行再选。由于同心磁系与圆筒的旋转方向相反，颗粒受到强烈的离心惯性力和磁翻作用，非磁性颗粒被抛离筒面而进入非磁性产物区，磁性颗粒则通过感应排料辊进入磁性产物区。

这种磁选机主要用于分选粒度较粗的强磁性矿石。它和干式自磨机所组成的干选流程，具有工艺流程简单、设备数量少、占地面积小、节水、投资少和成本低等优点。

3.4.1.7　预磁器和脱磁器

A　预磁器

为了提高磁力脱水槽的分选效果，在入选前将矿石进行预先磁化，即使矿浆受到一段磁化磁场的作用。矿浆中的细颗粒经过磁化后彼此团聚成磁团，这种磁团在离开磁场以后，由于颗粒具有剩磁和较大的矫顽力而仍被保留下来。进入磁力脱水槽内，磁团所受的磁力和重力要比单个颗粒的大得多，因而可以明显改善磁力脱水槽的分选效果，减少金属流失。产生预先磁化磁场的设备称为预磁器。

图 3-30 是常见的永磁预磁器的结构图，它是由磁铁（永磁块）、磁导板和工作管道（硬质塑料或橡胶管）组成的。管道内平均磁场强度为 40kA/m 左右。

B 脱磁器

矿石经过磁化后保留有剩磁，影响下段作业的进行。如在阶段磨矿、阶段选别的生产流程中，一段选出的磁性产物进入分级机以后会造成溢流跑粗，影响分选指标。另外，如果选出的磁性产物进入细筛前不脱磁，会降低细筛的筛分效率。因此，在强磁性矿石的分选过程中，脱磁器是一种不可缺少的辅助设备。常用的脱磁器有工频脱磁器和脉冲脱磁器两种。

工频脱磁器的结构如图 3-31 所示。它由套在非磁性材料管上的 5 个不同外径、不同长度的同轴塔形线圈构成，线圈内通入工频交流电。其工作原理是：根据在不同的外磁场作用下，强磁性物料的磁感应强度 B（或磁化强度 M）和外磁场强度 H 形成形状相似而面积不等的磁滞回线来进行脱磁。当脱磁器通入交流电后，在线圈中心线方向上产生方向不断变化、逐渐变小的磁场。矿浆在线圈内的管道中流动时，将受到激磁线圈产生的沿轴向磁场强度逐渐减弱的交变磁场作用，其中的磁性颗粒受到正反向的反复磁化，强磁性矿粒的剩余磁化强度或剩余磁感应强度逐渐减弱，直至完全失去剩磁。

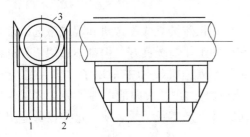

图 3-30 常见的永磁预磁器的结构图
1—永磁块；2—磁导板；3—工作管道

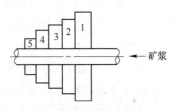

图 3-31 工频脱磁器的
结构示意图

脉冲脱磁器是属于间歇脉冲衰减振荡的超工频脱磁器。它是利用 LC 振荡的基本原理，用并联电容与脱磁线圈组成并联谐振电路，使脱磁线圈产生衰减振荡的脉冲波，由此产生衰减振荡的脉冲磁场，使磁性物料在线圈里受到高频交换的退磁场作用，最终使剩磁消失。

矿石磁化后要去掉它的剩磁，所需脱磁器的最大磁场强度应为其矫顽力的 5~7 倍，而工频脱磁器的磁场强度在 24~32kA/m（最高约为 64kA/m）范围内。天然磁铁矿的矫顽力一般在 4.0~6.4kA/m 之间，从磁场强度角度来讲，工频脱磁器可以满足需要。而对于焙烧磁铁矿，由于矫顽力高（最高可达 16kA/m），使用工频脱磁器的脱磁效果不好。脉冲脱磁器的最高磁场强度可达 80kA/m 以上，满足了焙烧矿对磁场的要求，而且能量消耗少，脱磁效果好。

3.4.2 中磁场磁选设备

中磁场磁选机主要用作粗选和扫选设备，以降低分选尾矿的品位，提高磁性矿物的回收率。生产中使用的中磁场磁选机主要有 SLon 立环脉动中磁场磁选机、CT 系列永磁筒式磁选机、ZCT 系列筒式磁选机、SSS-Ⅱ 湿式双频双立环高梯度磁选机、PMHIS 系列和 DPMS 系列永磁中强磁场磁选机、DYC 型永磁中强磁场磁选机等。几种中磁场磁选机的设备型号和技术参数如表 3-3 所示。

表 3-3 几种中磁场磁选机的设备型号和技术参数

设备型号	转环外径 /mm	给矿粒度 /mm	给矿浓度 /%	处理能力 /t·h^{-1}	额定背景 磁感强度 /T	脉动冲程 /mm	脉动频率 /Hz
SLon-1500 中磁机	1500			30~50	0~0.4		
SLon-1750 中磁机	1750	0~1.3	10~40	30~50	0~0.6	0~30	0~5
SLon-2000 中磁机	2000			50~80	0~0.6		
SSS-Ⅱ-1000	1000			3~8			
SSS-Ⅱ-1200	1200			10~20			
SSS-Ⅱ-1500	1500	0.01~2	—	15~30	0.5	—	—
SSS-Ⅱ-1750	1750			25~50			
SSS-Ⅱ-2000	2000			40~60			
DLS-150	1500			20~30	0~0.4	18~40	0~7.5
DLS-175	1750	0~1.3	10~40	30~50	0~0.6	0~20	0~5
DLS-200	2000			50~80	0~0.6	6~26	0~5

3.4.3 强磁场磁选设备

强磁场磁选设备主要用于选别弱磁性物料。干式强磁场盘式磁选机和辊式磁选机常常用于分选有色金属矿石和稀有金属矿石，尽管它们的工作情况良好，但都不适用于分选粒度细、数量大的矿石。1965 年以后，在湿式强磁场磁选机设计中采用了"多层感应磁极"，其最大特点是保证有较高的磁场强度和磁场梯度，并且大大地增加了分选区域，从而使湿式强磁场磁选机的处理能力大为提高。研究及生产实践结果表明，这类设备适用于分选细粒和微细粒浸染的弱磁性铁矿石。

3.4.3.1 干式强磁场磁选机

A 电磁盘式强磁场磁选设备

盘式磁选机是生产中使用较多的干式强磁场磁选设备。它有单盘（ϕ900mm）、双盘（ϕ576mm）和三盘（ϕ600mm）3 种。其中，ϕ576mm 双盘干式强磁场磁选机已有系列产品，应用较广。

ϕ576mm 干式强磁场双盘磁选机的结构如图 3-32 所示，其主体部分是由山字形磁系、悬吊在磁系上方的旋转圆盘和振动槽（或皮带）组成的。磁系和圆盘组成闭合磁路。圆盘好像一个翻扣的带有尖边的碟子，其直径约为振动槽宽度的 1.5 倍。圆盘用专用的电动机通过蜗轮蜗杆减速箱带动。转动手轮可使圆盘垂直升降（调节范围为 0~20mm），用以调节极距（即圆盘齿尖与振动槽间的距离）。调节螺栓可使减速箱连同圆盘一起绕心轴转动一个不大的角度，使圆盘边缘和振动槽之间的距离沿给矿前进方向逐渐减小，圆盘的前、后部可以选出磁性不同的产物。振动槽由 6 块弹簧板紧固在机架上，用偏心振动机构带动。

为了预先分出给矿中的强磁性颗粒，以防止它们堵塞圆盘边缘和振动槽之间的间隙，在振动槽的给矿端装有弱磁场磁选机（现场也称给矿圆筒）。

入选矿石经给矿斗下部的闸门给到永磁分选筒，强磁性颗粒被分选出来，经斜槽落入首部强磁性产物接料斗中；弱磁性颗粒在重力和离心惯性力的作用下落到筛子上。筛上物由筛框一侧排到接料斗中，筛下物（弱磁性物料）由振动槽带到磁盘下面的强磁场区分

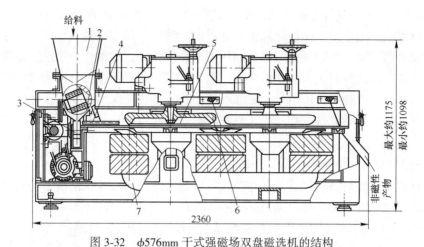

图 3-32　φ576mm 干式强磁场双盘磁选机的结构

1—给矿斗；2—给矿圆盘；3—强磁性产物接料斗；4—筛料槽；5—振动槽；6—圆盘；7—磁系

选。磁性颗粒被吸到圆盘上，带至侧面弱磁场区，在重力和离心惯性力的作用下落到两侧的接料斗中；非磁性物料则沿给矿槽直至尾部，进入接料斗中。

双盘磁选机操作中调节的主要因素有给料层厚度、磁场强度、工作间隙、振动槽的振动速度等。被选矿石的粒度较粗时，给矿层可以厚一些；给矿粒度细时，则应薄一些。一般处理粗粒矿石时，给矿层厚度以不超过最大粒度的 1.5 倍为宜。为了保证处理量不至于过低，中等粒级矿石的给矿层厚度可达最大粒度的 4 倍左右，细粒级矿石可达 10 倍左右。

原矿中若磁性组分含量低，给矿层应薄些。如过厚，则处于最下层的磁性颗粒不但所受磁力较小，而且除自身的重力外，还受到上面非磁性颗粒的压力而不能被吸出，降低磁性矿物的回收率。磁性矿物含量高时，给矿层可以适当厚些。

磁场强度的大小取决于被处理矿石的磁性和作业要求。处理磁性强些的矿石或用在精选作业时，应采用较弱的磁场强度；处理磁性弱些的矿石或用在扫选作业时，则应采用较强的磁场强度。

处理粗粒矿石时，工作间隙应大些；处理细级别物料时，则应小些。扫选时，应尽可能把工作间隙调节到最小限度，以提高回收率；精选时，最好把工作间隙调大些，加大磁性颗粒到盘齿尖的距离，以增加分选的精确度，提高磁性产物的质量。

振动槽振动速度的大小决定了颗粒在磁场中的停留时间，也就是决定了磁选机的处理能力。振动槽的振动频率与振幅的乘积越大，则振动速度越大，颗粒所受的机械力也越大，导致颗粒在磁场中的停留时间越短。通常，扫选时给矿中连生体较多，磁性较弱，为提高回收率，振动速度应低些；精选时给矿中单体颗粒较多，磁性较强，振动速度可适当加快。处理细粒矿石时，振动频率宜高，以利于矿石层松散，但振幅应小些；反之，处理粗粒矿石时，振动频率宜低，振幅应大些。

B　SLon 干式振动高梯度磁选机

SLon 干式振动高梯度磁选机主要由转环、磁轭、激磁线圈、机架、转环振动电机、给矿斗振动电机、振动机构、轮胎联轴器、限位机构等组成，其主要特点是采用了振动给矿、连续振动分选、振动排出磁性物的设计构思，较为圆满地解决了干物料在分选过程中流动困难的问题。

在 SLon 干式振动高梯度磁选机的工作过程中，待分选的矿石进入给矿系统后，在给矿斗振动电机的作用下沿上磁轭缝隙进入分选区。转环支撑在振动机构的主振弹簧上，靠轮胎联轴器传递扭矩。在转环振动电机的作用下，转环一边振动，一边连续旋转。转环内装有磁介质盒，磁性颗粒被吸附在磁介质盒上；非磁性颗粒则在转环振动力的作用下穿过转环，进入非磁性产物斗排出机外。磁性颗粒随着转环转动脱离磁场，在转环振动力作用下脱离转环，被收集到磁性产物斗中。磁性产物斗也随转环一起振动，从而将磁性产物排出机外。

3.4.3.2　琼斯（Jones）型湿式强磁场磁选机

琼斯型湿式强磁场磁选机首先是在英国发展起来的，由联邦德国洪堡公司制造。这种磁选机的外形尺寸为 6300mm×4005mm×4250mm，转盘直径为 3170mm，处理能力为 100~120t/h。DP-317 型琼斯型湿式强磁场磁选机的结构如图 3-33 所示。

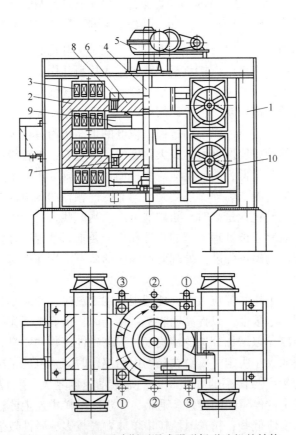

图 3-33　DP-317 型琼斯型湿式强磁场磁选机的结构

1—框架；2—U 形磁轭；3—线圈；4—垂直中心轴；5—蜗轮蜗杆传动装置；6—转盘；7—分选箱；8—拢料圈；9—非磁性产物溜槽；10—线圈外部的密封保护壳；①—非磁性产物；②—磁性产物；③—中间产物

琼斯型湿式强磁场磁选机的机体由一钢制的框架组成，在框架上装有两个 U 形磁轭，在磁轭的水平部位上安装 4 组励磁线圈，线圈外部有密封保护壳，用风扇吹风冷却。在两个 U 形磁轭之间装有上下两个转盘，转盘起铁芯作用，与磁轭构成闭合磁路。分选箱直接固定于转盘的周边，所以分选箱与极头之间只有一道空气间隙。转盘和分选箱通过蜗轮蜗杆传动装置及垂直中心轴驱动，在 U 形磁轭之间旋转。

设备工作时，矿浆从磁场的进口处给入，通过分选箱内的齿板缝隙，非磁性颗粒不受磁场的作用，流至下部的产物接受槽中成为非磁性产物；磁性颗粒被吸附在齿板上，并随分选箱一起移动，在脱离磁场区之前（转盘转动约 60°）用压力水清洗吸附于齿板上的物料，将其中夹杂的非磁性颗粒和连生体颗粒冲洗出去，成为中间产物，进入中间产物接受槽。当分选箱转到磁中性（即 $H=0$）区时，设有冲洗装置，用压力水将吸附于齿板上的磁性颗粒冲洗出去，成为磁性产物。

在琼斯型湿式强磁场磁选机中，磁场空隙的最大磁场强度可达 960kA/m，转盘转速为 3~4r/min，齿板尖角为 80°~100°，齿板缝隙宽度一般为 1~3mm。

中国通过大量的试验研究工作也制造出仿琼斯型强磁场磁选机（shp 型），其型号有 shp-1000、shp-2000 和 shp-3200 3 种，转盘直径分别为 1000mm、2000mm 和 3200mm。

3.4.3.3 SLon 立环脉动高梯度磁选机

20 世纪 80 年代初开始研制的 SLon 立环脉动高梯度磁选机，较好地解决了高梯度磁选设备磁介质容易堵塞的问题，其突出优点是：富集比大，对给矿粒度、浓度和品位波动适应性强，工作可靠，操作维护方便。SLon 立环脉动高梯度磁选机已形成系列化产品（见表 3-4），在弱磁性铁矿石的选矿生产中得到了广泛应用。

表 3-4　SLon 立环脉动高梯度磁选机的主要技术参数

设备型号	SLon-500	SLon-750	SLon-1000	SLon-1250	SLon-1500	SLon-1750	SLon-2000
转环外径/mm	500	750	1000	1250	1500	1750	2000
转环转速/r·min⁻¹	0.3~3			2~4			
给矿粒度/mm	-1.0			-1.3			
给矿浓度/%	10~40						
处理能力/t·h⁻¹	0.03~0.125	0.06~0.25	4~7	10~18	20~30	30~50	50~80
额定背景磁感应强度/T	1.0						
最高背景磁感应强度/T	1.1		1.2	1.1			
额定激磁电流/A	1300	1200	1050	1000	1050	1400	1400
额定激磁电压/V	12.3	23	27.3	35	42	44	53
额定激磁功率/kW	16	22	28.6	35	44	62	74
转环电动机功率/kW	0.37	0.55	1.1	1.5	3	4	5.5
脉动电动机功率/kW	0.37	0.75	2.2	2.2	4	4	7.5
脉动冲程/mm	0~50		0~30	0~20	0~30		
脉动频率/Hz	0~7			0~5			
耗水量/m³·h⁻¹	0.75~1.5	1.5~3.0	10~20	30~50	60~100	80~150	100~200

图 3-34 是 SLon-1500 型立环脉动高梯度磁选机的结构示意图，其主要组成部分包括脉动机构、激磁线圈、铁轭、转环和各种料斗、水斗。立环内装有导磁不锈钢板网介质（也可以根据需要充填钢毛等磁介质）。转环和脉动机构分别由电动机驱动。

设备工作时，转环做顺时针旋转，矿浆从给矿斗给入，沿上铁轭缝隙流经转环，其中

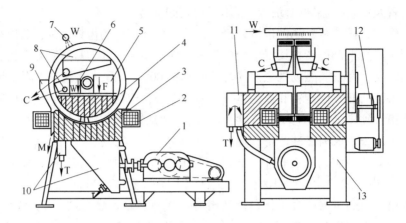

图 3-34　SLon-1500 型立环脉动高梯度磁选机的结构示意图

1—脉动机构；2—激磁线圈；3—铁轭；4—转环；5—给矿斗；6—漂洗水管；7—磁性产物冲洗水管；
8—磁性产物斗；9—中间产物斗；10—非磁性产物斗；11—液面斗；12—转环驱动机构；
13—机架；F—给矿；W—清水；C—磁性产物；M—中间产物；T—非磁性产物

的磁性颗粒被吸在磁介质表面，由转环带至顶部无磁场区后，被冲洗水冲入磁性产物斗中。同时，当给矿中有粗颗粒不能穿过磁介质堆时，它们会停留在磁介质堆的上表面，当磁介质堆被转环带至顶部时，被冲洗水冲入磁性产物斗中。

当鼓膜在冲程箱的驱动下做往复运动时，只要矿浆液面高度能浸没转环下部的磁介质，分选室内的矿浆便做上下往复运动，从而使矿石在分选过程中始终保持松散状态，这可以有效地消除非磁性颗粒的机械夹杂，提高磁性产物的质量。此外，脉动还有效地防止了磁介质的堵塞。

为了保证良好的分选效果，使脉动充分发挥作用，维持矿浆液面高度至关重要。为此，SLon 立环脉动高梯度磁选机通过调节非磁性产物斗下部的阀门、给矿量或漂洗水量来实现液位调节。同时，这种设备还有一定的液位自我调节能力，当外部因素引起矿浆面升高时，非磁性产物的排放有阀门和液位斗溢流面两种通道；当矿浆面较低时，液位斗不排矿，非磁性产物只能经阀门排出。另外，矿浆面较低时，液面至阀门的高度差减小，非磁性产物的流速自动变慢。

SLon 立环脉动高梯度磁选机的分选区大致分为受料区、排料区和漂洗区 3 部分。当转环上的分选室进入分选区时，主要是接受给矿，分选室内的磁介质迅速捕获矿浆中的磁性颗粒，并排走一部分非磁性产物；当它随转环到达分选区中部时，上铁轭位于此处的缝隙与大气相通，分选室内的大部分非磁性产物迅速从排矿管排出；当分选室转至漂洗区时，脉动漂洗水将剩下的非磁性颗粒洗净；当它转出分选区时，室内剩下的水分及其夹带的少量颗粒从中间产物斗排走。中间产物可酌情排入非磁性产物、磁性产物或返回给矿；选出的磁性产物一小部分借助于重力落入磁性产物小斗中，大部分被带至顶部经冲洗至磁性产物大斗中。

3.4.3.4　DLS 系列立环高梯度磁选机

DLS 系列立环高梯度磁选机的主要技术参数列于表 3-5 中。

表 3-5　DLS 系列立环高梯度磁选机的主要技术参数

设备型号	DLS-75	DLS-100	DLS-125	DLS-150	DLS-175	DLS-200	DLS-250
转环外径/mm	750	1000	1250	1500	1750	2000	2500
转环转速/r·min^{-1}	0.5~3			2~4			2~3
给矿粒度/mm	−1.0	−1.3					
给矿浓度/%	10~40						
处理能力/t·h^{-1}	0.1~0.5	4~7	10~18	20~30	30~50	50~80	80~150
额定背景磁感应强度/T	1.0						
最高背景磁感应强度/T	1.1	1.2	1.1				
额定激磁电流/A	1200	1050	1000	1050	1400	1400	1700
额定激磁电压/V	17	27	35	42	44	53	55
额定激磁功率/kW	20	28	35	44	62	74	94
转环电动机功率/kW	0.55	1.1	1.5	3	4	5.5	11
脉动电动机功率/kW	0.75	2.2	2.2	4	4	7.5	11
脉动冲程/mm	0~50	0~30	0~20	0~30			
脉动频率/Hz	0~7	0~5					
耗水量/m^3·h^{-1}	1.5~3.0	10~20	30~50	60~100	80~150	100~200	200~400

　　DLS 系列立环高梯度磁选机采用转环立式旋转、反冲精矿，并配有高频振动机构，同样较好地解决了高梯度磁选设备磁介质容易堵塞的问题，也同样具有富集比大、对给矿粒度和浓度等波动适应性强、工作可靠、操作维护方便等优点。

　　该系列磁选机采用转环立式旋转方式，对于每一组磁介质而言，冲洗精矿的方向与给矿方向相反，粗颗粒不必穿过磁介质堆便可被冲洗出来，从而有效地防止了磁介质的堵塞；设备内设置的矿浆高频振动机构驱动矿浆产生脉动运动，使矿浆中的矿粒始终处于松散状态，有利于提高磁性产物的质量。

　　DLS 系列立环高梯度磁选机可用作赤铁矿、褐铁矿、菱铁矿、钛铁矿、铬铁矿、黑钨矿、钽铌矿等弱磁性矿物的选别设备，也可用作石英、长石、霞石、萤石、硅线石、锂辉石、高岭土等非金属矿产资源的除铁设备。

3.4.3.5　电磁感应辊式强磁场磁选机

　　CS-1 型湿式电磁感应辊式强磁场磁选机是大型双辊湿式强磁场磁选机，它主要由给矿箱、分选辊、电磁铁芯、机架等组成，其结构如图 3-35 所示。这种磁选机的主体部分是由电磁铁芯、磁极头与感应辊组成的磁系。感应辊和磁极头均由工业纯铁制成。两个电磁铁芯和两个感应辊对称平行配置，4 个磁极头连接在两个铁芯的端部，感应辊与磁极头组成口字形闭合磁路，两个感应辊与 4 个磁极头之间构成的间隙就是 4 个分选带。因为没有非选别用的空气隙，所以磁阻小、磁能利用率高。这种设备的适宜给矿粒度为 0~5mm，分选间隙为 14~28mm，感应辊直径为 375mm，磁场强度为 800~1488kA/m。

　　分选矿石时，原矿由给矿辊从给矿箱侧壁的桃形孔引出，沿溜板和波形板给入感应辊和磁极头之间的分选间隙后，磁性颗粒在磁力的作用下被吸到感应辊齿上，并随感应辊一起旋转，当离开磁场区时，其在重力和离心惯性力等机械力的作用下脱离辊齿，卸入磁性

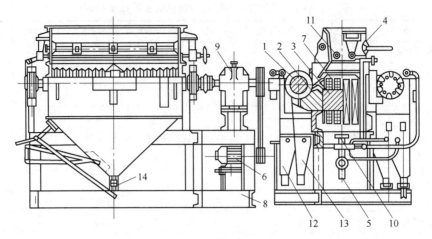

图 3-35　CS-1 型湿式电磁感应辊式强磁场磁选机的结构
1—辊子；2—座板（磁极头）；3—铁芯；4—给矿箱；5—水管；6—电动机；7—线圈；8—机架；
9—减速箱；10—风机；11—给矿辊；12—磁性产物箱；13—非磁性产物箱；14—球形阀

产物箱中；非磁性颗粒则随矿浆流通过梳齿状的缺口流入非磁性产物箱内，然后两者分别从磁性产物箱、非磁性产物箱底部的排料阀排出。

CS-1 型湿式电磁感应辊式强磁场磁选机对中等粒度的氧化锰矿石和碳酸锰矿石有较好的选别效果，它也可用于分选中等粒级的赤铁矿、褐铁矿、镜铁矿、菱铁矿等弱磁性物料，或者用作钨矿物与锡矿物、锡矿物与褐铁矿的分离设备。

3.5　电　　选

电选是基于矿物具有不同的电学性质，当矿物颗粒经过高压电场时，利用作用在这些颗粒上的电力和机械力的差异进行分选的一种选别方法。

从历史上来看，电选的发展经历了相当长的一段时间。早在 1880 年就有人在静电场中分选谷物，亦即使碾过的小麦在一个与毛毡摩擦而带电的硬橡胶辊下通过，麦糠等一些密度小的物质被吸到辊子上，从而与密度较大的颗粒分开。1886 年，卡尔潘特（F. R. Carpenter）曾用摩擦荷电的皮带富集含有方铅矿和黄铁矿的干砂矿。

1908 年，在美国的威斯康星建成了一座利用静电场分选铅锌矿石的选矿厂。当时由于条件限制，电选只能在静电场中进行，因而分选效率低、设备的生产能力小。直到 20 世纪 40 年代，由于科学技术的发展，特别是在电选中应用了电晕带电方法以后，大大提高了分选效率，加之当时国际市场上对稀有金属的需要量急剧增加，促使人们重新注意研究和应用电选技术。

虽然电选的给矿必须经过干燥、筛分、加热等预处理过程，但电选设备结构简单、操作容易、维修方便、生产费用较低、分选效果好，所以广泛应用于稀有金属矿石的精选，而且在有色金属矿石、非金属矿石，甚至在黑色金属矿石的分选中也得到了应用。另外，电选还用于粉煤、陶瓷、玻璃原料的分选，建筑材料的提纯，工厂废料的回收和除尘，物料分级，精选谷物、种子和茶叶等。

3.5.1 电选的基本原理

3.5.1.1 矿物的电性质

在电选过程中，首先使矿物颗粒带电，而使颗粒带电的方法主要取决于它们自身的电性质。矿物的电性质是指它们的电阻（或电导率）、介电常量、比导电度和整流性等。由于各种物料的组成不同，表现出的电性质也有明显差异，即使是属于同一种物料，由于所含杂质不同，其电性质也有差别。

（1）矿物的电阻。矿物的电阻是指矿物颗粒的粒度 $d=1\mathrm{mm}$ 时所测定出的欧姆数值。根据所测出的电阻值，常将矿物分为导体矿物、非导体矿物和中等导体矿物 3 种类型。导体矿物的电阻小于 $1\times10^{6}\Omega$，表明这类矿物的导电性较好，在通常的电选过程中能作为导体矿物被分出。非导体矿物的电阻大于 $1\times10^{7}\Omega$，这类矿物的导电性很差，在通常的电选过程中只能作为非导体矿物被分出。中等导体矿物的导电性介于导体矿物和非导体矿物之间，在通常的电选过程中，这类矿物常作为中间产物被分出。这里所说的导体矿物、中等导体矿物和非导体矿物与物理学中的导体、半导体和绝缘体之间有着很大的差别。所谓的导体矿物，是指它们在电场中吸附电子以后电子能在其颗粒上自由移动，或者在高压静电场中受到电极感应以后能产生可以自由移动的正负电荷；所说的非导体矿物，是指在电晕电场中吸附电荷以后电荷不能在其表面自由移动或传导，这些矿物在高压静电场中只能极化，正负电荷中心只发生偏离而不能被移走，一旦离开电场，立即恢复原状，对外不表现正负电性；所说的中等导体矿物的导电性介于上述两者之间，除个别情况外，它们绝大部分是以连生体颗粒的形式出现。

（2）介电常量。介电常量是介电体（非导体）的一个重要电性指标，通常用 ε 表示，表征介电体隔绝电荷之间相互作用的能力。在电介质中，电荷之间的相互作用力 F_ε 比在真空中的作用力 F_0 小，F_0 与 F_ε 之比称为该电介质的介电常量。电介质的介电常量越大，表示它隔绝电荷之间相互作用的能力越强，其自身的导电性也就越好；反之，介电常量越小，电介质自身的导电性就越差。在物理学中，介电常量又称为电容率，它是电介质的电容 C 与真空的电容 C_0 之比，即：

$$\varepsilon = C/C_0 \tag{3-66}$$

所以在所有的电介质中，电容器的电容都要比在真空中的增大 ε 倍。空气的介电常量近似等于 1，而其他物质的介电常量均大于 1。介电常量的大小与电场强度无关，仅与所使用的交流电的频率和环境温度有关。

（3）矿物的比导电度。矿物的比导电度也是表征矿物电性质的一个指标。矿物的比导电度越小，其导电性就越好。试验发现，电子流入或流出矿物颗粒的难易程度，除与颗粒自身的电阻有关外，还与颗粒和电极之间接触界面的电阻有关，而界面电阻又与颗粒和电极的接触面（或接触点）的电位差有关。当电位差较小时，电子往往不能流入或流出导电性差的矿物颗粒；而当电位差相当大时，电子就能流入或流出，此时导体矿物颗粒表现出导体的特性，而非导体矿物颗粒则在电场中表现出与导体矿物颗粒不同的行为。

（4）矿物的整流性。测定矿物的比导电度时发现，有些矿物只能在高压电极带正电时才起导体的作用，而另一些矿物则只有在高压电极带负电时才起导体的作用。例如，石英只有在高压电极带正电且电位差为 8892～14820V 时才表现为导体，在高压电极带负电时则为非导体；而方解石只有在高压电极带负电且电位差为 10920V 时才表现为导体，反之为非导体。还有一些矿物，如磁铁矿、钛铁矿、金红石等，不管高压电极带正电还是带负电，当电位差达到一定的数值后均表现为导体。矿物所表现出的这种电性质称为整流性，并规定：只能在高压电极带负电时获得正电荷的矿物，称为正整流性矿物；只能在高压电极带正电时获得负电荷的矿物，称为负整流性矿物；不论高压电极带什么样的电荷均表现为导体的矿物，称为全整流性矿物。

根据矿物的电性质，可以从原则上分析用电选法对其进行分选的可能性及实现有效分选的条件。

根据矿物的比导电度可以确定电选时采用的最低分选电压。例如，金红石的比导电度为 3.03，所以使其成为导体的电压必须大于 8484（2800×3.03）V。

根据矿物的整流性可以确定高压电极的极性。例如，分选金红石和石英时，金红石呈全整流性，比导电度为 3.03，使其成为导体的最低电压为 8484V；石英呈负整流性，使其成为导体的最低电压为 8892V。若高压电极的极性为正，由于两者呈现导体性质的电压非常接近，很难实现有效分选。因此，高压电极必须为负极，使石英呈现非导体性质，进而达到使两者分离的目的。

根据矿物的电阻（或电导率）可以判断用电选法对两种矿物进行分选的可能性。两者的电阻差别越大，越容易实现分离。

3.5.1.2　颗粒在电场中带电的方法

在电选过程中，使颗粒带电的方法通常有摩擦带电、感应带电、传导带电以及在电晕电场中带电。

A　摩擦带电

摩擦带电是通过接触、碰撞、摩擦等方法使颗粒带电，曾经采用的途径有两种：其一是颗粒与颗粒之间相互摩擦，分别获得不同符号的电荷；其二是颗粒与某种材料摩擦、碰撞或颗粒在其上滚动等使颗粒带电。通过摩擦使颗粒带电的方法发明较早，但用于物料分选的历史并不长。

通过摩擦、碰撞等使颗粒带电，完全是由于电子的转移所致。介电常量大的颗粒具有较高的能位，容易极化而释放出外层电子；反之，介电常量较小的颗粒能位比较低，难以极化，容易接受电子。释放出电子的颗粒带正电，接受电子的颗粒带负电。

需要指出的是，并非所有的矿物都能采用摩擦带电的方法使其带电，只有当相互摩擦的两种矿物都是非导体，而且两者的介电常量又有明显的差别时，才能发生电子转移并保持电荷；介电常量相同的两种非导体矿物，由于其能位相同，很难产生电荷，所以不能用摩擦带电的方法使之分离；导体颗粒与导体颗粒相互摩擦碰撞时也能产生电荷，但无法保持下来，所以也同样不能用这种方法进行分选。

B　感应带电

感应带电是颗粒并不与带电的电极接触，完全靠感应的方法带电。如导体颗粒移近电极时，由于电极的电场对导体中的自由电子发生作用，使导体颗粒靠近电极的一端产生与电极符号相反的电荷，远离电极的一端产生与电极符号相同的电荷。如颗粒从电场中移开，这两种相反的电荷便互相抵消，颗粒又恢复到不带电的状态。这种电荷称为感应电荷，可以用接地的方法移走。

非导体矿物在电场中只能被极化。非导体分子中的电子和原子核结合得相当紧密，电子处于束缚状态。当接近电极时，非导体分子中的电子和原子核之间只能做微观的相对运动，形成"电偶极子"。这些电偶极子大致按电场的方向排列（称为电偶极子的定向），因此在非导体和外电场垂直的两个表面上分别出现正、负电荷。这些正、负电荷的数量相等，但不能离开原来的分子，因而称为"束缚电荷"。电场内的非导体中电荷的移动过程（或电偶极子的定向）称为极化。束缚电荷与感应电荷不同，不能互相分离，也不能用接地等方法移走。两种电性不同的颗粒在分选电场中的运动有差异，利用这种差异可以将两种颗粒分开。

C　传导带电

颗粒与带电电极直接接触时，由于颗粒本身的电性质不同，与带电电极接触后所表现出的行为也明显不同。导电性好的颗粒直接从电极上获得电荷（正电荷或负电荷），因同性电荷相斥而使颗粒被弹离电极；反之，不导电或导电性很差的颗粒则不能很快地或根本不能从电极上获得电荷，只能受到电场的极化，极化后发生正、负电荷中心偏移，靠近电极的一端产生与电极极性相反的电荷，因而不能被电极排斥，从而使两种颗粒因运动轨迹的不同而得到分离。

D　在电晕电场中带电

气体导电需要有两个条件，首先要有可移动的电荷（导电机构），其次要有使电荷做定向移动的力（电场力）。在通常的情况下气体是中性的，没有导电机构，所以气体是良好的绝缘体。但在外界因素的作用下，可使气体满足产生电流的第 1 个条件而具有导电性。如果同时有电场存在，满足了第 2 个条件，气体中就有电流通过。当气体具有导电性时，电流通过气体的现象称为气体放电。

气体分子在电离剂（如火焰、伦琴射线、紫外线）的作用下能获得足够的能量，致使其中的电子能够挣脱束缚力而离去，这样一来，1 个本来呈电中性的分子就分离为 1 个带正电荷的阳离子和 1 个或几个带负电荷的电子，这些电子又可以与中性分子结合形成阴离子。这种从中性分子产生离子的过程称为电离。由此可见，气体中的离子是由失去了电子或获得了电子的分子或原子形成的。当气体中有了离子和电子以后，在外电场的作用下，它们就分别做定向运动，形成电流。如上所述，由于与电场无关的外界电离剂的作用使气体电离而诱发的导电性，称为被激导电性。

在没有电离剂时，气体中残存的电子或离子（由于宇宙射线和地壳上放射性元素的放射线作用，大气中经常有少数离子存在）在外加电场的作用下，也将在运动中获得动能。如果外加电场足够强，使这些电子或离子在与中性分子碰撞前已经获得了足够的能量，则当它们同中性分子发生碰撞时，就把足够的能量传递给中性分子，使其发生电离，这种电离称为碰撞电离。当气体中有碰撞电离存在时，虽然没有外界电离剂的作用，也能产生导电机构（即电子和离子），从而使气体具有导电性，这种导电性称为自激导电性。气体因具备自激导电性而产生的放电现象称为自激放电，通常有电晕放电和火花放电两种形式。

电晕放电的电场称为电晕电场，这种电场是一种很不均匀的电场。电晕电场中有两个电极，其中一个电极的曲率很大，直径通常仅有 0.2~0.4mm；另一个电极的曲率很小，直径一般为 120mm。两个电极相距一定距离，在正常的大气压强下提高两个电极之间的电压时，两极间即形成不均匀的电场。在大曲率的电极附近，电场强度很大，足以导致发生碰撞电离；而离开电极稍远处，电场强度减弱很多，这里已不能发生碰撞电离。所以在电晕电场中，碰撞电离并不能发展到两个电极之间的整个空间，只能发生在大曲率电极附近很薄的一层里（称为电晕区）。碰撞电离一旦发生即可听到咝咝声，同时可以看到围绕电极形成一圈光环，发出淡紫色光亮，此即为电晕放电。如果电压继续升高，气体的电离范围就逐渐扩大。当电压升至一定数值时，就发生火花放电，同时发出啪啪的响声，此时的电压称为击穿电压，这时电晕电场已遭破坏。

在电晕放电过程中出现的光，是电子或离子再化合时释放出的能量，或者是电子在原子内部移向更稳定的位置时释放出的能量。

电晕电极的极性通常为负，因为负电晕放电的击穿电压比正电晕放电的要高得多，所以电晕电选机的电晕电极与高压电源的负极相连，而滚筒通常接地。

当电晕放电发生时，阳离子飞向负电极，阴离子飞向正电极（即接地圆筒），从而在此空间中形成了体电荷（即负电荷充满了电晕外区），通过此空间区的矿物颗粒均能获得负电荷，这种带电方式称为电晕电场带电。由于矿物传导电荷的能力不同，导电性较好的矿物颗粒获得电荷后能立刻（在 0.01～0.025s 内）将电荷释放出去，不受电场力作用；而导电性较差的矿物颗粒则不能将获得的电荷释放出去，从而受到电场力的作用。利用两者在不同力的作用下表现出的行为差异，就可以将它们分开。

3.5.1.3　电选的基本条件

被分选的矿物颗粒进入电选机的电场以后，受到电场力和机械力的作用。在较常用的圆筒形电晕电选机中，颗粒的受力情况如图 3-36 所示。在这种情况下，作用在颗粒上的电场力包括库仑力、非均匀电场力和镜面力，作用在颗粒上的机械力包括重力和离心惯性力。

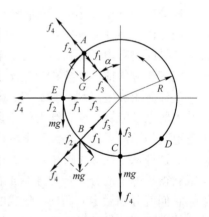

图 3-36　颗粒在圆筒形电晕
电选机中的受力示意图

根据库仑定律，一个带电颗粒在电场中所受到的库仑力为：

$$f_1 = QE \qquad (3-67)$$

式中　f_1——作用在颗粒上的库仑力，N；

　　　Q——颗粒所带的电荷，C；

　　　E——颗粒所在处的电场强度，N/C。

在电晕电场中，颗粒吸附离子所获得的电荷可由下式确定：

$$Q_t = \left[1 + 2(\varepsilon - 1)/(\varepsilon + 2) \right] Er^2 M \qquad (3-68)$$

式中　Q_t——颗粒在电场中经过 t 时间所获得的电荷；

　　　ε——颗粒的介电常量；

　　　r——颗粒的半径；

　　　M——参数。

参数 M 的计算式为：

$$M = \pi knet/(1 + \pi knet) \qquad (3-69)$$

式中 k——离子迁移率或称淌度，即在每 10mm 为 1V 电压下离子的迁移速度，当 $p=$ 101.325kPa 时，$k=2.1×10^{-4}m^2/(V·s)$；

   n——电场中离子的浓度，$n=1.7×10^{14}$个/m^3；

   e——电子电荷，$e=1.601×10^{-19}C$。

实际上，颗粒在圆筒表面上吸附离子获得电荷的同时也放出电荷给圆筒，颗粒上的剩余电荷取决于放电速度，因此，作用在颗粒上的库仑力应该为：

$$f_1 = Q(R)E \tag{3-70}$$

式中 $Q(R)$——颗粒上的剩余电荷，其表达式为：

$$Q(R) = Q_t f(R) \tag{3-71}$$

式中 $f(R)$——颗粒界面电阻的函数，对于导体颗粒（$R→0$）其接近于 0，对于非导体颗粒（$R→∞$）其接近于 1。

综合上述各式，作用在颗粒上的库仑力的计算式为：

$$f_1 = Q_t f(R)E = [1+2(\varepsilon-1)/(\varepsilon+2)]E^2 r^2 Mf(R) \tag{3-72}$$

由式(3-72)可以看出，导体颗粒在电晕电场中不受库仑力的作用，只有非导体颗粒和半导体颗粒才受到方向指向圆筒的库仑力的作用。

非均匀电场力 f_2 也称为有质动力。当电介质颗粒位于电场中时，将因极化而产生束缚电荷。在均匀电场中，这将使电介质颗粒受到一个力矩的作用；在非均匀电场中，这将使电介质颗粒受到一个力的作用，这个力称为非均匀电场力，其计算式为：

$$f_2 = \alpha EVdE/dx \tag{3-73}$$

式中 α——极化率；

   E——电场强度；

   V——颗粒的体积；

   dE/dx——电场梯度。

对于球形颗粒，$\alpha=3(\varepsilon-1)/[4\pi(\varepsilon+2)]$，$V=4\pi r^3/3$，则式(3-73)变为：

$$f_2 = r^3[(\varepsilon-1)/(\varepsilon+2)]EdE/dx \tag{3-74}$$

在电晕放电电场中，越靠近电晕电极，dE/dx 越大；而在圆筒表面附近，电场已接近均匀，所以 dE/dx 很小，从而使 f_2 也很小。f_2 的方向沿法线向外。

镜面力 f_3 又称界面吸力，是带电颗粒表面的剩余电荷与圆筒表面相应位置的感应电荷之间的吸引力。它的作用方向为圆筒表面的内法线方向，其大小为：

$$f_3 = Q^2(R)/r^2 = [1+2(\varepsilon-1)/(\varepsilon+2)]^2 E^2 r^2 M^2 f^2(R) \tag{3-75}$$

从以上 3 种作用力的计算式可以看出，库仑力和镜面力的大小主要取决于颗粒的剩余电荷，而剩余电荷又取决于颗粒的界面电阻。对于导体矿物颗粒，由于它的界面电阻接近于零，放电速度快，剩余电荷少，作用在它上面的库仑力和镜面力也接近于零；而对于非导体矿物颗粒，它的界面电阻大，放电速度慢，剩余电荷多，作用在它上面的库仑力和镜面力大。

作用在矿物颗粒上的非均匀电场力远远小于库仑力，实际上可以忽略不计。

颗粒自身的重力 $G=mg$ 可分解为沿圆筒径向上的径向分力和沿圆筒切线方向上的切向分力，在整个分选过程中，径向分力和切向分力是不断变化的。在 A、B 两点间的电场内（见图 3-36），重力从 A 点开始起着使颗粒沿筒面移动或脱离的作用。

作用在颗粒上的离心惯性力为：

$$f_4 = mv^2/R \tag{3-76}$$

式中　f_4——作用在颗粒上的离心惯性力，N；

　　　m——颗粒的质量，kg；

　　　v——颗粒所在处圆筒的运动线速度，m/s；

　　　R——分选圆筒的半径，m。

颗粒在随辊筒一起运动的整个过程中，离心惯性力起着使颗粒脱离辊筒的作用。

综合上述，对矿物进行电选时，导体颗粒必须在如图 3-36 所示的 AB 范围内落下，其力学关系式为：

$$f_4 + f_2 > f_1 + f_3 + mg\cos\alpha \tag{3-77}$$

中等导电性颗粒必须在如图 3-36 所示的 BC 范围内落下，其力学关系式为：

$$f_4 + f_2 > f_1 + f_3 - mg\cos\alpha \tag{3-78}$$

非导体颗粒必须在如图 3-36 所示的 CD 范围内强制落下，其力学关系式为：

$$f_3 > f_4 + mg\cos\alpha \tag{3-79}$$

应该指出的是，以上所述均为理想情况，如电压不高，非导体颗粒所获得的电荷太少，而辊筒的转速又很高，则会因离心惯性力过大，库仑力、镜面力等又较小，从而导致非导体颗粒混杂于导体颗粒产物中；如电压提高，电晕电极又达到一定的要求（即作用区域恰当），使非导体颗粒有机会吸附较多的电荷，产生足够大的镜面力，则它们不仅不容易落到导体颗粒的产物中，而且随辊筒一起运动的范围远远超过 CD 之间，这时必须用毛刷将它们强制刷下。

3.5.2　电选机

电选机是用来分离不同电性矿物的分选设备。根据电场的特征，可将电选机分为静电场电选机、电晕电场电选机和复合电场电选机 3 类；根据使颗粒带电方法的特征，可将电选机分为接触带电电选机、摩擦带电电选机和电晕带电电选机 3 类；根据设备的结构特征，可将电选机分为筒式（辊式）电选机、箱式电选机、板型电选机和筛网型电选机 4 类。

3.5.2.1　$\phi120\text{mm}\times1500\text{mm}$ 双辊筒电选机

$\phi120\text{mm}\times1500\text{mm}$ 双辊筒电选机主要由给矿装置、接地辊筒电极、电晕电极、偏转电极和分料调节板等部分组成，其结构如图 3-37 所示。这种电选机的突出特点是：运转可靠，操作方便，分选指标好，能满足一般分选的要求。

$\phi120\text{mm}\times1500\text{mm}$ 双辊筒电选机的给矿装置由两个圆辊组成，用 1 台电动机单独传动。给矿装置内有电热元件，用以加热给矿。加热后的矿石给入两圆辊上方，借助于圆辊的旋转将矿石经溜料板均匀地给到辊筒上。辊筒分为上下两个，用无缝钢管制成，表面镀硬铬，以保证耐磨、光滑和防锈。上下两个辊筒由 1 台电动机带动。

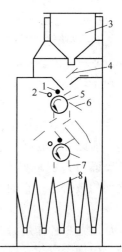

图 3-37　$\phi120\text{mm}\times$
1500mm 双辊筒电选
机的结构示意图

1—电晕电极；2—偏转电极；
3—给矿装置；4—溜料板；
5—辊筒电极；6—刷子；
7—分料调节板；
8—产品漏斗

φ120mm×1500mm 双辊筒电选机的电晕电极采用 φ0.3~0.5mm 的镍铬丝制成，偏转电极（静电极）采用 φ40mm 的铝管制成，两者均与辊筒轴线平行，并被固定在支架上。支架能使电晕电极和偏转电极相对于辊筒及它们之间的相对位置进行调节。工作时两极带高压，因而电极支架需要用高压瓷瓶支承于机架上。工作电压为 0~22kV，且为负压输入。

当电晕电极和偏转电极上的电压升高到一定值时，在电晕电极和辊筒之间形成电晕电场，阴离子由电晕电极飞向辊筒，形成电晕电流，而在偏转电极和辊筒之间则形成静电场。当被分选的矿石经干燥加热后落到辊筒表面，并随辊筒一起旋转而进入电晕电场时，电晕电流使导体矿物颗粒和非导体矿物颗粒都带上负电荷，但导体颗粒由于界面电阻小，边荷电、边放电；而非导体颗粒的界面电阻大，放电速度慢，所以当它们随着辊筒旋转离开电晕电场而进入静电场时，导体颗粒所带的电荷要比非导体颗粒所带的少。导体颗粒进入静电场后仍继续放电，几乎不受电场力作用，在重力和离心惯性力的作用下脱离辊筒，落入导体产物接料槽中。非导体颗粒由于放电速度很慢，进入静电场以后，在它的表面还剩余许多负电荷，受到的吸向辊筒的电场力大于重力的分力和离心惯性力，因而被吸附到辊筒表面上；离开静电场后，在镜面力的作用下，非导体颗粒仍被吸附在辊筒表面上，直到被辊筒后面的刷子刷下，落入非导体产物接料槽中。介于导体和非导体之间的颗粒，则在中间部分落下。

偏转电极的作用在于更有助于导体颗粒的偏离。这是由于偏转电极产生高压静电场，矿石进入此电场后，其中的导体颗粒靠近偏转电极的一端，感应产生正电；另一端则产生负电，但由于负电端很快放电，在颗粒上只剩下正电荷，从而使导体颗粒被吸向偏转电极一方，再加上重力和离心惯性力的作用，使得导体颗粒的下落轨迹比未加偏转电极时偏离辊筒更远。而非导体颗粒上的负电荷不能或极难放走，因此偏转电极对它没有影响。

φ120mm×1500mm 双辊筒电选机广泛用于白钨矿-锡石、锆石-金红石、钛铁矿-锆石-独居石的分离。这种电选设备的优点是：处理能力大，分选效果好，高压直流电源简单（高压整流和操作箱在一起）；其缺点是：电压较低，经常使用的只有 15~17kV，所以应用范围受到限制。

3.5.2.2　DX-1 型高压电选机

DX-1 型高压电选机的结构如图 3-38 所示，其组成部分包括电极、转鼓、给料部分、毛刷、传动装置和排料装置等。

DX-1 型高压电选机的电晕电极为 6 根电晕丝，在第 2 根电晕丝旁边设有直径为 45mm 的钢管或铝管作为偏转电极。除电晕电极与分选转鼓之间的距离可调节外，整个电晕电极还可以环绕分选转鼓旋转一定角度。转鼓内部装有电热器和测温热电偶。电源线等自空心轴引入。空心轴固定不动，转鼓绕空心轴旋转，其转速调节范围为 0~300r/min。

DX-1 型高压电选机的给料部分主要由给料斗、给料辊

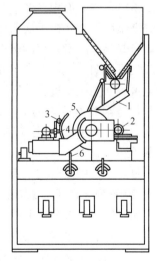

图 3-38　DX-1 型高压电选机的结构示意图

1—给料部分；2—毛刷；
3—偏转电极；4—电晕电极；
5—转鼓；6—分料板

和电磁振动给料板 3 部分组成。电磁振动给料板的背面装有电阻丝，将矿石预热。分选细粒级矿石时，给料辊和电磁振动给料板同时使用；分选粗粒级矿石时，电磁振动给料板不接通电源，只起导料和加热作用。给料辊直径为 80mm，长 860mm，转速为 27~100r/min。排料毛刷的外径为 140mm，转速为辊筒转速的 1.25 倍。

DX-1 型高压电选机的分选过程及工作原理与双辊筒电选机的相同，只是该机的电压可达 60kV，从而使电场力得到了加强。另外，其因采用了多根电晕电极并使用了较大直径的辊筒，使电场作用区域得以扩宽，矿物在电场内荷电的机会增多，因而提高了分选效果。DX-1 型高压电选机的适宜给矿粒度为 0~2mm，台时处理能力为 0.2~0.8t。

3.5.2.3　卡普科（Carpco）电选机

美国生产的卡普科 HP16-114 型电选机的结构如图 3-39 所示，其主要组成部分包括加热器、给料斗、辊筒、电极、分料隔板和接料斗等。

卡普科电选机的辊筒用不锈钢制成，备有直径为 152mm、254mm、356mm 等多种规格，辊筒的转速可在 0~600r/min 之间连续调节。辊筒用红外线加热，使辊筒表面保持所需要的温度。辊筒配有两个用黄铜圆管制成的高压电极，在距离圆管前方很近处放置一根直径约为 0.25mm 的电晕丝。给料斗中装有电热器，能使物料保持最适宜的分选温度。装在柜子底部的整流器供给 0~40kV 的正高压或负高压。

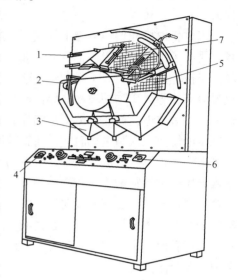

图 3-39　卡普科 HP16-114 型
电选机的结构图
1—给料斗位置调节器；2—红外灯；
3—排料漏斗；4—转速表；
5—有机玻璃罩；6—电压表；
7—高压电极支架

卡普科电选机采用的粗直径圆管电极可在窄范围内造成密度大的非放电性电场，而电晕丝又可以向一定方向产生非常狭小的电晕电流，所以两者相互配合可产生非常强的束状放电区域。当被分选的物料随辊筒的旋转进入束状放电区域时，物料受到喷射放电作用。这种放电给导电性差的矿物颗粒以充分的表面电荷，使它们被吸在辊筒表面上；而导电性好的颗粒获得的电荷则迅速传到接地的辊筒上，成为不带电体，偏向高压电极一侧落下。

目前生产中使用的卡普科电选机有多种规格型号。例如，用于分选铁矿石的卡普科 HL-120 系列电选机，其辊筒直径有 200mm、250mm、300mm 和 350mm 等多种规格；此外，还有用于分选钛铁矿矿石的卡普科 HTP231-200 型电选机等。

3.5.2.4　YD 系列高压电选机

生产中使用的 YD 系列高压电选机有 YD-1 型、YD-2 型、YD-3 型和 YD-4 型。图 3-40 是 YD-2 型高压电选机的结构图。

YD-2 型高压电选机的特点是：

（1）采用多根电晕电极，扩大了电晕放电区域，增加了颗粒在电场中的带电机会；

（2）圆筒电极直径较大，内部装有电热器，有利于物料分选；

（3）采用多元电晕静电复合弧形结构电极，最高工作电压可达 60kV，强化了分选过程，提高了对不同矿石的适应性；

（4）采用了 V 型、W 型多长孔自流式振动给料器及适合于细微粉的机械疏导式给料器。

YD-3 型高压电选机在 YD-2 型的基础上，又采用了竖直三级结构，可进行粗选、精选、扫选和中矿再选等作业，提高了单台设备的工作效率；并且还采用了刀片状电晕电极，比通常使用的镍铬丝耐用、安全；此外，YD-3 型电选机的 3 个圆筒电极用 3 台齿链式无级变速器分别进行调速，操作比较方便。

YD-4 型高压电选机的突出特点是有两个并列的圆筒，因而生产能力大、结构紧凑。

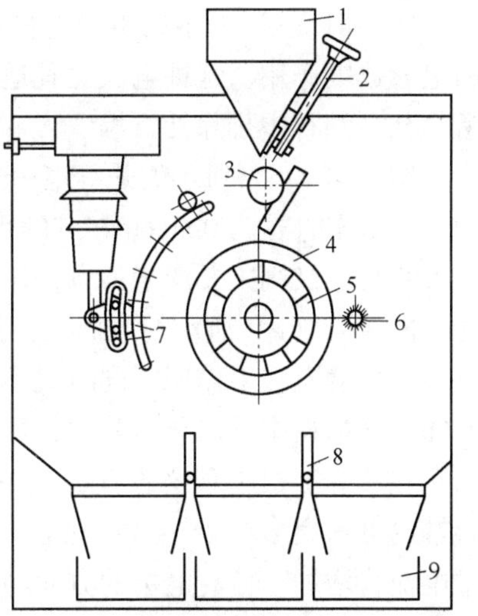

图 3-40　YD-2 型高压
电选机的结构图

1—给料斗；2—给料闸门调节器；
3—给料辊；4—接地圆筒电极；
5—加热装置；6—毛刷；
7—电晕电极和偏转电极；
8—产品分隔板；9—接料槽

3.5.3　电选过程的影响因素

电选机是一种结构简单的分选设备，然而电选过程却是一个比较敏感而复杂的过程。这一过程的影响因素很多，这里仅对几个比较重要的影响因素加以介绍。

3.5.3.1　电场参数

对电选过程有重要影响的电场参数包括电极电压、电晕电流、电极的类型及配置等。

A　电极电压及电晕电流

在电选过程中，电压的高低和电晕放电电流的大小是两个非常重要的影响因素。例如，在锡石的电选过程中，当采用圆弧多丝电极时，使用 15kV 的电压可获得 90% 的回收率，而采用单丝电极时，则需要 30kV 的电压才能达到同样的回收率。

根据操作经验，如欲提高导体产物的质量，电压可高一些；欲提高非导体产物的质量，电压可低一些。对于同一种矿石，当粒度不同时最佳分选电压也有所不同。另外，电极电压的选择还与圆筒转速有关。当圆筒转速提高时，为了使非导体颗粒仍然能紧贴在圆筒表面，电极电压也需随之提高。

B　电极的类型及配置

电极的类型对分选效果影响很大。常见的电极类型如图 3-41 所示。

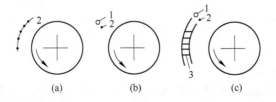

(a)　　　　　　(b)　　　　　　(c)

图 3-41　常见的电极类型
1—偏转电极；2—电晕电极；3—百叶窗状电极

图 3-41（a）所示的电晕电极由 5~9 根直径为 0.3mm 左右的镍铬丝组成，具有强烈的电晕放电作用。这种电极尤其适用于从大量的导体物料中分出非导体颗粒，如钛铁矿除磷、从金红石中排除钍石等。

图 3-41（b）所示的是静电-电晕复合电极，由 1 根直径为 40mm 左右的铜管或铝管和一至数根直径为 0.3mm 左右的镍铬丝组成。镍铬丝直径小，具有强烈的电晕放电作用，而大直径电极则主要产生静电作用。目前的圆筒形电晕电选机大多采用这种电极。

图 3-41（c）所示的电极是在静电-电晕复合电极的下方增加 1 个百叶窗状电极，具有强烈的静电吸引作用，同时又不阻挡导体颗粒的运动轨迹。这种电极特别适用于从大量的非导体物料中选出导体颗粒，如从独居石中分选出铌铁矿等。

在只有 1 根电晕丝的静电-电晕复合电场电选机中，电晕电极与圆筒中心的连线同垂直轴的夹角大多为 25°~35°。在一定的电压下，随着电晕电极与圆筒之间的距离减小，电晕电流将增加。偏转电极的方向与垂直轴之间的夹角大多为 50°~70°。

3.5.3.2　机械因素

对电选过程有影响的机械因素主要包括圆筒转速和产品分隔板的位置两方面。

接地圆筒转速提高时，不仅使颗粒随圆筒一起做圆周运动所需的力增加，而且使颗粒通过电晕放电区的时间缩短，因此，提高圆筒转速将使导体产物的产率增加，非导体产物的产率相应减小；相反，如接地圆筒的转速太低，不仅会导致导体颗粒混入非导体产物中，而且设备的生产能力也会急剧下降。通常，当需要从大量的导体矿物中分出非导体矿物或分选粗粒级矿石时，圆筒的转速应低一些；当分选细粒级矿石时，圆筒的转速应高一些。当需要提高导体产物的质量时，圆筒的转速要低一些；当需要提高非导体产物的质量时，圆筒的转速要高一些。

产品分隔板的位置影响分选产物的产率和质量。在图 3-40 所示的电选机中，前分隔板向右拨将导致导体产物的产率增加、质量降低。因此在实际工作中，必须根据产物质量和回收率等指标的要求，适当地选择前后分隔板的位置。

3.5.3.3　矿石性质

矿石性质对电选过程的影响，主要指欲分选矿物的表面性质、粒度及粒度组成等的影响。

A　矿物表面性质

矿石中的水分不但能改变矿物颗粒的表面电阻，降低颗粒间电导率的差异，而且还能使非导体微粒黏附在导体颗粒上或使导体微粒黏附在非导体颗粒上，从而改变它们原来的表面性质，使电选过程的分选精确度下降。因此，在电选前必须对矿石进行加热干燥，以去除颗粒表面的水分。

另外，由于不同颗粒的表面具有不同的吸湿性，往往因空气湿度的变化而引起颗粒表面水分的变化。因此，在电选时还应当注意空气湿度对分选过程的影响。

B　矿石的粒度及粒度组成

在电选过程中，作用在颗粒上的机械力使它具有离开辊筒的趋势。因此，在一定的辊筒转速下，如果颗粒的粒度较大，为了使颗粒吸附在辊筒上，就需要增加作用在它上面的电场力。通过改变电晕电极与辊筒间的距离或提高电压，可以达到提高电场力的目的。但在特定的设备上，这两个参数的调整是有一定限度的，所以目前电选处理的矿石粒度上限一般为 3mm。

另外，矿石中存在的微细颗粒会黏附在粗粒上，这将引起分选产物的质量降低和有用成分的损失。因此，电选前要求颗粒表面干净，没有微细颗粒的黏附现象。事先除去待分选矿石中的微细颗粒，可大幅度改善电选效果。尤其是当矿石中颗粒的导电性相差不大时，进行预先分级可明显提高电选的技术指标。电选处理矿石的颗粒粒度下限约为 0.05mm，适宜的给矿粒度为 0.15~0.4mm。

复习思考题

3-1 强磁性矿物和弱磁性矿物的磁性各有什么特点，两者的磁化原理有什么不同？

3-2 为什么强磁性矿物容易磁化到饱和且退磁时有磁滞效应？

3-3 强磁性矿物磁化时内磁场、退磁场和外磁场的含义是什么，它们之间有何关系？

3-4 弱磁性铁矿石磁化焙烧的方法有哪几种，其依据的原理和应用场合有什么异同？

3-5 磁系的类型有哪些，各有何特点？磁性材料的磁性如何表示？

3-6 闭合磁系单层分选空间磁极对的形状有几种，其磁场特征各是什么？

3-7 主要的磁选设备有哪些，它们在机械结构、工作原理和工艺特性方面各有什么特点？

3-8 使矿物在电场中带电的常用方法有哪几种，其带电原理是什么？

3-9 常用的电选设备有哪些，其机械结构和工作性能有什么特点？

4 重 选

　　重选是最古老的分选方法之一，迄今已有数千年的应用历史。这种分选方法的实质就是借助于多种力的作用，实现按密度分离。然而在分选过程中，颗粒的粒度和形状也会产生一定的影响。因此，如何最大限度地发挥密度的作用以及限制粒度和颗粒形状的影响，一直是重选理论研究的核心。

　　由于重选是在多种力的作用下进行的，要利用"力"就必须有施加、传递或表现"力"的媒介，因此，重选过程必须在某种流体介质中进行。常用的介质有水、空气、重液或重悬浮液，其中应用最多的介质是水，称为湿式选矿；以空气为介质时，称为风力选矿。

　　重液是密度大于 $1000kg/m^3$ 的液体（如三溴甲烷 $CHBr_3$、四溴乙烷 $C_2H_2Br_4$ 等，前者的密度为 $2877kg/m^3$，后者的密度为 $2953kg/m^3$）或高密度盐类水溶液（如杜列液，即碘化钾 KI 和碘化汞 HgI_2 的水溶液，最大密度可达 $3170\sim3190kg/m^3$；氯化锌 $ZnCl_2$ 的水溶液，最大密度可达 $1962kg/m^3$）。重液多在实验室中用于分离矿石样品中密度不同的组分。

　　工业上应用的重悬浮液是高密度、细粒级固体物料与水组成的两相流体，具有与重液一样的作用，利用这种介质进行的分选称为重介质分选（DMS）。

　　从宏观的角度来讲，介质的作用在于强化矿石的可选性，并借助于流动使颗粒群松散悬浮，使其具有发生相对位移的空间并按密度实现分层，此后可借助于介质流动或辅以机械机构将密度不同的产物分离。所以，重选的实质就是一个松散—分层—分离过程。

　　生产中常用的重选方法有：

　　（1）重介质分选。重介质分选是在密度介于待分选物料（矿石）中高密度组分和低密度组分之间的分选介质中，使物料借助于上浮或下沉，实现按密度分离的分选过程。

　　（2）跳汰分选。跳汰分选是在做交变运动的介质流中，使矿物实现按密度分离的分选过程。

　　（3）溜槽分选。溜槽分选是在斜面水流中，借助于流体动力和机械力的作用，使矿物实现按密度分离的分选过程。

　　（4）摇床分选。摇床分选是指在倾斜摇动的平面上，使颗粒借助于机械力与水流冲洗力的作用而产生运动，从而实现按密度分离的分选过程。

　　（5）分级。分级是在上升流动、水平流动或回转运动的介质流中，使矿石按粒度发生分离的过程。

　　（6）洗矿。洗矿是借助于水力或辅以机械力将被黏土胶结的矿石块解离开的过程。

　　因为重选是基于不同矿物颗粒之间的密度差进行的，所以对矿石进行重选的难易程度与待分离成分之间的密度差以及介质的密度有着非常密切的关系。综合这些因素，前人曾提出对矿石进行重选的可选性判断准则 E，其计算式为：

$$E=(\rho_1'-\rho)/(\rho_1-\rho)$$

式中　ρ_1'——被分选矿石中高密度矿物的密度，kg/m^3；

　　　ρ_1——被分选矿石中低密度矿物的密度，kg/m^3；

　　　ρ——介质的密度，kg/m^3。

$E>2.5$ 时，分选极易进行；$E=2.5\sim1.75$ 时，分选容易实现；$E=1.75\sim1.5$ 时，分选难易程度属于中等；$E=1.5\sim1.25$ 时，分选比较困难；$E<1.25$ 时，分选极其困难。

当然，分选的难易程度与颗粒粒度也有关系，通常是矿物颗粒的粒度越细越难选。一般来说，$-0.074mm$ 粒级的矿石用常规的重选法进行处理就比较困难。在重选的生产实践中，常把这部分矿石称为矿泥。

对于自然金（$\rho_1=16000\sim19000kg/m^3$）、黑钨矿（$\rho_1=7300kg/m^3$）、锡石（$\rho_1=6800\sim7100kg/m^3$）与石英（$\rho_1=2650kg/m^3$）以及煤（$\rho_1=1250kg/m^3$）与煤矸石（$\rho_1=1800kg/m^3$）在水（$\rho=1000kg/m^3$）中进行分离的情况，其 E 值分别为 $9.1\sim10.9$、3.8、$3.5\sim3.7$ 和 3.2，所以这些分选过程都非常容易进行，从而使重选成为处理金、钨、锡等矿石及煤炭最有效的方法。

此外，重选方法也常用来回收密度比较大的钍石（$\rho_1=4400\sim5400kg/m^3$）、钛铁矿（$\rho_1=4500\sim5500kg/m^3$）、金红石（$\rho_1=4100\sim5200kg/m^3$）、锆石（$\rho_1=4000\sim4900kg/m^3$）、独居石（$\rho_1=4900\sim5500kg/m^3$）、钽铁矿（$\rho_1=6700\sim8300kg/m^3$）、铌铁矿（$\rho_1=5300\sim6600kg/m^3$）等稀有和有色金属矿物，还用于分选粗粒嵌布及少数细粒嵌布的赤铁矿矿石（$\rho_1=4800\sim5300kg/m^3$）和锰矿石（软锰矿 $\rho_1=4700\sim4800kg/m^3$ 或硬锰矿 $\rho_1=3700\sim4700kg/m^3$）以及石棉、金刚石等非金属矿物和固体废弃物。

重选方法的特点是：不耗费贵重材料，适合处理粗、中粒级矿石，设备简单，生产能力大，与其他选矿方法相比生产成本低，不造成或较少造成环境污染，所以是优先考虑采用的选矿方法。

4.1　颗粒在介质中的沉降运动

4.1.1　介质的性质及其对颗粒运动的影响

垂直沉降是颗粒在介质中运动的基本形式。在真空中，不同密度、不同粒度、不同形状的矿物颗粒，其沉降速度是相同的，但它们在介质中因所受浮力和阻力不同而有不同的沉降速度。因此，介质的性质是影响颗粒沉降过程的主要因素。

4.1.1.1　介质的密度和黏度

介质的密度是指单位体积内介质的质量，单位为 kg/m^3。液体的密度常用符号 ρ 表示，可通过测定一定体积的质量来计算。而悬浮液的密度则是指单位体积悬浮液内固体与液体的质量之和，通常用符号 ρ_{su} 表示，其计算公式为：

$$\rho_{su}=\varphi\rho_1+(1-\varphi)\rho=\varphi(\rho_1-\rho)+\rho \tag{4-1}$$

或
$$\rho_{su}=(1-\varphi_1)(\rho_1-\rho)+\rho=\rho_1-\varphi_1(\rho_1-\rho) \tag{4-2}$$

式中　φ——悬浮液的固体体积分数，即固体体积与悬浮液总体积之比；

　　　φ_1——悬浮液的松散度，即液体体积与悬浮液总体积之比，$\varphi_1=1-\varphi$；

ρ_1——固体颗粒的密度，kg/m^3；

ρ——液体的密度，kg/m^3。

黏度是流体介质最主要的性质之一。均质流体在做层流运动时，其黏性符合牛顿内摩擦定律，亦即：

$$F = \mu A \mathrm{d}u/\mathrm{d}y \qquad (4\text{-}3)$$

式中　F——黏性摩擦力，N；

　　　μ——流体的动力黏度，Pa·s；

　　　A——摩擦面积，m^2；

　du/dy——速度梯度，s^{-1}。

流体的动力黏度 μ 与其密度 ρ 的比值称为运动黏度，以 ν 表示，单位为 m^2/s，即：

$$\nu = \mu/\rho \qquad (4\text{-}4)$$

单位摩擦面积上的黏性摩擦力称为内摩擦切应力，记为 τ，单位为 Pa，其计算公式为：

$$\tau = \mu \mathrm{d}u/\mathrm{d}y \qquad (4\text{-}5)$$

4.1.1.2　介质对颗粒的浮力和阻力

介质对颗粒的浮力是由介质内部的静压强差所引起的，在数值上等于颗粒所排开的介质受到的重力，它是属于静力性质的作用力，即与矿物颗粒同介质之间是否有相对运动没有任何关系。

体积为 $V(\mathrm{m}^3)$ 的矿物颗粒，在密度为 ρ 的均质介质中所受的浮力 $P(\mathrm{N})$ 为：

$$P = V\rho g \qquad (4\text{-}6)$$

该颗粒在密度为 ρ_{su} 的悬浮液中所受的浮力 $P(\mathrm{N})$ 为：

$$P = V\rho_{\mathrm{su}} g = V\rho g + V\varphi(\rho_1 - \rho)g \qquad (4\text{-}7)$$

介质对颗粒的阻力又称为介质的绕流阻力，是颗粒与介质发生相对运动时，由于介质有黏性而产生的阻碍颗粒运动的作用力，其作用方向始终与颗粒和介质之间的相对运动速度方向相反。根据产生的具体情况，介质对颗粒的阻力又细分为摩擦阻力和压差阻力两种。

摩擦阻力又称为黏性阻力或黏滞阻力，产生的基本原因是：当颗粒与介质间有相对运动时，由于流体具有黏性，紧贴在颗粒表面的流体质点随颗粒一起运动，由此向外，流体质点运动速度与颗粒运动速度之间的差异逐渐增加，流层间出现了速度梯度，层间摩擦力层层牵制，最后使颗粒受到一个宏观的阻碍发生相对运动的力。

产生压差阻力的基本原因是：当流体以较高的速度绕过颗粒流动时，由于流体黏性的作用导致边界层发生分离，使得颗粒后部出现旋涡（卡门涡街），从而导致颗粒前后的流体区域出现压强差，致使颗粒受到一个阻碍发生相对运动的力。

颗粒在介质中运动时所受的阻力以哪一种为主，主要取决于介质的绕流流态，所以通常用表征流态的雷诺数来判断。在这种情况下，雷诺数的表达式为：

$$Re = \mathrm{d}v\rho/\mu \qquad (4\text{-}8)$$

式中　Re——介质的绕流雷诺数；

　　　d——固体颗粒的粒度，m；

　　　v——颗粒与介质之间的相对运动速度，m/s；

　　　ρ——介质的密度，kg/m^3；

μ——介质的动力黏度，$Pa \cdot s$。

当颗粒与介质之间的相对运动速度较低时，介质呈层流流态绕过颗粒（见图 4-1 (a)），此时颗粒所受的阻力以黏性阻力为主。斯托克斯（G. G. Stokes）在忽略压差阻力的条件下，利用积分的方法，求得作用于球形颗粒上的黏性阻力 R_S 的计算式为：

$$R_S = 3\pi\mu dv \tag{4-9}$$

式(4-9)可用于计算绕流雷诺数 $Re < 1$ 时的介质阻力。

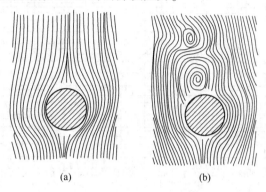

图 4-1　介质绕流球体的流态
（a）层流绕流；（b）湍流绕流

当颗粒与介质之间的相对运动速度较高时，介质呈湍流流态绕过颗粒，在这种情况下，颗粒后面出现明显的旋涡区（见图 4-1(b)），致使压差阻力占绝对优势。在不考虑黏性阻力的条件下，牛顿和雷廷智推导出的作用于球形颗粒上的压差阻力 R_{N-R} 计算式为：

$$R_{N-R} = (1/20 \sim 1/16)\pi d^2 v^2 \rho \tag{4-10}$$

式(4-10)可用于计算绕流雷诺数 $Re = 10^3 \sim 10^5$ 时的介质阻力。

绕流雷诺数 $Re = 1 \sim 10^3$ 范围内为阻力的过渡区，黏性阻力和压差阻力均占有相当比例，忽略任何一种都将使计算结果严重偏离实际。

为了寻求阻力计算通式，有人利用 π 定理推导出介质作用在颗粒上的阻力与各物理量之间的关系为：

$$R = \psi d^2 v^2 \rho \tag{4-11}$$

式中，ψ 为阻力系数，是绕流雷诺数 Re 的函数。

对于球形颗粒，ψ 与绕流雷诺数 Re 之间呈单值函数关系。英国物理学家李莱（L. Rayleigh，1893 年）通过试验，在绕流雷诺数为 $10^{-3} \sim 10^6$ 的范围内测出了如图 4-2 所示的 ψ-Re 关系曲线，习惯上称其为李莱曲线，它表明球形颗粒在介质中沉降时的阻力变化规律。

由图 4-2 中的曲线可以看出，ψ 随着 Re 的增大而连续平滑地下降，但曲线的斜率并不一致。根据斜率的变化情况，李莱曲线可大致分为 3 段。当雷诺数很小时，李莱曲线近似为一条直线。由球形颗粒雷诺数的表达式 $Re = dv\rho/\mu$ 可得：

$$\mu = dv\rho/Re$$

将上式代入斯托克斯阻力计算公式（见式(4-9)）得：

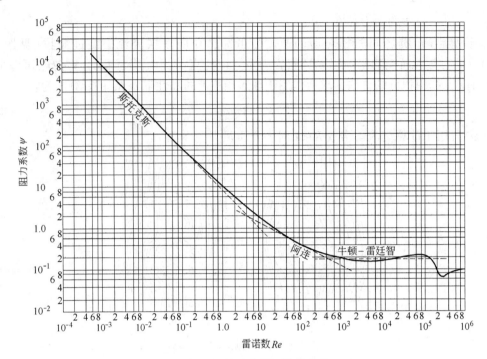

图 4-2 ψ-Re 关系曲线（李莱曲线）

$$R_S = (3\pi/Re)\, d^2 v^2 \rho \tag{4-12}$$

将式(4-12)与阻力计算通式（见式(4-11)）对比可知，当雷诺数很小时，阻力系数 ψ 与绕流雷诺数 Re 的关系为：

$$\psi = 3\pi/Re \tag{4-13}$$

写成对数形式得：

$$\lg\psi = \lg(3\pi) - \lg Re \tag{4-14}$$

在对数坐标中，式(4-14)为一条直线，其斜率为-1，在李莱曲线上恰好与 $Re<1$ 的部分吻合。这充分证明，斯托克斯阻力计算公式很好地反映了在层流绕流条件下球形颗粒运动的阻力变化规律。

在 $Re = 10^3 \sim 10^5$ 的范围内，李莱曲线近似与横轴平行，可将 ψ 视为一常数，其值大致为 $\pi/20 \sim \pi/16$。此绕流雷诺数区域称为牛顿阻力区，阻力系数取其中间值 $\pi/18$，所以牛顿-雷廷智阻力计算公式可简化为：

$$R_{N-R} = \pi d^2 v^2 \rho/18 \tag{4-15}$$

这说明牛顿-雷廷智阻力计算公式近似地反映了湍流绕流条件下，球形颗粒运动的介质阻力变化规律。

在 $Re = 1 \sim 10^3$ 的范围内为阻力过渡区，目前还没有一个合适的公式能全面地描述这一区域内的介质阻力变化规律。当 $Re = 25 \sim 500$ 时，阿连提出的介质阻力系数 ψ 与绕流雷诺数 Re 之间的函数关系式为：

$$\psi = 5\pi/(4\sqrt{Re}) \tag{4-16}$$

与李莱曲线中的这段曲线基本吻合，所以当绕流雷诺数 $Re = 25 \sim 500$ 时，可用阿连阻力计算公式：

$$R_A = 5\pi d^2 v^2 \rho / (4\sqrt{Re})\tag{4-17}$$

来计算球形颗粒所受到的介质阻力。

4.1.2　球形颗粒在介质中的自由沉降

单个颗粒在广阔介质中的沉降称为颗粒在介质中的自由沉降。在实际工作中，把颗粒在固体体积分数小于3%的悬浮液中的沉降也视为自由沉降。在介质中，颗粒自身重力与所受浮力之差称为颗粒在介质中的有效重力，常以 G_0 表示。对于密度为 ρ_1 的球形颗粒，有：

$$G_0 = \pi d^3 g(\rho_1 - \rho)/6\tag{4-18}$$

若令 $G_0 = mg_0 = \pi d^3 \rho_1 g_0/6$，代入式(4-18)得：

$$g_0 = (\rho_1 - \rho)g/\rho_1\tag{4-19}$$

式中，g_0 为颗粒在介质中因受有效重力作用而产生的加速度，称为初加速度。

当 $\rho_1 < \rho$ 时，$g_0 < 0$，此时颗粒在介质中向上浮起；当 $\rho_1 > \rho$ 时，$g_0 > 0$，颗粒在介质中下沉。

颗粒在介质中开始沉降时，在初加速度 g_0 的作用下速度越来越大，与此同时，介质对运动颗粒所产生的阻力也相应不断增加，因介质阻力的作用方向恰好与颗粒的运动速度方向相反，从而使得颗粒沉降的加速度逐渐减小，最后阻力增加到与颗粒的有效重力相等，沉降速度也就达到了最大值，称为颗粒的自由沉降末速，记为 v_0。因此，自由沉降末速可按 $G_0 = R$ 的条件求得。对于密度为 ρ_1 的球形颗粒，即为：

$$\pi d^3 g(\rho_1 - \rho)/6 = \psi d^2 v_0^2 \rho$$

根据上式可解出 v_0 的计算式为：

$$v_0 = \sqrt{\frac{\pi d g(\rho_1 - \rho)}{6\psi\rho}}\tag{4-20}$$

在黏性阻力范围内，沉降达平衡时，有：

$$\pi d^3 g(\rho_1 - \rho)/6 = 3\pi\mu d v_{0S}$$

解之得：

$$v_{0S} = d^2 g(\rho_1 - \rho)/18\mu\tag{4-21}$$

式(4-21)称为斯托克斯自由沉降末速计算公式，适用于绕流雷诺数 $Re < 1$ 的情况，可用来计算 0.1mm 以下的球形石英颗粒在水中的自由沉降末速。

在牛顿阻力区，由牛顿-雷廷智阻力计算公式（见式(4-15)）得关系式：

$$\pi d^3 g(\rho_1 - \rho)/6 = \pi d^2 v_{0N}^2 \rho / 18$$

解之得：

$$v_{0N} = \sqrt{\frac{3 d g(\rho_1 - \rho)}{\rho}}\tag{4-22}$$

式(4-22)称为牛顿-雷廷智自由沉降末速计算公式，适用于绕流雷诺数 $Re = 10^3 \sim 10^5$ 的情况，可用来计算粒度为 2.8~57mm 的球形石英颗粒在水中的沉降末速。

在 $Re = 25 \sim 500$ 的范围内，利用阿连阻力计算公式（见式(4-17)）得关系式：

$$\pi d^3 g(\rho_1 - \rho)/6 = 5\pi d^2 v_{0A}^2 \rho / (4\sqrt{Re})$$

亦即：

$$[2dg(\rho_1-\rho)/15]^2 = \mu v_{0A}^3 \rho/d$$

由此解出：

$$v_{0A} = d\sqrt[3]{\frac{4g^2(\rho_1-\rho)^2}{225\mu\rho}} \tag{4-23}$$

式(4-23)称为阿连自由沉降末速计算公式，可用来计算粒度为 0.4~1.7mm 的球形石英颗粒在水中的自由沉降末速。

另外，由于颗粒的自由沉降末速同时受到密度、粒度及形状的影响，在同一介质中，性质不同的颗粒可能具有相同的沉降末速。密度不同而在同一介质中具有相同沉降末速的颗粒称为等降颗粒。在自由沉降条件下，等降颗粒中低密度颗粒与高密度颗粒的粒度之比称为自由沉降等降比，记为 e_0，即：

$$e_0 = d_{V1}/d_{V2} \tag{4-24}$$

式中　d_{V1}——等降颗粒中低密度颗粒的粒度，mm；

　　　d_{V2}——等降颗粒中高密度颗粒的粒度，mm。

对于密度分别为 ρ_1 和 ρ_1' 的两个球形颗粒，在等降条件下，由 $v_{01}=v_{02}$ 可得关系式：

$$\sqrt{\frac{\pi d_1 g(\rho_1-\rho)}{6\psi_1\rho}} = \sqrt{\frac{\pi d_2 g(\rho_1'-\rho)}{6\psi_2\rho}}$$

由上式可解出：

$$e_0 = d_1/d_2 = \psi_1(\rho_1'-\rho)/[\psi_2(\rho_1-\rho)] \tag{4-25}$$

式(4-25)表明，自由沉降等降比 e_0 随着两种颗粒密度差 $\rho_1'-\rho_1$ 和介质密度 ρ 的增加而增加。

当两个等降颗粒同时处于斯托克斯阻力范围内时，由式(4-21)得：

$$e_{0S} = \sqrt{\frac{\rho_1'-\rho}{\rho_1-\rho}} \tag{4-26}$$

当两个等降颗粒同时处于牛顿阻力范围内时，由式(4-22)得：

$$e_{0N} = \frac{\rho_1'-\rho}{\rho_1-\rho} \tag{4-27}$$

当两个等降颗粒同时处于阿连阻力范围内时，由式(4-23)得：

$$e_{0A} = \sqrt[3]{\frac{(\rho_1'-\rho)^2}{(\rho_1-\rho)^2}} \tag{4-28}$$

由上述 3 个计算公式可以看出，对于两种密度不变的矿物颗粒，随着绕流流态从层流向湍流过渡，自由沉降等降比逐渐增大。正是由于微细粒级的等降比较小，才使得它们很难有效地按密度实现分层。

实践中，把低密度大颗粒与高密度小颗粒的粒度比小于自由沉降等降比 e_0 的混合物料称为窄级别物料；反之，则称为宽级别物料。

4.1.3　颗粒在悬浮粒群中的干涉沉降

4.1.3.1　颗粒在干涉沉降过程中的运动特点

矿物颗粒在悬浮粒群中的沉降称为干涉沉降。此时颗粒的沉降速度除了受自由沉降时的影响因素支配外，还增加了一些新的影响因素。这些附加影响因素归纳起来大致如下：

（1）粒群中任意一个颗粒的沉降都将导致周围介质的运动，由于存在大量的矿物颗粒，又会使介质的流动受到某种程度的阻碍，宏观上相当于增加了流体的黏度；

（2）当颗粒在有限范围的悬浮粒群中沉降时，将在颗粒与颗粒之间或颗粒与器壁之间的间隙内产生一上升股流（见图4-3），使颗粒与介质的相对运动速度增大；

（3）矿物颗粒群与流体介质组成的悬浮体密度 ρ_{su} 大于介质的密度 ρ，因而使颗粒所受到的浮力作用比在纯净流体介质中要增大；

（4）颗粒之间的相互摩擦、碰撞也会消耗一部分颗粒的运动动能，使矿物颗粒群中每个颗粒的沉降速度都有一定程度降低。

上述各因素的影响结果，使得颗粒的干涉沉降速度小于自由沉降速度。其降低程度随悬浮体中矿物颗粒密集程度的增加而增加，因而颗粒的干涉沉降速度并不是一个定值。

4.1.3.2　颗粒干涉沉降速度的计算公式

为了探讨颗粒的干涉沉降规律，不少学者曾进行大量的研究工作。其中研究结论比较成熟且最早出现在相关著作中的研究成果，是苏联人利亚申柯（П. В. Ляшенко）于1940年完成的。

利亚申柯的干涉沉降试验装置如图4-4所示。他在研究中为了便于观测，将粒度均匀、密度相同的物料置于上升水流中悬浮，当上升水速一定时，物料的悬浮高度也为一定值，物料中每个颗粒在空间的位置在宏观上可认为是固定不变的。按照相对性原理，即当水流静止时，各颗粒将以相当于水流在净断面上的上升流速 u_a 下降，所以颗粒此时的干涉沉降速度 v_{hs} 可以用 u_a 表示，即：

$$v_{hs}=u_a \tag{4-29}$$

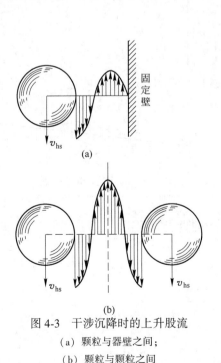

图4-3　干涉沉降时的上升股流

（a）颗粒与器壁之间；

（b）颗粒与颗粒之间

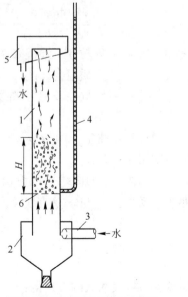

图4-4　利亚申柯的干涉沉降试验装置

1—悬浮物料用玻璃管；2—涡流管；3—切向给水管；4—测压管；5—溢流槽；6—筛网

利亚申柯通过试验得到了如下一些结论：

（1）当水流上升速度很小时，物料层保持紧密，只有当 u_a 达到一定值后，物料才开始被整体地悬浮起来，此时流体介质的动压力恰好与物料在介质中的有效重力相等。使物料开始悬浮所需要的水流上升速度远远小于使物料中单个颗粒悬浮所需要的上升流速，这说明颗粒的干涉沉降速度 v_{hs} 小于其自由沉降末速 v_0。颗粒的 v_0 越大，使物料悬浮所需要的最小上升流速也就越大。

（2）当 u_a 一定时，对于质量 m 一定的均匀物料，其悬浮高度 H 也为一定值；增加物料的质量，悬浮高度也相应增加，并有如下关系存在：

$$\sum m/H = 常数 \tag{4-30}$$

式中，$\sum m$ 为加入物料的质量总和。

在一定的试验中，干涉沉降管的断面面积 A 和物料的密度 ρ_1 均为定值，所以当 u_a 一定时，悬浮体的固体体积分数 φ 也为一定值，即：

$$\varphi = (\sum m/\rho_1)/(AH) = \sum m/(\rho_1 AH) = 常数 \tag{4-31}$$

同样，悬浮体的松散度（$\varphi_1 = 1-\varphi$）也为一常数。由此可见，悬浮体的固体体积分数 φ 仅与水流的上升速度有关，而与固体物料的质量 $\sum m$ 无关。

（3）当物料的质量 $\sum m$ 一定时，随着 u_a 的变化，其悬浮高度 H 也相应地增加或减小。由式（4-31）可知，当 u_a 增加时，φ 减小；反之，当 u_a 减小时，φ 增大。

在某一水流上升速度 u_a 下，物料达到稳定悬浮时，悬浮体中每个颗粒的受力情况均可表示为：

$$G_0 = R_{hs}$$

或

$$\pi d^3 g(\rho_1 - \rho)/6 = \psi_{hs} d^2 v_{hs}^2 \rho$$

由上式解出颗粒干涉沉降速度的计算公式为：

$$v_{hs} = \sqrt{\frac{\pi dg(\rho_1 - \rho)}{6\psi_{hs}\rho}} \tag{4-32}$$

式中　R_{hs}——颗粒在干涉沉降条件下所受到的介质阻力，N；

　　　ψ_{hs}——颗粒在干涉沉降条件下的阻力系数。

通过实际测定，测得 ψ_{hs} 与 φ 之间的关系曲线如图4-5所示。

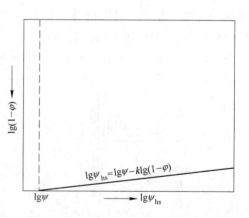

图4-5　ψ_{hs} 与 φ 之间的关系曲线

由图4-5中的曲线可以看出，在双对数直角坐标系中，ψ_{hs} 与 φ 呈直线关系，据此可写出一般的直线方程：

$$\lg\psi_{hs} = \lg\psi - k\lg(1-\varphi) \tag{4-33}$$

由式（4-33）得：

$$\psi_{hs} = \psi/(1-\varphi)^k \tag{4-34}$$

将式（4-34）代入式（4-32）得：

$$v_{hs} = \sqrt{\frac{\pi dg(\rho_1 - \rho)(1-\varphi)^k}{6\psi\rho}}$$

令 $k/2 = n$，则上式简化为：

$$v_{hs} = v_0(1-\varphi)^n \tag{4-35}$$

式(4-35)是由均匀物料的悬浮试验结果推导出的颗粒干涉沉降速度公式。

从式(4-35)中可以看出：

（1）对于一定粒度、一定密度的固体颗粒，v_{hs} 并无固定值，而是随着 φ 的增大而减小。这与 v_0 明显不同，v_0 是颗粒的固有属性，在一定的介质中有固定值。

（2）指数 n 表征物料中颗粒的粒度和形状的影响，粒度越小，形状越不规则，n 值越大（见表4-1和表4-2），v_{hs} 也就越小。应该说明的是，表4-1和表4-2中的数据仅表明颗粒的粒度和形状对指数 n 的影响趋势。

表4-1　n 值与物料粒度之间的关系

物料粒度/mm	2.0	1.4	0.9	0.5	0.3	0.2	0.15	0.08
n	2.7	3.2	3.8	4.6	5.4	6.0	6.6	7.5

表4-2　n 值与物料颗粒形状之间的关系

物料颗粒形状	浑圆形	多角形	长条形
n	2.5	3.5	4.5

4.1.3.3　物料沿垂向的重力分层及干涉沉降等降比

A　粒度不均匀物料的分层情况

若把粒度不同、密度相同的不均匀物料置于同一上升介质流中悬浮，则不同的粒级之间即发生相对运动，结果是形成不同的松散度，而达到每个粒级的干涉沉降速度都与介质的上升流速相等。设物料中最大粒度为 d_1，比它稍小一些的粒度为 d_2，它们的自由沉降末速分别为 v_{01} 和 v_{02}。开始时，粒群呈混杂状态置于悬浮管的筛网上（如图4-6（a）所示）。给入上升水流，当 u_a 达到粒群的最小干涉沉降速度时，各种粒度的颗粒将因该条件下干涉沉降速度不同而发生相对运动。此时的体积分数 φ 接近于自然堆积时的 φ_0。

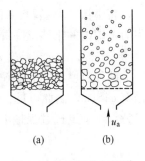

图4-6　粒度不均匀粒群的干涉沉降分层

（a）分层前；（b）分层后

对于粒度为 d_1 的颗粒：$v_{hs1} = v_{01}(1-\varphi_0)^{n_1}$

对于粒度为 d_2 的颗粒：$v_{hs2} = v_{02}(1-\varphi_0)^{n_2}$

由表4-1和表4-2中的数据可以看出，恒有 $n_1 \leqslant n_2$，由于 $1-\varphi_0 < 1$，有：

$$(1-\varphi_0)^{n_1} \geqslant (1-\varphi_0)^{n_2}$$

且因为 $\rho_1 = \rho_1'$，$d_1 > d_2$，所以有 $v_{01} > v_{02}$，从而得：

$$v_{01}(1-\varphi_0)^{n_1} > v_{02}(1-\varphi_0)^{n_2}$$

上式所表示的关系对任何两种粒度不同、密度相同的颗粒都适用。它表明，在上升水流中，大颗粒的干涉沉降速度大，上升速度小；而小颗粒的干涉沉降速度小，上升速度大，结果导致按粒度差发生分层（见图4-6（b））。

随着悬浮柱的升高，上层细颗粒松散最快，下层粗颗粒则松散较慢，形成上稀下浓、上细下粗的悬浮柱，最后达到与上升水速平衡，通过体积分数的调整，相同密度、不同粒度的颗粒具有了相同的干涉沉降速度。

B 干涉沉降等降比

若将由密度不同、粒度不同的颗粒构成的宽级别物料置于上升介质流中悬浮，当流速稳定后，即在管中形成松散度自上而下逐渐减小的悬浮柱（见图 4-7）。在下部形成比较纯净的高密度粗颗粒层，在上部则是形成比较纯净的低密度细颗粒层，中间相当高的范围内是混杂层。若将各窄层中处于混杂状态的颗粒视为等降颗粒，则对应的低密度颗粒与高密度颗粒的粒度之比即可称为干涉沉降等降比，记为 e_{hs}，亦即：

$$e_{hs} = d_1/d_2 \tag{4-36}$$

由于混合粒群在同一上升介质流中悬浮，粒群中每一个颗粒的干涉沉降速度都是相同的。因此，对于同一层中不同密度的颗粒也必然存在如下关系：

$$v_{01}\varphi_1^{n_1} = v_{02}\varphi_1'^{n_2} \tag{4-37}$$

如果两颗粒的自由沉降是在同一阻力范围内，则有 $n_1 = n_2 = n$。大量的研究表明，对于球形颗粒，在牛顿阻力区 $n = 2.39$，在斯托克斯阻力区 $n = 4.70$。将斯托克斯自由沉降末速计算公式（见式(4-21)）代入式(4-37)，即可解出斯托克斯阻力范围内的干涉沉降等降比为：

图 4-7 两种密度不同、粒度不同的宽级别混合物料在上升水流中的悬浮分层

$$e_{hsS} = d_1/d_2 = [(\rho_1'-\rho)/(\rho_1-\rho)]^{0.5}(\varphi_1'/\varphi_1)^{n/2} = e_{0S}(\varphi_1'/\varphi_1)^{2.35} \tag{4-38}$$

将牛顿-雷廷智自由沉降末速计算公式（见式(4-22)）代入式(4-37)，即可解出牛顿阻力范围内的干涉沉降等降比为：

$$e_{hsN} = d_1/d_2 = [(\rho_1'-\rho)/(\rho_1-\rho)](\varphi_1'/\varphi_1)^{2n} = e_{0N}(\varphi_1'/\varphi_1)^{4.78} \tag{4-39}$$

两种粒度不同的颗粒混杂时，总是粒度小者松散度大，而粒度大者松散度小，所以总是有 $\varphi_1' > \varphi_1$。由此可见，恒有 $e_{hs} > e_0$，且 e_{hs} 随着悬浮体中固体体积分数的增加而增大，这一特点对于重选过程是十分重要的。

4.2 水 力 分 级

所谓分级，就是根据颗粒在流体介质中沉降速度的差异，将物料分成不同粒级的过程。按照所使用的介质，其可分为风力分级和水力分级两种。

分级和筛分作业的目的都是要将粒度范围宽的物料分成粒度范围窄的若干个产物。但筛分是比较严格地按颗粒的几何尺寸分开，而分级则是按颗粒的沉降速度差分开，所以颗粒的形状、密度及沉降条件对按粒度分级的精确性均有影响。筛分产物和分级产物的粒度特性差异如图 4-8 所示。从图 4-8 中可以看出，筛分产物具有严格的粒度界限；而分级产物则因受颗粒密度的影响，在同一级别中，高密度颗粒的粒度要小于低密度颗粒的粒度，因而使产物的粒度范围变宽。

对于分级过程，必须明确以下几个概念：

（1）分级粒度。分级粒度是指根据颗粒的沉降速度或介质的上升流速，按沉降末速公式计算出的、分开两种产物的临界颗粒的粒度。

（2）分级产物粒度。分级产物粒度是分级产物粗细程度的一个数字化量度，常常以

产物的粒度范围（如 0.1~0.05mm 或 -0.1mm+ 0.05mm）或某一特定粒级（如 +0.074mm 或 -0.074mm）在产物中的质量分数来表示。

（3）分离粒度。分离粒度是指实际进入沉砂和溢流中各有 50% 的极窄级别的粒度，是通过对分级的沉砂和溢流产物进行实际粒度分析得到的，一般用 d_{50} 表示。

水力分级在工业生产中的应用包括以下几个方面：

（1）与磨机组成闭路作业，及时分出粒度合格的产物，减少过磨，提高磨机的生产能力和磨矿效率；

（2）在某些重选作业之前将物料分成多个级别，分别入选；

（3）对物料进行脱水或脱泥；

筛分粒级（几何尺寸相等）	颗粒按沉降速度的排列		水力分级粒级（沉速相等）
	大密度颗粒	小密度颗粒	
细（尺寸小）			细（沉速小）
中（尺寸中等）			中（沉速中等）
粗（尺寸大）			粗（沉速大）

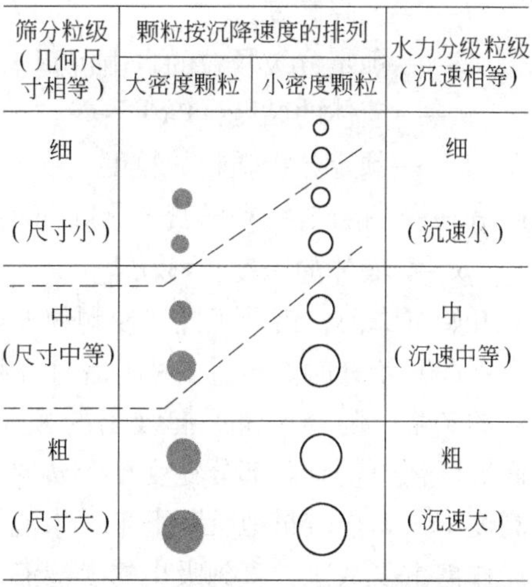

图 4-8 筛分产物和分级产物的粒度特性差异

（4）测定微细物料（-0.074mm）的粒度组成，水力分级的这种应用常称为水力分析。

4.2.1 水力分析

水力分析简称水析，是分析微细物料粒度组成的常用方法，在试验研究和工业生产中应用非常广泛。

几乎所有的水析均是在自由沉降条件下进行的，所以可以利用颗粒自由沉降末速公式进行计算；且水力分析处理的物料粒度一般均为 -0.074mm，所以常用斯托克斯自由沉降末速计算公式（见式(4-21)）进行计算，并常常不考虑颗粒形状的影响。同时，在实际操作中，由于物料粒度很细，为了防止颗粒互相团聚而影响分析结果，通常要加入浓度为 0.01%~0.2% 的水玻璃或其他分散剂。

常用的水析方法有重力沉降法和上升水流法，此外，还可用沉降天平、激光粒度分析仪等分析仪器对微细物料进行粒度分析，有时也可以利用离心沉降法进行粒度分析。

4.2.1.1 重力沉降法

重力沉降法常用的分析装置如图 4-9 所示。在一个容积为 1~2L 的玻璃容器外面，距上口不远处从上到下标注刻度。虹吸管的短管部分插入玻璃杯内，管口距玻璃杯底部应留有 5~10mm 的距离，以便为物料沉积留出足够的空间。虹吸管的另一端带有夹子，并插入溢流接收槽内。

进行粒度分析时，准确地称量 50~100g 待测物料，配成液固比为 6:1~10:1 的矿浆后倒入玻璃杯内，补加液体到规定的零刻度处。补加液体必须保证矿浆的固体体积分数 φ 不大于 3%。由零刻度处到虹吸管口的距离 h 就是颗粒的沉降距离。设预定的分级粒度为 d，在水中的自由沉降末速为 v_0，则沉降 h 高度所需的时间 t 为：

$$t = \frac{h}{v_0} = \frac{18h\mu}{d^2(\rho_1 - \rho)g} \tag{4-40}$$

式中 t——沉降时间，s；

h——沉降高度，m；

v_0——预定分级颗粒的自由沉降末速，m/s；

μ——液体的黏度，Pa·s；

d——预定分级颗粒的粒度，m；

ρ_1——待分析物料的密度，kg/m³；

ρ——液体的密度，kg/m³。

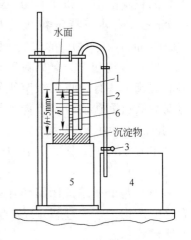

图 4-9　重力沉降法常用
的分析装置
1—玻璃杯；2—虹吸管；
3—夹子；4—溢流接收槽；
5—玻璃杯座；6—标尺

开始沉降前，借助于搅拌使颗粒充分悬浮。停止搅拌后，立即开始计时。经过 t 时间后打开虹吸管，吸出 h 高度内的矿浆，随同矿浆一起吸出的颗粒粒度全都小于 d。然而玻璃杯内仍有一部分粒度小于 d 的颗粒，因初始时悬浮高度小于 h 而较早地沉降下来，未能被吸出。因此，上述操作需重复数次，直到吸出的上清液几乎不含固体颗粒为止。最后留在玻璃杯内的固体是颗粒粒度都大于 d 的产物。如需要分出多个粒级产物，则需按预定的分级粒度分别计算出相应的沉降时间 t，由细到粗依次进行上述操作。

将每次吸出的矿浆分别按粒度合并，静置沉淀，然后烘干、计量、化验，即可计算出各粒级的产率、金属分布率等数据。

这种水析方法比较准确，但费工、费时，多用来对其他水析方法进行校核，或者在没有连续水析仪器的情况下使用，也可用于制备微细粒级试验用样品。

4.2.1.2　上升水流法

利用上升水流进行水析的典型装置是连续水析器，图 4-10 是 4 管连续水析器的装置示意图。

工作时以相同流量的水流依次流过直径不同的分级管，在其中产生不同的上升水速，从而使物料按沉降速度不同分成 5 个级别。在实际操作中，给水量 Q 取决于水析器分级管的断面面积 A 和分级临界颗粒的自由沉降末速 v_0，它们之间的关系为：

$$A = \pi D^2/4 = Q/v_0 \tag{4-41}$$

在每个分级管中，自由沉降末速 v_0 大于管内上升水流速度 u_a 的颗粒即沉降下来，而 v_0 小于 u_a 的颗粒将进入下一个分级管内，依次进行分级。在每个分级管内保持悬浮的颗粒即为该次分级的临界颗粒。

由于经过每个分级管的水流的流量是相同的，由式(4-41)得各个分级管直径 D 与管中临界颗粒自由沉降末速的关系为：

$$D_1^2 v_{01} = D_2^2 v_{02} = D_3^2 v_{03} = D_4^2 v_{04} \tag{4-42}$$

当用斯托克斯自由沉降末速公式计算颗粒的沉降末速时，各管中分级临界颗粒的粒度 d 与分级管直径 D 的关系为：

$$D_1 d_1 = D_2 d_2 = D_3 d_3 = D_4 d_4 \tag{4-43}$$

在实际操作中，每次水析用物料为 50g 左右，装入带搅拌器的玻璃杯内。给料前将各分级管和连接胶管都充满水，打开管夹使矿浆流入各分级管内。在一般情况下，给料时间约为 1.5h，2h 后停止搅拌，待最末一级管中流出的溢流水清澈时停止给水。然后用夹子

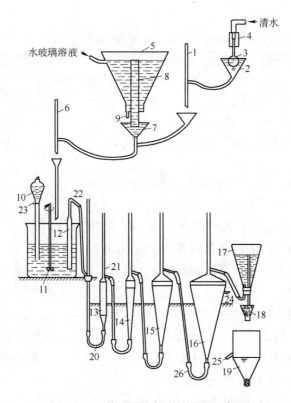

图 4-10　4 管连续水析器的装置示意图

1—清水滴管；2，7—漏斗；3—浮标；4—水阀；5—盛分散剂的锥瓶；6—分散剂调节滴管；8—进气中心管；
9—分散剂溶液排放管；10—盛料锥形漏斗；11—搅拌器；12—吸浆管；13~16—分级管；17—调节液面的锥瓶；
18—添加絮凝剂的漏斗；19—接收最细粒级的锥瓶；20，26—乳胶管；21—气泡排放管；
22—虹吸管；23—矿浆排放阀；24，25—溢流管

夹住各分级管下端的软胶管，按粗细顺序将各级产物清洗出来，再进行烘干、计量、化验。

这种水析方法 1 次可获得多个产品，操作简便，只需要保持水的流量恒定不变，所得结果也比较准确，但水析 1 个样品一般需要 8h 左右。

4.2.2　多室及单槽水力分级机

在选矿生产实践中，常常需要将矿石分成若干个粒度范围较窄的级别，以便分别给入分选设备，对其进行有效的分选或生产出具有不同质量的产品。完成这项作业使用的主要设备是水力分级机，其工作原理有基于自由沉降的和基于干涉沉降的两种。由于后者的处理能力大，目前生产实践中多采用干涉沉降式水力分级机。

矿石颗粒群在上升水流中，粒度自下而上逐渐减小，如果连续给矿并不断将上层细颗粒和下层粗颗粒分别排出，即可达到分级的目的。目前生产中应用较多的多室水力分级机有云锡式分级箱、机械搅拌式水力分级机、筛板式槽型水力分级机等，使用较多的单槽水力分级机有分泥斗、倾斜浓密箱等。它们被广泛用在矿石的分级、浓缩、脱泥等作业中。

4.2.2.1　云锡式分级箱

云锡式分级箱的结构如图 4-11 所示。设备的外观呈倒立的角锥形,底部的一侧接有给水管,另一侧设沉砂排出管。分级箱往往是 4~8 个串联工作,中间用溜槽连接起来,箱的上表面尺寸（$B \times L$,单位为 mm×mm）有 200×800、300×800、400×800、600×800、800×800 5 种规格。主体箱高约 1000mm,安装时由小到大排列。

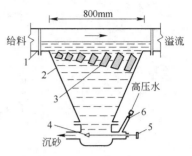

图 4-11　云锡式分级箱的结构

1—矿浆溜槽；2—分级箱；3—阻砂条；
4—砂芯（塞）；5—手轮；6—阀门

为了减小矿浆进入分级箱内时引起的扰动,并使箱内上升水流均匀分布,在箱的上表面垂直于流动方向安装有阻砂条,阻砂条之间的缝隙约为 10mm。从矿浆中沉落的固体颗粒经过阻砂条的缝隙时,受到上升水流的冲洗,细颗粒被带入下一个分级箱中,粗颗粒在分级箱内大致按干涉沉降规律分层,最后由沉砂口排出。沉砂的排出量用手轮旋动砂芯来调节。给水压强一般稳定在 300kPa 左右。用阀门控制给水量,自首箱至末箱依次减小。

云锡式分级箱的优点是:结构简单,不耗动力,便于操作；缺点是:耗水量较大（通常为处理物料质量的 5~6 倍）,且矿浆在箱内易受扰动,分级效率低。

4.2.2.2　机械搅拌式水力分级机

机械搅拌式水力分级机的结构如图 4-12 所示,其主体部分是 4 个角锥形分级室,各室的断面面积自给矿端向排矿端依次增大,在高度上呈阶梯状排列。角锥箱下方连接有圆筒部分、带玻璃观察孔的分级管和给水管。高压水流沿分级管的径向或切线方向给入。在给水管的下面还有缓冲箱,用以暂时堆存沉砂产物。从分级室排入缓冲箱的沉砂量由连杆

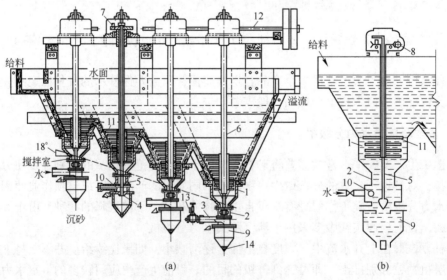

图 4-12　机械搅拌式水力分级机的结构

(a) 整机断面图；(b) 分级箱示意图

1—圆筒；2—分级管；3—给水管；4—锥形塞；5—连杆；6—空心轴；7—凸缘；8—蜗轮；
9—缓冲箱；10—观察孔；11—搅拌叶片；12—传动轴；13—活瓣；14—沉砂排出孔

下端的锥形塞控制。连杆从空心轴的内部穿过，轴的上端有一个圆盘，由蜗轮带动旋转。圆盘上有1~4个凸缘，圆盘转动时凸缘顶起连杆上端的横梁，从而将锥形塞提起，使沉砂间断地排入缓冲箱中。空心轴的下端装有若干个搅拌叶片，用以防止颗粒结团并将悬浮的粒群分散开。空心轴与蜗轮连接在一起，由传动轴带动旋转。

矿浆由分级机的窄端给入，微细颗粒随上层液流向槽的宽端流去，较粗颗粒则依沉降速度不同逐次落入各分级室中。由于分级室的断面面积自上而下逐渐减小，上升水速则相应地增大，因而可明显地形成干涉沉降分层。下部粗颗粒在沉降过程中受到分级管中上升水流的冲洗，再度被分级。最后，当锥形塞提起时将粗颗粒排出。悬浮层中的细颗粒随上升水流进入下一个分级室中。以后各室中的上升水速逐渐减小，沉砂的粒度也相应变细。

这种分级机的分级效率较高，沉砂浓度也较大，耗水量低（不大于$3m^3/t$），处理能力大。其主要缺点是：构造复杂，设备高度大，配置比较困难，而且沉砂口易堵塞。

4.2.2.3 筛板式槽型水力分级机

筛板式槽型水力分级机是借助于设置在分级室中的筛板造成干涉沉降条件，其基本结构如图4-13所示。机体外形为一角锥箱，箱内用垂直隔板分成4~8个分级室，每室的断面面积为200mm×200mm。筛板到底部留有一定的高度，高压水流由筛板下方引入，经筛孔向上流动，悬浮在筛板上方的矿石粒群在干涉沉降条件下分层。粗颗粒通过筛板中心的排料孔排出，其排出数量由锥形阀控制。

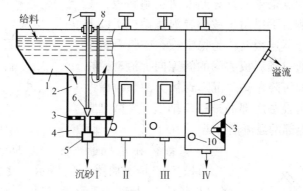

图4-13 筛板式槽型水力分级机的结构

1—给矿槽；2—分级室；3—筛板；4—高压水室；5—排矿口；6—排矿调节塞；
7—手轮；8—挡板（防止粗粒越室）；9—玻璃窗；10—给水管

筛板式槽型水力分级机工作时，矿浆由设备窄端给入，流经各室。各室的上升水速依次减小，因而排出由粗到细的各级产物。这种分级设备的优点是：构造简单，不需动力，高度较小，便于配置。但其分级效率不高，而且沉砂浓度较低。

4.2.2.4 分泥斗

分泥斗又称圆锥分级机，既可用作脱泥浓缩设备，也可用作粗分级设备。分泥斗的外形为一倒立圆锥，如图4-14所示。其中心插入给矿圆筒，矿浆沿切线方向给入中心圆筒，然后由圆筒下端折上，向周边溢流堰流去。在上升分速度带动下，细小颗粒进入溢流中，沉降速度大于液流上升分速度的粗颗粒则向下沉降，从底部沉砂口排出。分泥斗按溢流体积计的处理能力与圆锥底面积及分级临界颗粒的沉降末速之间的关系为：

$$KA = q_{ov}/v_0$$

式中　K——考虑到"死区"而取的系数，一般为 0.75；

　　　　A——分泥斗工作时矿浆的液面面积，m^2；

　　　　q_{ov}——溢流的体积流量，m^3/s；

　　　　v_0——分级临界颗粒的沉降末速，m/s。

　　A 的计算式为：

$$A = \pi(D^2 - d^2)/4 \qquad (4\text{-}44)$$

式中　D——圆锥的上底面直径，m；

　　　　d——给料圆筒的直径，m。

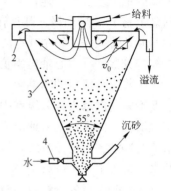

图 4-14　分泥斗简图
1—给矿圆筒；2—环形溢流槽；
3—锥体；4—给水管

　　常用的分泥斗规格有 $\phi 2000mm$ 和 $\phi 3000mm$ 两种，其分级粒度多在 0.074mm 以下，给矿粒度一般小于 2mm，常用作脱泥或浓缩设备。这种设备的容积大，可兼有贮料作用，且结构简单，易于制造，不耗费动力。它的缺点是：分级效率低，安装高差较大，设备配置不方便。

4.2.2.5　倾斜浓密箱

　　倾斜浓密箱是 20 世纪 50 年代出现的一种高效浓缩、脱泥设备，其结构如图 4-15 所示。

　　倾斜浓密箱的特点是箱内设有上下两层倾斜板，上层用于增加沉降面积，下层用于减小旋涡扰动，所以上层板又称为浓缩板，下层板又称为稳定板。矿浆沿整个箱的宽度给入后，通过倾斜板之间的间隙向上流动，在此过程中颗粒在板间沉降聚集。沉降到板上的颗粒借助于重力向下滑落，由设备底部的排料口排出，含微细颗粒的溢流则由设备上部的溢流槽排出。

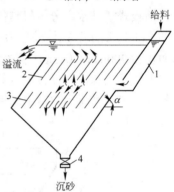

图 4-15　倾斜浓密箱的
结构示意图
1—给矿槽；2—浓缩板；
3—稳定板；4—排矿口

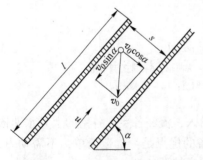

图 4-16　颗粒在浓缩板间的
运动情况

　　颗粒在浓缩板间的运动情况如图 4-16 所示。设浓缩板的倾角为 α，板长为 l，板间的垂直距离为 s，矿浆流沿板间的流动速度为 u。若某临界颗粒的沉降末速为 v_0，则它向板面法向运动的分速度 v_z 为：

$$v_z = v_0\cos\alpha \qquad (4\text{-}45)$$

沿浓缩板倾斜方向运动的分速度 v_y 为：

$$v_y = u - v_0\sin\alpha \qquad (4\text{-}46)$$

　　分级的临界颗粒就是那些在沿板长 l 运动的时间内恰好沿浓缩板的法向运动了距离 s 的颗粒，所以存在关系式：

$$s/v_0\cos\alpha = l/(u - v_0\sin\alpha) \qquad (4\text{-}47)$$

　　设浓密箱内部的宽度为 b，浓缩板的个数为 n，则溢流量 q_{ov} 为：

$$q_{ov} = nbsu$$

将式(4-47)代入上式得：

$$q_{ov} = nbv_0(l\cos\alpha + s\sin\alpha) \tag{4-48}$$

式(4-48)是浓密箱按溢流体积计的处理量计算式。

当 $\alpha = 90°$ 时，即变成以垂直流工作的浓密机，设此时溢流体积处理量为 q'_{ov}，则有：

$$q'_{ov} = nbsv_0 \tag{4-49}$$

式中，ns 相当于不加倾斜板时箱表面的有效长度，此时箱表面的面积 A 为：

$$A = nbs \tag{4-50}$$

将式(4-49)与式(4-48)对比可见，设置倾斜板时浓密箱的有效表面积 A' 为：

$$A' = nb(l\cos\alpha + s\sin\alpha) \tag{4-51}$$

倾斜浓密箱的宽度 b 一般为 900~1800mm，浓缩板的长度 l 为 400~500mm，安装倾角 α 为 45°~55°，板间的垂直距离 s 为 15~20mm，浓缩板的个数 n 为 38~42。这种设备结构简单，容易制造，不消耗动力，单位设备占地面积的处理能力大，脱泥效率高。其缺点是：倾斜板之间的间隙易堵塞，需要定期停机处理。

4.2.3 螺旋分级机

螺旋分级机主要用于同磨矿设备组成闭路作业，或用来洗矿、脱水和脱泥等，其主要特点是利用连续旋转的螺旋叶片提升和运输沉砂。

螺旋分级机的外形是一个矩形斜槽（见图4-17），槽底倾角为 12°~18.5°，底部呈半圆形。槽内安装有 1 或 2 个纵长的轴，沿轴长连续地安置螺旋形叶片，借助于上端传动机构带动螺旋轴旋转。矿浆由槽旁侧中部附近给入，在槽的下部形成沉降分级面。粗颗粒沉到槽底，然后被螺旋叶片推动，向斜槽的上方移动，在运输过程中同时进行脱水。细颗粒

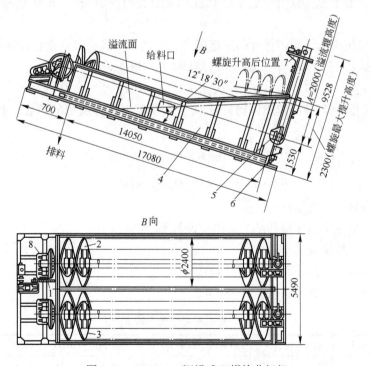

图 4-17　ϕ2400mm 沉没式双螺旋分级机

1—传动装置；2，3—左、右螺旋；4—水槽；5—下部支座；6—放水阀；7—升降机构；8—上部支承

被表层矿浆流携带，经溢流堰排出。分级过程与在分泥斗中进行的基本相同（见图4-18）。

设分级液面的长度为 L，溢流截面高度为 h，矿浆纵向流速为 u，分级临界颗粒的沉降速度为 v_{cr}，则由关系式：

$$h/v_{cr} = L/u$$

得：

$$v_{cr} = uh/L \qquad (4-52)$$

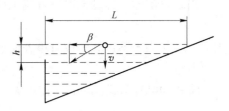

图 4-18 螺旋分级机的分级
原理示意图

如分级机单位时间的溢流量为 Q，溢流堰宽度为 b，则有关系式：

$$uh = Q/b$$

将上述关系式代入式(4-52)得：

$$v_{cr} = Q/(bL) \qquad (4-53)$$

螺旋分级机根据螺旋数目不同，可分为单螺旋分级机和双螺旋分级机。按溢流堰的高低，其又分为低堰式、高堰式和沉没式3种。

低堰式螺旋分级机的溢流堰低于螺旋轴下端的轴承。这种分级机的分级面积小，螺旋搅动的影响大，溢流粒度粗，所以一般用作洗矿设备。

高堰式和沉没式螺旋分级机的溢流堰均高于螺旋轴下端的轴承。两者的区别是：沉没式螺旋分级机的末端螺旋叶片全部浸没在矿浆中，而高堰式的末端螺旋叶片则有部分露出矿浆表面。因此，沉没式螺旋分级机适用于细粒级物料的分级，而高堰式适用于较粗粒级物料的分级。一般来说，分级粒度在 0.15mm 以上时采用高堰式，在 0.15mm 以下时采用沉没式。

螺旋分级机按溢流中固体量计的生产能力，常用下列经验公式进行计算：

对于高堰式： $\qquad Q_1 = mK_1K_2(94D^2+16D) \qquad (4-54)$

对于沉没式： $\qquad Q_1 = mK_1K_2(75D^2+10D) \qquad (4-55)$

如已知需要同溢流一起分出的固体物料量 Q_1，则所需要的分级机的螺旋直径 D 可按下式计算：

对于高堰式： $\qquad D = -0.08+0.103[Q_1/(mK_1K_2)]^{0.5} \qquad (4-56)$

对于沉没式： $\qquad D = -0.07+0.115[Q_1/(mK_1K_2)]^{0.5} \qquad (4-57)$

式中 D——分级机的螺旋直径，m；

$\quad Q_1$——按溢流中固体量计的分级机生产能力，t/d；

$\quad m$——分级机螺旋的个数；

$\quad K_1$——物料密度修正系数，见表4-3；

$\quad K_2$——分级粒度修正系数，见表4-4。

表 4-3 物料密度修正系数 K_1 值

物料密度/kg·m⁻³	2700	2850	3000	3200	3300	3500	3800	4000	4200	4500
K_1	1.00	1.08	1.15	1.15	1.30	1.40	1.55	1.65	1.75	1.90

表 4-4 分级粒度修正系数 K_2 值

溢流粒度/mm		1.17	0.83	0.59	0.42	0.30	0.20	0.15	0.10	0.075	0.061	0.053	0.044
K_2	高堰式	2.50	2.37	2.19	1.96	1.70	1.41	1.00	0.67	0.46			
	沉没式						3.00	2.30	1.61	1.00	0.72	0.55	0.36

根据溢流处理量由式(4-56)和式(4-57)计算出分级机的规格后，还需要按返砂处理量进行验算。返砂量 Q_s 的计算公式为：

$$Q_s = 135mK_1nD^3 \tag{4-58}$$

式中 Q_s——按返砂中固体量计的生产能力，t/d；

n——螺旋转速，r/min。

4.2.4 水力旋流器

水力旋流器是在回转流中利用离心惯性力进行分级的设备，由于它的结构简单、处理能力大、工艺效果良好，故广泛用于分级、浓缩、脱水以至选别作业。

水力旋流器的结构如图4-19所示，其主体是由1个空心圆柱体与1个圆锥连接而成。在圆柱体的中心插入1个溢流管，沿切线方向接有给矿管，在圆锥的下部留有沉砂口。旋流器的规格用圆筒的内径表示，其尺寸变化范围为 50~1000mm，其中以 125~500mm 的旋流器较为常用。

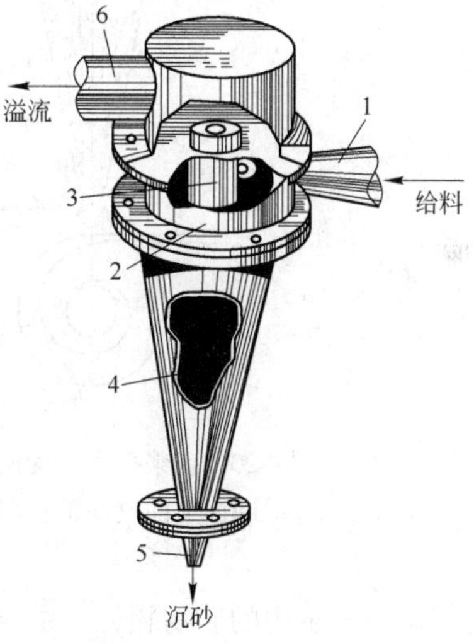

矿浆在压力作用下沿给矿管进入旋流器后，随即在空心圆柱内壁的限制下做回转运动。质量为 m 的颗粒随矿浆一起做回转运动时，所受到的离心惯性力 P_G 为：

$$P_G = m\omega^2 r \tag{4-59}$$

惯性离心加速度 a 为：

$$a = P_G/m = \omega^2 r = u_t^2/r \tag{4-60}$$

图 4-19 水力旋流器的结构
1—给矿管；2—圆柱体；3—溢流管；
4—圆锥体；5—沉砂口；6—溢流排出管

式中 m——颗粒的质量，kg；

r——颗粒的回转半径，m；

ω——颗粒的回转角速度，rad/s；

u_t——颗粒的切向速度，m/s。

惯性离心加速度 a 与重力加速度 g 之比称为离心力强度或离心因数，用 i 表示，由定义得：

$$i = a/g \tag{4-61}$$

由于离心因数通常为几十乃至100，因此在旋流器中重力的影响可以忽略不计。正是由于颗粒所受的离心惯性力远远大于自身的重力，使其沉降速度明显加快，从而使得设备的处理能力和作业指标都得到了大幅度的提高。

4.2.4.1 水力旋流器的分级原理

矿浆在一定压强下通过给矿管沿切向进入旋流器后，在旋流器内形成回转流，其切向速度在溢流管下口附近达最大值；同时，在后面矿浆的推动下，进入旋流器内的矿浆一面向下运动，一面向中心运动，形成轴向和径向流动速度，即矿浆在水力旋流器内的流动属于三维运动，其流动情况如图 4-20 所示。

矿浆在旋流器内向下运动的过程中，因流动断面逐渐减小，所以内层矿浆转而向上运动，即矿浆在水力旋流器轴向上的运动是外层向下、内层向上，在任一高度断面上均存在着一个速度方向的转变点。在该点上矿浆的轴向速度为零。把这些点连接起来即构成一个近似锥形面，称为零速包络面（见图 4-21）。

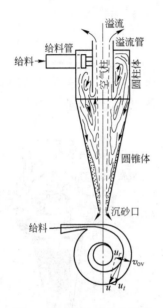

图 4-20 矿浆在水力旋流器
纵断面上的流动示意图

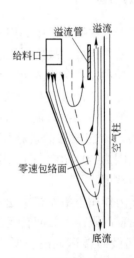

图 4-21 水力旋流器内液流的轴向
运动速度及零速包络面

位于矿浆中的矿物颗粒，由于离心惯性力的作用而产生向外运动的趋势，但由于矿浆由外向内的径向流动的阻碍，使得细小的颗粒因所受离心惯性力太小而不足以克服液流的阻力，只能随向内的矿浆流一起进入零速包络面以内，并随向上的液流一起由溢流管排出，形成溢流产物；而较粗的颗粒则借助于较大的离心惯性力克服向内流动矿浆流的阻碍，向外运动至零速包络面以外，随向下的液流一起由沉砂口排出，形成沉砂产物。

4.2.4.2 水力旋流器的工艺计算

A 水力旋流器的生产能力计算

波瓦洛夫于 1961 年将水力旋流器视为流体通道，由局部阻力关系推导出水力旋流器按矿浆体积计的生产能力计算式为：

$$q_V = K_0 d_f d_{ov} \sqrt{p} \tag{4-62}$$

或

$$q_V = K_1 D d_{ov} \sqrt{p} \tag{4-63}$$

式中 q_V——水力旋流器按矿浆体积计的生产能力，m^3/h；

K_0，K_1——系数，随 d_f/D 而变化，其数值见表 4-5，其中 $K_0 = K_1/(d_f/D)$；

d_f——水力旋流器给矿口的当量直径，m，当给矿口的宽×高 $= b \times l$ 时，换算式为：

$$d_f = \sqrt{\frac{4bl}{\pi}}$$；

d_{ov}——水力旋流器的溢流管内径，m；

p——给料进口压强，kPa；

D——水力旋流器圆柱体部分的内径，m。

表 4-5 水力旋流器处理量公式中 K_0 与 K_1 的数值

d_f/D	0.1	0.15	0.20	0.25	0.30
K_0	1100	987	930	924	987
K_1	110	148	186	231	296

B 水力旋流器分离粒度 d_{50} 的计算式

水力旋流器的分离粒度通常按如下经验公式进行计算：

$$d_{50} = 149\sqrt{\frac{d_{ov}Dw}{K_D d_s(\rho_1-\rho)\sqrt{p}}} \qquad (4\text{-}64)$$

式中 d_{50}——旋流器的分离粒度，μm；

d_{ov}——旋流器的溢流管直径，cm；

D——旋流器圆柱部分（圆筒）的内径，cm；

w——旋流器给料的固体质量分数，%；

d_s——旋流器的沉砂口直径，cm；

ρ——水的密度，kg/m^3；

ρ_1——固体物料的密度，kg/m^3；

p——水力旋流器给矿口处的压强，kPa；

K_D——水力旋流器的直径修正系数，其与水力旋流器直径 D 的关系为：

$$K_D = 0.8 + 1.2/(1+0.1D) \qquad (4\text{-}65)$$

根据生产实践经验，水力旋流器溢流产物的最大粒度为 d_{50} 的 1.5~2.0 倍。由式 (4-64) 可见，减小水力旋流器的直径和溢流管的直径，或增大沉砂口的直径和降低给料浓度，均有助于减小分离粒度；增大给料压强虽然也可以减小分离粒度，但效果不显著。

4.2.5 分级效果的评价

在理想情况下，分级应严格按物料的粒度进行，分成如图 4-22(a) 所示的粗、细两种产物。但由于受水流的紊动和颗粒密度、形状以及其他一些因素的影响，致使实际的分级产物并不是严格按分级粒度分开，而是有所混杂。混杂的规律是：在沉砂中粒度越细的颗粒混杂越少，在溢流中粒度越粗的颗粒混杂越少（见图 4-22 (b)）。这种混杂反映了分级的不完善程度，常采用分级效率对其进行评定。

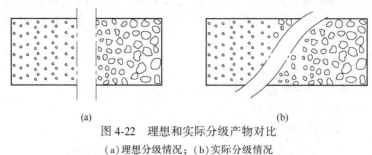

图 4-22　理想和实际分级产物对比

（a）理想分级情况；（b）实际分级情况

4.2.5.1　粒度分配曲线

粒度分配曲线是表示原料中各个粒级在沉砂或溢流中的分配率随粒度变化的曲线，是表达分级效率的常用图示方法之一，其基本形状如图 4-23 所示。在这条曲线上不仅可查得分离粒度 d_{50} 的值，而且可以评定分级效率。

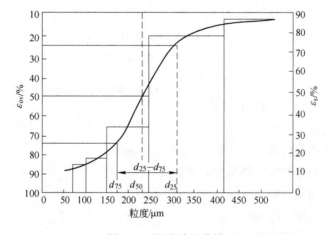

图 4-23　粒度分配曲线

图 4-23 中左侧的纵坐标 ε_{ov} 代表各个粒级在溢流中的分配率，右侧的纵坐标 ε_s 代表各个粒级在沉砂中的分配率。

分配曲线的形状反映了分级效率。曲线越接近于垂直，即曲线的中间部分越陡，表示分级进行得越精确，分级效率越高。理想分级结果的分配曲线，中间部分应是在 d_{50} 处垂直于横轴的直线。因此，可用实际分配曲线的中间段偏离垂线的倾斜程度来评定分级效率。在数值上，取分配率为 25% 或 75% 的粒度值与分离粒度 d_{50} 的差值作为评定尺度，称为可能偏差，用 E_f 表示，其常用的计算式为：

$$E_f = (d_{25} - d_{75})/2 \tag{4-66}$$

式中，d_{25}、d_{75} 分别为溢流中分配率为 25% 和 75% 的粒度值。

分配曲线也可用来评定原料按密度分选的效率，此时需将选别产物用重液分离成多个密度级别，然后计算出各密度级别在低密度产物和高密度产物中的分配率，再绘制出密度分配曲线。由曲线可查得分离密度 ρ_{50} 及相应的可能偏差 E_p，这种方法在选煤生产中普遍用来评定分选效率。

4.2.5.2 分级效率的计算公式

上述粒度分配曲线绘制起来很麻烦，所以生产实践中较为普遍地应用公式计算分级效率。如图4-24所示，α 是原料中小于分离粒度（或某指定粒度）的细粒级质量分数；β 是细粒产物中小于规定粒度颗粒的质量分数；γ 是分级后细粒产物的产率；θ 是粗粒产物中小于规定粒度颗粒的质量分数。

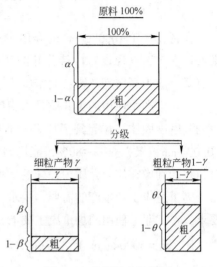

图 4-24 分级效率计算图

经过分级，溢流产物中细颗粒的含量由 α 提高到 β，因此通过分级真正被分离到溢流中的细颗粒的质量与原料质量之比 Γ 为：

$$\Gamma = \gamma(\beta - \alpha) \tag{4-67}$$

在理想分级条件下，小于规定粒度的颗粒应全部进入溢流，粗颗粒则不进入，所以此时的溢流产率 $\gamma_0 = \alpha$，且 $\beta = 1$，被有效分级的细颗粒质量与原料质量之比 Γ_0 为：

$$\Gamma_0 = \gamma_0(1-\alpha) = \alpha(1-\alpha) \tag{4-68}$$

分级效率 η 的物理含义是：实际被分级出的细颗粒量与理想条件下应被分级出的细颗粒量之比，用百分数表示，即：

$$\eta = \frac{\Gamma}{\Gamma_0} = \frac{\gamma(\beta-\alpha)}{\alpha(1-\alpha)} \times 100\% \tag{4-69}$$

由细颗粒质量在产物中的平衡关系：

$$\alpha = \gamma\beta + (1-\gamma)\theta$$

得：

$$\gamma = \frac{\alpha-\theta}{\beta-\theta} \times 100\% \tag{4-70}$$

将式(4-70)代入式(4-69)中，得到分级效率的计算式：

$$\eta = \frac{(\alpha-\theta)(\beta-\alpha)}{\alpha(\beta-\theta)(1-\alpha)} \times 100\% \tag{4-71}$$

式(4-71)是分级的综合效率计算式，它同时考虑了细粒级在溢流中的回收率和溢流质量的提高。如果只考虑细粒级在溢流中的回收率，则称为分级的量效率，记为 ε_f，即：

$$\varepsilon_f = \frac{\gamma\beta}{\alpha} \times 100\% = \frac{\beta(\alpha-\theta)}{\alpha(\beta-\theta)} \times 100\% \tag{4-72}$$

另外，式(4-69)可改写为：

$$\eta = \frac{\gamma(\beta-\alpha\beta-\alpha+\alpha\beta)}{\alpha(1-\alpha)} \times 100\%$$

$$= \left[\frac{\gamma\beta}{\alpha} - \frac{\gamma(1-\beta)}{1-\alpha}\right] \times 100\% \tag{4-73}$$

式(4-73)等号右侧第1项表示细粒级在溢流中的回收率 ε_f，第2项为粗粒级在溢流中的回收率 ε_c。所以分级效率又代表溢流中细、粗两个粒级的回收率之差，即：

$$\eta = \varepsilon_f - \varepsilon_c \tag{4-74}$$

4.3　重介质分选

在密度大于 $1000kg/m^3$ 的介质中进行的分选过程称为重介质分选。分选时介质密度常选择在矿石（原煤）中待分开的两种组分的密度之间，密度大于介质密度的颗粒将向下沉降，成为高密度产物；而密度小于介质密度的颗粒则向上浮起，成为低密度产物。

工业生产中使用的重介质是由密度比较大的固体微粒分散在水中构成的重悬浮液，其中的高密度固体微粒起到了加大介质密度的作用，称为加重质。加重质的粒度一般要求 $-0.074mm$ 粒级占 $60\% \sim 80\%$，能均匀分散于水中。位于重悬浮液中的粒度较大的固体颗粒，将受到像在均匀介质中一样的增大了的浮力作用。

为了适应工业生产的需要，要求加重质的密度适宜、价格低廉、便于回收。根据这些要求，在工业上使用的加重质主要有硅铁（$\rho_1 = 6800kg/m^3$）、方铅矿（$\rho_1 = 7500kg/m^3$）、磁铁矿（$\rho_1 = 5000kg/m^3$）、黄铁矿（$\rho_1 = 4900 \sim 5100kg/m^3$）、毒砂或砷黄铁矿（$\rho_1 = 5900 \sim 6200kg/m^3$）。

硅铁是硅和铁的合金，含硅 $13\% \sim 18\%$ 的硅铁最适合作加重质使用。硅含量过高，则韧性太强，不易粉碎。用硅铁作加重质，可配成密度为 $3200 \sim 3500kg/m^3$ 的重悬浮液，可采用磁选法对其进行回收。

用作加重质的方铅矿通常是选矿厂选出的方铅矿精矿，配制的重悬浮液密度最高可达 $3500kg/m^3$，可采用浮选法对其进行回收。

用作加重质的磁铁矿通常采用铁品位在 60% 以上的磁选精矿，配制的重悬浮液最大密度可达 $2500kg/m^3$，对磁铁矿加重质可用磁选法回收。

从分选原理来看，重介质分选仅受固体颗粒密度的影响，与粒度、形状等其他因素无关。但在实际分选过程中，由于重悬浮液的黏度较高，致使在其中的颗粒的运动速度明显降低，尤其是那些粒度很小的高密度颗粒，甚至尚未来得及沉降即被介质带入低密度产物中，导致分选的精确度明显下降。此外，细小的颗粒与加重质的分离也比较困难。所以，原料在入选前必须将细粒级分离出去。

用重介质分选法选煤时，一般给料粒度下限为 $3 \sim 6mm$，上限为 $300 \sim 400mm$，经过一次分选即可得到精煤。用重介质分选法选别金属矿石时，通常给料粒度下限为 $1.5 \sim 3.0mm$，上限为 $50 \sim 150mm$。若用重介质旋流器进行分选，则给料粒度下限可降低到 $0.5 \sim 1.0mm$。

在实际生产中，由于受重悬浮液最高密度的限制，无法分选出高纯度的高密度产物，所以除了选煤以外，重介质分选法主要用作预选作业，即从待分选矿石中选出低密度成分（例如，已单体解离的脉石矿物颗粒或混入的围岩）。这种方法常用来处理呈集合体嵌布的有色金属矿石，在细碎以后，将已经单体解离的脉石矿物颗粒除去，可以减少给入磨矿和选别作业的矿石量，降低生产成本。此外，重介质分选法还用来从废汽车的破碎产物中回收金属、从废蓄电池中回收有价成分、处理生活垃圾、净化土壤等。

4.3.1　重悬浮液的性质

4.3.1.1　重悬浮液的黏度

重悬浮液是非均质两相流体，它的黏度与均质液体的不同。其差异主要表现在，重悬浮液的黏度即使在温度保持恒定的条件下也不是一个定值，同时重悬浮液的黏度明显比分散介质的大。其原因可归结为如下 3 个方面：

（1）重悬浮液流动时，由于固体颗粒的存在，既增加了摩擦面积，又增加了流体层间的速度梯度，从而导致流动时的摩擦阻力增加。

（2）固体体积分数 φ 较高时，因固体颗粒间的摩擦、碰撞，使得重悬浮液的流动变形阻力增大。

（3）由于加重质颗粒的表面积很大，它们彼此容易自发地连接起来，形成一种局部或整体的空间网状结构物，以降低表面能，这种现象称为重悬浮液的结构化。在形成结构化的重悬浮液中，由于包裹在网格中的水失去了流动性，使得整个重悬浮液具有了一定的机械强度，因而流动性明显减弱，在外观上即表现为黏度增加。

结构化重悬浮液是典型的非牛顿流体，其突出特点是：有一定的初始切应力 τ_{in}，只有当外力克服了这一初始切应力后，重悬浮液才开始流动。当流动的速度梯度达到一定值后，结构物被破坏，切应力又与速度梯度保持直线关系，此时有：

$$\tau = \tau_0 + \mu_0 \mathrm{d}u/\mathrm{d}h \tag{4-75}$$

式中　τ——结构化重悬浮液的切应力，Pa；

　　　τ_0——结构化重悬浮液的静切应力，Pa；

　　　μ_0——结构化重悬浮液的牛顿黏度，Pa·s；

　　$\mathrm{d}u/\mathrm{d}h$——结构化重悬浮液流动过程的速度梯度，s^{-1}。

4.3.1.2　重悬浮液的密度

重悬浮液的密度有物理密度和有效密度之分。重悬浮液的物理密度由加重质的密度和体积分数共同决定，用符号 ρ_{su} 表示，计算式为：

$$\rho_{su} = \varphi(\rho_{hm} - 1000) + 1000 \tag{4-76}$$

式中　ρ_{hm}——加重质的密度，$\mathrm{kg/m^3}$；

　　　φ——重悬浮液的固体体积分数，采用磨碎的加重质时最大值为 17% ~ 35%，大

　　　　　多数为 25%，采用球形颗粒加重质时最大值可达 43% ~ 48%。

在结构化重悬浮液中分选固体物料时，受静切应力 τ_0 的影响，颗粒向下沉降的条件为：

$$\pi d_V^3 \rho_1 g/6 > \pi d_V^3 \rho_{su} g/6 + F_0$$

式中　d_V——固体颗粒的体积当量直径，即与固体颗粒具有相同体积的球体的直径，m；

　　　ρ_1——固体颗粒的密度，$\mathrm{kg/m^3}$；

　　　F_0——由静切应力引起的静摩擦力，其值与颗粒表面积 A_f 和静切应力 τ_0 成正比。

F_0 的计算式为：

$$F_0 = \tau_0 A_f/k \tag{4-77}$$

式中，k 为比例系数，与颗粒的粒度有关，介于 0.3 ~ 0.6 之间，当颗粒的粒度大于 10mm

时，$k = 0.6$。

由上述两式可得颗粒在结构化重悬浮液中能够下沉的条件是：

$$\rho_1 > \rho_{su} + 6\tau_0 / (kd_V g \chi) \tag{4-78}$$

式中　χ——颗粒的球形系数，即与颗粒具有相同体积的球体的表面积与颗粒的表面积之比。

式(4-78)中的 $6\tau_0 / (kd_V g \chi)$ 相当于重悬浮液的静切应力引起的密度增大值。所以对于高密度颗粒的沉降来说，重悬浮液的有效密度 ρ_{ef} 为：

$$\rho_{ef} = \rho_{su} + 6\tau_0 / (kd_V g \chi) \tag{4-79}$$

由于静切应力的方向始终与颗粒的运动方向相反，当低密度颗粒上浮时，重悬浮液的有效密度 ρ'_{ef} 则变为：

$$\rho'_{ef} = \rho_{su} - 6\tau_0 / (kd_V g \chi) \tag{4-80}$$

由式(4-79)和式(4-80)可以看出，重悬浮液的有效密度不仅与加重质的密度和体积分数有关，同时还与 τ_0 及固体颗粒的粒度和形状有关。

密度 ρ_1 介于上述两项有效密度之间的矿物颗粒，既不能上浮，也不能下沉，因而得不到有效的分选。这种现象在形状不规则的细小颗粒上表现尤为突出，是造成分选效率不高的主要原因，这再次表明入选前脱除细小颗粒的必要性。

4.3.1.3　重悬浮液的稳定性

重悬浮液的稳定性是指重悬浮液保持自身密度、黏度不变的性能。通常用加重质颗粒在重悬浮液中沉降速度 v 的倒数来描述重悬浮液的稳定性，称为重悬浮液的稳定性指标，记为 Z，即：

$$Z = 1/v \tag{4-81}$$

Z 值越大，重悬浮液的稳定性越高，分选指标也就越好。

v 的大小可用沉降曲线求出，将待测的重悬浮液置于量筒中，搅拌均匀后静止沉淀，片刻即在上部出现一清水层，下部混浊层界面的下降速度即可视为加重质颗粒的沉降速度 v。将混浊层下降高度与对应的时间画在直角坐标纸上，将各点连接起来得到 1 条曲线（见图4-25），曲线上任意一点的切线与横轴夹角的正切值即为该点的瞬时沉降速度。从图4-25中可以看出，沉降开始后，在相当长一段时间内曲线的斜率基本不变，评定重悬浮液稳定性的沉降速度即以这一段为准。

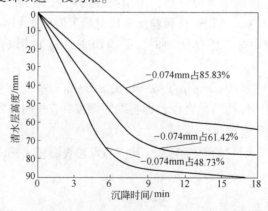

图 4-25　测定以磁铁矿为加重质的重悬浮液稳定性的沉降曲线

4.3.2 重介质分选设备

4.3.2.1 圆锥形重介质分选机

圆锥形重介质分选机有内部提升式和外部提升式两种，结构如图 4-26 所示。

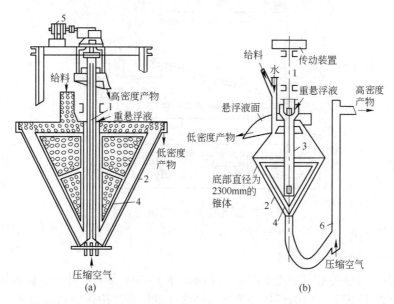

图 4-26 圆锥形重介质分选机的结构
(a) 内部提升式单锥分选机；(b) 外部提升式双锥分选机
1—中空轴；2—圆锥形分选槽；3—套管；4—刮板；5—电动机；6—外部空气提升管

图 4-26(a)所示为内部提升式圆锥形重介质分选机，即在倒置的圆锥形分选槽内安装有空心回转轴。空心轴同时又作为排出高密度产物的空气提升管。中空轴外面有 1 个带孔的套管，重悬浮液给入套管内，穿过孔眼流入分选圆锥内。套管外面固定有两个三角形刮板，以 4~5r/min 的速度旋转，借以维持重悬浮液密度均匀并防止被分选物料沉积。入选物料由上表面给入，密度较低的部分浮在表层，经四周溢流堰排出，密度较高的部分沉向底部。压缩空气由中空轴的下部给入。当中空轴内的高密度产物、重悬浮液和空气组成的气–固–液三相混合物的密度低于外部固–液两相混合物的密度时，中空轴内的混合物即向上流动，将高密度产物提升到一定高度后排出。外部提升式圆锥形重介质分选机的工作过程与此相同，只是高密度产物由外部提升管排出(见图 4-26(b))。

这种设备分选面积大，工作稳定，分离精确度较高，给料粒度范围为 5~50mm，适于处理低密度组分含量高的物料。它的主要缺点是：需要使用微细粒加重质，介质循环量大，增加了介质回收和净化的工作量，而且需要配置空气压缩装置。

4.3.2.2 鼓形重介质分选机

鼓形重介质分选机的结构如图 4-27 所示，外形为一横卧的鼓形圆筒，由 4 个辊轮支承，通过设置在圆筒外壁中部的大齿轮，由传动装置带动旋转。在圆筒内壁沿纵向设有带孔的扬板。入选物料与重悬浮液一起从筒的一端给入。高密度颗粒沉到底部，由扬板提起，投入排矿溜槽中；低密度颗粒则随重悬浮液一起从筒的另一端排出。这种设备结构简单，运转可靠，便于操作。在设备中，重悬浮液搅动强烈，所以可采用粒度较粗的加重质，且介质循环量少。它的主要缺点是：分选面积小，搅动大，不适于处理细粒物料，给料粒度通常为 6~150mm。

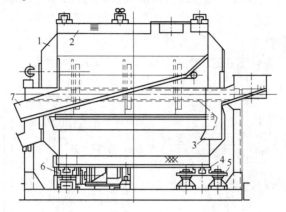

图 4-27　鼓形重介质分选机的结构

1—转鼓；2—扬板；3—给矿漏斗；4—托辊；5—挡辊；6—传动系统；7—高密度产物漏斗

4.3.2.3　重介质振动溜槽

重介质振动溜槽的基本结构如图 4-28 所示。机体的主要部分是一断面为矩形的槽体，支承在倾斜的弹簧板上，由曲柄连杆机构带动做往复运动。槽体的底部为冲孔筛板，筛板下有 5 或 6 个独立水室，分别与高压水管连接。在槽体的末端设有分离隔板，用以分开低密度产物和高密度产物。

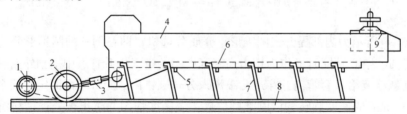

图 4-28　重介质振动溜槽的结构

1—电动机；2—传动装置；3—连杆；4—槽体；5—给水管；
6—槽底水室；7—支承弹簧板；8—机架；9—分离隔板

设备工作时，待分选物料和重悬浮液一起由给料端给入重介质振动溜槽，介质在槽中受到摇动和上升水流的作用，形成一个高浓度的床层，它对物料起着分选和运搬作用。分层后的高密度产物从分离隔板的下方排出，而低密度产物则由隔板上方流出。

重介质振动溜槽的优点是：床层在振动下易松散，可以使用粗粒（-1.5mm）加重质；加重质在槽体的底部浓集，浓度（固体质量分数）可达 60%，提高了分选密度，因此可采用密度较低的加重质，如用来对铁矿石进行预选时，可以采用细粒铁精矿作加重质。

重介质振动溜槽的处理能力很大，每 100mm 槽宽的处理量达 7t/h，适于分选粗粒物料，给料粒度一般为 6~75mm。设备的机体笨重，工作时振动力很大，必须安装在坚固的地面基础上。

4.3.2.4 重介质旋流器

重介质旋流器属于离心式分选设备，其结构与普通旋流器基本相同。在重介质旋流器内，加重质颗粒不仅在离心惯性力作用下向器壁产生浓集，同时又受重力作用向下沉降，致使重悬浮液的密度自内而外、自上而下增大，形成如图4-29 所示的等密度面（图中曲线标注的密度单位为 kg/m³）。图4-29 中所示的情况是给入旋流器的重悬浮液密度为 1500kg/m³，溢 流 密 度 为 1410kg/m³，沉 砂 密 度 为 2780kg/m³。

在重介质旋流器内也同样存在轴向零速包络面。同重悬浮液一起给入重介质旋流器的待分选物料，在自身重力、离心惯性力、浮力（包括径向的和轴向的）和介质阻力的作用下，不同密度和粒度的颗粒将运动到各自的平衡位置。分布在零速包络面以内的颗粒密度较小，随向上流动的重悬浮液一起由溢流管排出，成为低密度产物；分布在零速包络面以外的颗粒密度较大，随向下流动的重悬浮液一起向着沉砂口运动。但轴向零速包络面并不与等密度面重合，而是越向下密度越大，因此，位于零速包络面以外的颗粒在随介质一起向下运动的过程中反复受到分选，而且是分选密度一次比一次高，从而使那些密度不是很高的颗粒不断进入零速包络面内，向上运动并由溢流口排出。只有那些密度大于零速包络面下端重悬浮液密度的颗粒才能一直向下运动，由沉砂口排出，成为高密度产物。由此可见，重介质旋流器的分离密度取决于轴向零速包络面下端重悬浮液的密度。

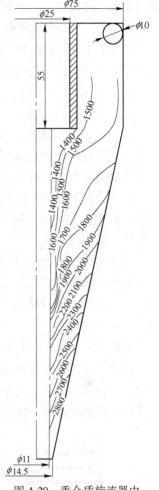

图 4-29　重介质旋流器内等密度面的分布情况

影响重介质旋流器选别效果的因素主要有溢流管直径、沉砂口直径、锥角、给料压强以及给入固体物料与重悬浮液的体积比等。

给料压强增加，离心惯性力增大，既可以增加设备的生产能力，又可以改善分选效果。但压强增加到一定值后，选别指标即基本稳定，但动力消耗却继续增大，设备的磨损剧增。所以，给料压强一般在 80~200kPa 范围内。

增大沉砂口直径或减小溢流管直径，都会使零速包络面向内收缩，分离密度降低，高密度产物的产率增加。

加大锥角，加重质的浓集程度增加，分离密度提高，高密度产物的产率下降，但由于重悬浮液密度分布更加不均而使得分选效率降低，所以锥角一般取为 15°~30°。

给入固体物料体积与重悬浮液体积之比一般为 1:4~1:6，增大比值将提高设备的处理能力，但因颗粒分层转移的阻力增大而使得分选效率降低。

在生产实践中，大直径重介质旋流器常采用倾斜安装，而小直径重介质旋流器则采用竖直安装。

重介质旋流器的优点是：处理能力大，占地面积小，可以采用密度较低的加重质，且可以降低分选粒度下限（最低可达 0.5mm），最大给料粒度为 35mm。但为了避免沉砂口堵塞和便于脱出介质，一般的给料粒度范围为 2~20mm。

4.3.2.5　三产品重介质旋流器

三产品重介质旋流器是由两台两产品重介质旋流器串联而成的，分有压给料和无压给料两大类，两者的分选原理相同。第一段采用低密度重悬浮液进行主选，选出低密度产物（精煤），高密度产物则随大量经一段浓缩的高密度重悬浮液给入

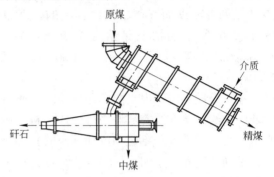

图 4-30　3NWX 无压给料三产品重介质旋流器的结构示意图

第二段旋流器进行再选，分选出中间密度产物（中煤）和高密度产物（矸石）。三产品重介质旋流器的主要优点是只用一套重悬浮液循环系统，简化再选物料的输送。三产品重介质旋流器的特点是工艺简单、基建投资少、生产成本较低，在选煤厂得到了广泛的应用。

3NWX 系列无压给料三产品重介质旋流器的一段旋流器为圆筒形，二段旋流器为圆筒形或圆筒+圆锥形，其结构示意图如图 4-30 所示。

4.3.2.6　斜轮重介质分选机和立轮重介质分选机

斜轮重介质分选机和立轮重介质分选机广泛用于选煤生产实践中。斜轮重介质分选机分为两产品和三产品两大类，两产品设备结构如图 4-31 所示。它由分选槽、高密度产物提升轮和低密度产物排出装置等主要部件组成。

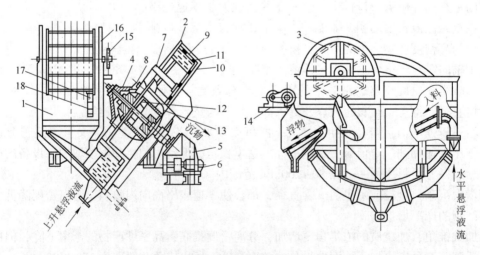

图 4-31　两产品斜轮重介质分选机的结构

1—分选槽；2—斜提升轮；3—排低密度产物轮；4—提升轮轴；5—减速装置；6，14—电动机；
7—提升轮骨架；8—转轮盖；9—立筛板；10—筛底；11—叶板；12—支座；
13—轴承座；15—链轮；16—骨架；17—橡胶带；18—重锤

分选槽是由钢板焊接而成的多边形槽体，上部呈矩形，底部顺沉物流向的两块钢板倾

角为40°或45°。提升高密度产物的斜轮装在分选槽旁侧的机壳内，由电动机经减速机带动旋转。斜提升轮的下部与分选槽底部相通，其骨架用螺栓与轮盖固定在一起。斜提升轮轮盘的边帮和底盘分别由数块立筛板和筛底组成。在轮盘的整个圆面上，沿径向装有由冲孔筛板制造的若干块叶板，高密度产物主要由叶板刮取提升。斜提升轮的轴由支座支承，支座用螺栓固定在机壳支架上。排低密度产物轮呈六角形，由电动机通过链轮带动旋转。

斜轮重介质分选机兼用水平液流和上升液流，在给料端下部位于分选带的高度引入水平液流，在分选槽底部引入上升液流。水平液流不断给分选带补充性质合格的重悬浮液，防止分选带的介质密度降低。上升液流造成微弱的上升水速，防止加重质沉淀。水平液流和上升液流使分选槽中重悬浮液的密度保持均匀稳定，同时形成水平液流运输浮物。待分选物料进入分选机后，按密度分为浮物和沉物两部分。浮物由水平液流运输至溢流堰处，由排低密度产物轮刮出。沉物下沉至分选槽底部，由斜提升轮提升至上部排料口排出。

斜轮重介质分选机的优点是：分选精确度高，分选物料的粒度范围宽（可达6～1000mm），处理能力大（分选槽宽4m的斜轮重介质分选机的处理能力可达350～500t/h），所需重悬浮液的循环量少，重悬浮液的性质比较稳定；其缺点是：设备外形尺寸大，占地面积大。

立轮重介质分选机作为块煤分选设备，在生产中也得到了广泛应用。例如，德国的太司卡（TESKA）型立轮重介质分选机、波兰的滴萨（DISA）型立轮重介质分选机、中国的JL系列立轮重介质分选机等。

立轮重介质分选机与斜轮重介质分选机的工作原理基本相同，其差别仅在于分选槽槽体形式、高密度产物提升轮安放位置和方位等机械结构上有所不同。在设备生产能力相同的条件下，立轮重介质分选机具有体积小、质量轻、功耗少、分选效率高及传动装置简单等优点。

4.4 跳 汰 分 选

跳汰分选是指在交变介质流中按密度分选固体物料的过程。图4-32是一种隔膜跳汰机的结构示意图，其利用偏心连杆机构或凸轮杠杆机构推动橡胶隔膜往复运动，迫使水流在跳汰室内产生脉动运动。

用跳汰机分选固体物料时，物料给到跳汰室筛板上，形成一个比较密集的物料层，称为床层。水流上升时床层被推动松散，使颗粒获得发生相对位移的空间条件，水流下降时床层又逐渐恢复紧密。经过床层的反复松散和紧密，高密度颗粒转入下层，低密度颗粒进入上层。上层的低密度物料被水平流动的介质流带到设备之外，形成低密度产物；下层的高密度物料透过筛板或通过特殊的排料装置排出，成为高密度产物。

推动水流在跳汰室内做交变运动的方法主要有：

（1）利用偏心连杆机构带动橡胶隔膜迫使水流运动，这样的跳汰机称为隔膜跳汰机，在生产中应用最多；

（2）利用压缩空气推动水流运动，这种跳汰机称为无活塞跳汰机，在选煤生产中应用颇多；

（3）借助于机械力带动筛板和物料一起在水中做交变运动，这种跳汰机称为动筛跳汰机。

跳汰分选过程中，水流每完成 1 次周期性变化所用的时间称为跳汰周期。表示水流速度在 1 个周期内随时间变化的曲线称为跳汰周期曲线。水流在跳汰室内运动的最大距离称为水流冲程，而隔膜或筛板（动筛跳汰机）运动的最大距离称为机械冲程。水流或隔膜每分钟运动的周期次数称为冲次。水流冲程与机械冲程之比称为冲程系数。

跳汰分选是处理粗、中粒级固体物料的最有效方法，它的工艺简单，设备处理能力大，分选效率高，可经 1 次选别得到最终产品（成品产物或抛弃产物），所以应用范围十分广泛。

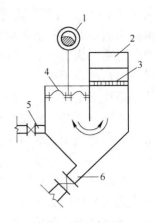

图 4-32　简单的隔膜跳
汰机的结构示意图
1—偏心轮；2—跳汰室；
3—筛板；4—橡胶隔膜；
5—筛下给水管；
6—筛下高密度产物排出管

4.4.1　物料在跳汰机内的分选过程

4.4.1.1　跳汰分选原理

在跳汰分选过程中，水流呈非恒定流动，流体的动力作用时刻在发生变化，使得床层的松散度（床层中分选介质的体积分数）也处于周期性变化中。床层在变速水流推动下运动，颗粒在其中松散悬浮，但又不属于简单的干涉沉降。在整个分选过程中，床层的松散度并不大，颗粒之间的静力压强对分层转移起重要作用。由于动力和静力因素交织在一起且处于变化之中，很难用简单的解析式描述其分层过程。

概括地讲，物料在跳汰分选过程中发生按密度分层，主要是基于初加速度作用、干涉沉降过程、吸入作用和位能降低原理等。

（1）初加速度作用。在交变水流作用下，物料在跳汰机内发生周期性的沉降过程，每当沉降开始时，颗粒的加速度均为其初加速度 g_0。由于 g_0 仅与颗粒的密度 ρ_1 和介质密度 ρ 有关，且 ρ_1 越大，g_0 也越大，因而在沉降末速达到之前的加速运动阶段，高密度颗粒获得较大的沉降距离，从而导致物料按密度发生分层。

（2）干涉沉降过程。交变水流推动跳汰室内的物料松散悬浮以后，颗粒便开始了干涉沉降过程，由于颗粒的密度越大，干涉沉降速度也越大，在床层松散期间沉降的距离也越大，从而使高密度颗粒逐渐转移到床层的下层。

（3）吸入作用。吸入作用发生在交变水流的下降运动阶段，随着床层逐渐恢复紧密状态，粗颗粒失去了发生相对转移的空间条件，而细颗粒则在下降水流的吸入作用下穿过粗颗粒之间的空隙，继续向下移动，从而使细小的高密度颗粒有可能进入床层的最底层。

（4）位能降低原理。物料在跳汰分选过程中实现按密度分层的位能降低原理，是由德国学者麦依尔（F. W. Mayer）提出的。麦依尔的分析过程如图 4-33 所示，图（a）和图（b）分别代表分层前后的理想情况。

设床层的断面面积为 A、低密度颗粒和高密度颗粒的密度分别为 ρ_1 和 ρ_1'、它们所占床层的高度分别为 H 和 H'、介质的密度为 ρ、低密度颗粒和高密度颗粒在对应物料层中的体积分数分别为 φ 和 φ'、它们在介质中的有效重力分别为 G_0 和 G_0'，以床层底面为基准面，则分层前物料混合体的位能 E_1 为：

$$E_1 = (H+H')(G_0+G_0')/2 \qquad (4\text{-}82)$$

分层后体系的位能 E_2 为：

$$E_2 = G_0'H'/2 + G_0(H'+H/2) \qquad (4\text{-}83)$$

由式(4-82)和式(4-83)得分层后位能的变化值 ΔE 为：

$$\Delta E = -(E_1-E_2) = -(G_0'H-G_0H')/2 \quad (4\text{-}84)$$

由于

$$G_0 = AH\varphi(\rho_1-\rho)g$$
$$G_0' = AH'\varphi'(\rho_1'-\rho)g$$

代入式(4-84)中得：

$$\Delta E = -HH'A[\varphi'(\rho_1'-\rho) - \varphi(\rho_1-\rho)]g/2$$

$$(4\text{-}85)$$

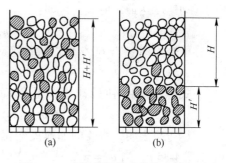

图 4-33 床层分层前后的状态示意图

（a）分层前；（b）分层后

由于在跳汰分选过程中床层的松散度始终处于较低水平，即 $\varphi \approx \varphi'$，所以有：

$$\varphi'(\rho_1'-\rho) - \varphi(\rho_1-\rho) > 0$$

亦即：

$$\Delta E < 0$$

这表明在跳汰分选过程中，物料发生按密度分层是一个位能降低的自发过程，只要床层的松散条件适宜，就能实现按密度分层。

4.4.1.2　偏心连杆机构跳汰机内水流的运动特性及物料的分层过程

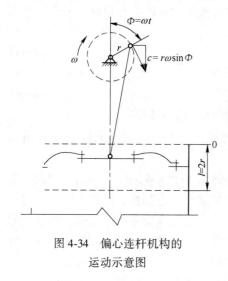

图 4-34　偏心连杆机构的
运动示意图

目前在工业生产中应用最多的是采用偏心连杆机构传动的跳汰机，在这类跳汰机内水流运动有着共同的特性。如图 4-34 所示，设偏心轮的转速为 n（r/min，相当于跳汰冲次）、旋转角速度为 ω（rad/s）、偏心距为 r（m），跳汰机的机械冲程 $l=2r$。如偏心距在图中从上方垂线开始顺时针转动，经过 t 时间（s）转过 Φ 角（rad），则：

$$\Phi = \omega t \qquad \omega = \pi n/30 \qquad (4\text{-}86)$$

当连杆长度相对于偏心距较大（一般连杆长度为偏心距的 5～10 倍以上）时，隔膜的运动速度近似等于偏心距端点的垂直运动分速度 c，即

$$c = r\omega\sin\Phi = (l\omega\sin\omega t)/2 \qquad (4\text{-}87)$$

若用 β 表示跳汰机的冲程系数，则跳汰室内的水流运动速度 u 为：

$$u = \beta c = (\beta l\omega\sin\omega t)/2 \qquad (4\text{-}88)$$

将式(4-86)代入式(4-88)中，经整理得：

$$u = (\beta ln\pi\sin\omega t)/60 \qquad (4\text{-}89)$$

式(4-89)表明，在偏心连杆机构驱动下，水流速度随时间的变化呈正弦曲线，如图 4-35 所示。因此，习惯上把由偏心连杆机构驱动的隔膜跳汰机的周期曲线称为正弦跳汰周期曲线。当 $\omega t=0$ 或 π 时，水流的运动速度最小，$u_{\min}=0$；当 $\omega t=\pi/2$ 或 $3\pi/2$ 时，水

流的运动速度达最大值 $u_{\max}$，即：

$$u_{\max} = \beta ln\pi/60 \tag{4-90}$$

在 1 个周期（$T=60/n$）内，按绝对值计算的水流平均运动速度 u_{av} 为：

$$u_{av} = 2\beta l/T = 2\beta ln/60 \tag{4-91}$$

将式（4-88）对时间 t 求导，得水流运动的加速度 a 为：

$$a = (\beta l\omega^2 \cos\omega t)/2 = (\beta ln^2\pi^2\cos\omega t)/1800 \tag{4-92}$$

式（4-92）表明，水流的加速度变化为一余弦曲线（见图4-35）。当 $\omega t = \pi/2$ 或 $3\pi/2$ 时，$a=0$；当 $\omega t = 0$ 或 π 时，水流的运动加速度达最大值 $a_{\max}$，即：

$$a_{\max} = (\beta ln^2\pi^2)/1800 \tag{4-93}$$

将式（4-88）对时间 t 积分，得跳汰室内脉动水流的位移 h 为：

$$h = \beta l(1-\cos\omega t)/2 \tag{4-94}$$

当 $\omega t = \pi$ 时，跳汰室内水流的位移达最大值 $h_{\max}$，即：

$$h_{\max} = \beta l \tag{4-95}$$

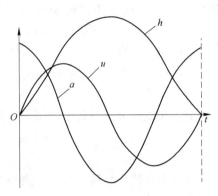

图 4-35　正弦跳汰周期的水流速度和加速度及位移曲线

由式（4-89）、式（4-92）、式（4-94）可以看出，水流速度、加速度和位移与冲程、冲次之间的关系为：

$$u \propto ln \tag{4-96}$$
$$a \propto ln^2 \tag{4-97}$$
$$h \propto l \tag{4-98}$$

这说明改变冲程和冲次，对水流速度、加速度和位移的影响是不同的。

为了分析在正弦跳汰周期的各阶段物料的分层过程，将 1 个周期分成如图 4-36 所示的 4 个阶段。

第 1 阶段——水流上升运动前半期，即水流运动的第 1 个 1/4 周期。在这一阶段，水流的速度和加速度均为正值。在此阶段的初期，床层呈紧密状态静止在筛板上面，随着水流上升速度的增加，当速度阻力和加速度推力之和大于床层在介质中的重力时，床层开始整体离开筛面上升。总的来看，这一阶段床层比较紧密，在迅速增大的速度阻力和加速度推力作用下，床层几乎是被整体抬起，占据一定的空间高度，并开始从下部松散。

第 2 阶段——水流上升运动后半期，即水流运动的第 2 个 1/4 周期。在此阶段，水流的运动加速度为负值，水流的上升速度逐渐减小，直至降为零。位于床层上层的颗粒继续上升，位于床层下层的颗粒则在底层空间逐层向下剥落，出现了向两端扩展的松散形式。在此期间，颗粒与水流之间的相对运动速度越来越小，甚至在图 4-36 中的 M 点出现低密度颗粒与水流的相对运动速度为零的时刻，这是实现按密度分层最有利的时机。但此阶段方向向下的水流加速度对按密度分层不利，所以应予以适当限制。

第 3 阶段——水流下降运动前半期，即水流运动的第 3 个 1/4 周期。在此期间，水流的速度和加速度均为负值，水流的下降速度迅速增大，各种颗粒均转为下降运动，床层在收缩中继续按密度发生分层。在这一阶段，颗粒与水流的相对运动速度仍然较小，也属于

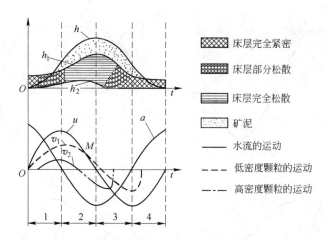

图 4-36　在正弦跳汰周期的 4 个阶段床层的松散-分层过程

h，h_1，h_2—水流、低密度颗粒和高密度颗粒的位移；

u，v_1，v_2—水流、低密度颗粒和高密度颗粒的运动速度；a—水流运动的加速度

有利于按密度分层的时期。随着床层下部的颗粒不断落回筛面，整个床层逐渐恢复紧密，粗颗粒首先失去活动性，而细小颗粒则继续穿过粗颗粒的间隙下降，最终使低密度粗颗粒在床层中所占据的位置上移。

第 4 阶段——水流下降运动后半期，即水流运动的第 4 个 1/4 周期。这一阶段床层进入紧密期，主要分层形式是吸入作用，这种作用对分选宽级别物料是特别有利的，但其强度必须适当。过强的吸入作用会使低密度细颗粒也进入底层，而且还会使下一周期的床层松散进程迟缓，降低设备的处理能力。

由上述分析可以看出，水流运动的第 2 个和第 3 个 1/4 周期是物料实现按密度分层的有利时期，适宜的跳汰周期应延长这两段时间；但在以偏心连杆机构驱动的隔膜跳汰机中，水流被迅速推动向下运动，使床层很快紧密，从而缩短了床层的有效分层时间。

4.4.1.3　跳汰周期曲线

在一个跳汰周期内，水流的运动可有上升、静止和下降 3 个特征段，它们可按不同的大小和时间比例组成多种周期曲线形式，其中大多数跳汰机的周期曲线不含静止段，除了一些特殊结构的跳汰机（如动筛跳汰机）以外。交变水流跳汰机的周期曲线大致有如图 4-37 所示的 4 种形式。

在正弦跳汰周期中，水流上升和下降的作用时间和大小均相等。考虑到床层滞后于水流上升并提前下降，所以床层的有效分层时间较短，吸入作用也过强，因此生产中总要在筛下补加上升水，此时水速变为：

$$u=\beta l\omega\sin\omega t/2+u_s \tag{4-99}$$

式中　u_s——筛下补加水上升速度，m/s。

带有静止期的跳汰周期曲线是麦依尔提出的处理粗粒煤的适宜跳汰周期曲线，一个周期分为水流急速上升、静止、缓速下降 3 个阶段。水流急速上升时，床层被整体抬起。然后水流静止（其实仍有缓慢上升及下降运动），床层松散开来，颗粒以较小的相对运动速度在水流中沉降，松散期较长，可使物料有效地发生按密度分层。直至床层落到筛面上，

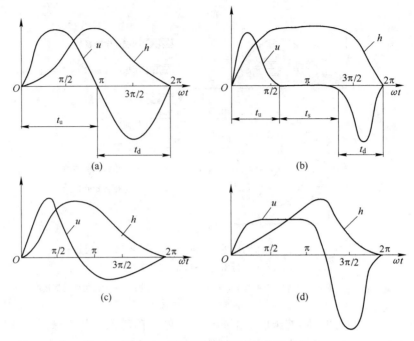

图 4-37　跳汰周期曲线的基本形式

（a）正弦跳汰周期曲线，$t_u = t_d$；（b）带有静止期的跳汰周期曲线，$t_u + t_d < 2\pi$；

（c）快速上升的跳汰周期曲线，$t_u < t_d$；（d）慢速上升的跳汰周期曲线，$t_u > t_d$

h，u—水流上升高度和速度；t_u，t_s，t_d—水流上升期、静止期和下降期的时间

水流的低速吸入作用又可将高密度颗粒补充回收到底层。这种周期曲线比较适于处理平均密度较小或粒度较细的物料。

快速上升的跳汰周期曲线是由倍尔德（B. M. Bird）提出的曲线演化而来的，水流在迅速上升后，紧接着即转为下降运动。下降水速较缓而作用时间较长，可以减小床层与水流间的相对速度，有助于物料按密度分层，适于处理平均密度较高的物料。

慢速上升的跳汰周期曲线又称托马斯周期曲线，其特点是：水流以较低速度上升，并保持一段较长时间，然后迅速转为下降。水流下降速度较大，但作用时间短。床层在较长时间内处于松散状态，有利于提高设备的处理能力；但流体的速度阻力影响较大，不适合处理宽级别物料。

4.4.2　跳汰机

目前生产中使用的跳汰机主要有偏心连杆机构驱动的隔膜跳汰机、圆形跳汰机、无活塞跳汰机和动筛跳汰机等。其中隔膜跳汰机按隔膜安装的位置不同，又分为旁动型、下动型和侧动型 3 种。

4.4.2.1　旁动型隔膜跳汰机

旁动型隔膜跳汰机又称为上动型或丹佛（Denver）型跳汰机，其结构如图 4-38 所示，主要组成部分有机架、传动机构、跳汰室和底箱。跳汰室面积为 $B \times L = 300\text{mm} \times 450\text{mm}$，共两室，串联工作。为了配置方便，设备有左式和右式之分。从给矿端来看，传动机构在跳汰室左侧的为左式，在跳汰室右侧的为右式。

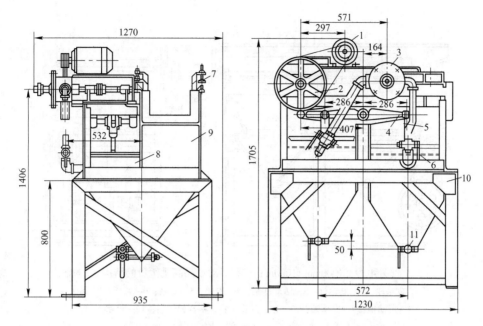

图 4-38　300mm×450mm 双室旁动型隔膜跳汰机的结构
1—电动机；2—传动装置；3—分水管；4—摇臂；5—连杆；6—橡胶隔膜；
7—筛网压板；8—隔膜室；9—跳汰室；10—机架；11—排矿阀门

电动机带动偏心轴转动，通过摇臂杠杆和连杆推动两个隔膜交替上下运动。隔膜呈椭圆形，四周与机箱密封连接。在隔膜室下方设补加水管。底箱顶尖处设有排矿阀门，可间断或连续地排出透过筛孔的细粒高密度产物。

这种跳汰机的冲程系数为 0.7 左右，入选物料的最大粒度可达 12~18mm，最小回收粒度可达 0.2mm，水流接近正弦曲线运动。选出的低密度产物随水流一起越过跳汰室末端的堰板排出。选出的高密度产物则有两种排出方法：大于 2~3mm 的高密度产物聚集在筛板上方，常采用设置在靠近排矿端筛板中心处的排矿管排出，称为中心管排矿法；2~3mm 以下的高密度产物则透过筛孔排入底箱，称为透筛排矿法。采用透筛排矿法时，为了控制高密度产物的排出速度和质量，需在筛板上铺设一层粒度为筛孔尺寸的 2~3 倍、密度与高密度产物的接近或略高一些的物料层，称为人工床层。

这种跳汰机由于隔膜位于跳汰室一旁，设备不能制造得太大，否则水速会分布不均，目前生产中使用的规格仅有 300mm×450mm 1 种，且耗水量较大（处理 1t 物料的耗水量在 3~4m³ 以上）。单台设备的生产能力为 2~5t/h。

4.4.2.2　下动型圆锥隔膜跳汰机

下动型隔膜跳汰机的结构特点是，传动装置和隔膜安装在跳汰室的下方。两个方形的跳汰室串联配置，下面各带有 1 个可动锥斗，用环形橡胶隔膜与跳汰室密封连接。锥斗用橡胶轴承支承在摇动框架上。框架的一端经弹簧板与偏心柄相连。当偏心轴转动时即带动锥斗上下运动。1000mm×1000mm 双室下动型隔膜跳汰机的结构如图 4-39 所示。锥斗的机械冲程可在 0~26mm 的范围内调节，更换皮带轮可有 240r/min、300r/min 和 360r/min 3 种冲次。

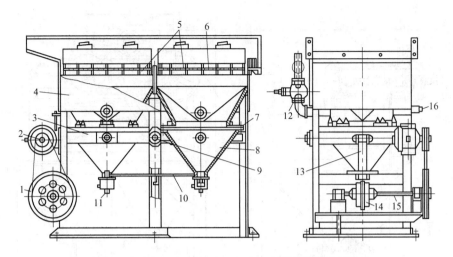

图 4-39　1000mm×1000mm 双室下动型隔膜跳汰机的结构

1—大皮带轮；2—电动机；3—活动框架；4—机架；5—筛格；6—筛板；7—隔膜；
8—可动锥；9—支承轴；10, 13—弹簧板；11—排料阀门；12—进水阀门；
14—偏心头部分；15—偏心轴；16—木塞

下动型隔膜跳汰机不设单独的隔膜室，占地面积小，水速分布也比较均匀。高密度产物采用透筛排矿法排出。但锥斗承受着整个设备内水和矿石的重力，所受负荷大；而且传动装置设在机体下部，检修不便，也容易遭受水砂的侵蚀。这种跳汰机的冲程系数小（只有 0.47 左右），水流的脉动速度较慢，不适宜处理粗粒物料，且设备的处理能力较低，一般仅用于分选 6mm 以下的矿石。

属于下动型圆锥隔膜跳汰机类型的还有 1070mm×1070mm 矩形跳汰机。这种设备多用在采金船上，其外形与 1000mm×1000mm 双室下动型隔膜跳汰机的类似，不同之处是其采用凸轮驱动，且两个隔膜同步运动。在这种设备中，水流的位移-时间曲线呈锯齿波形，既降低了水耗，又提高了细粒级的回收率。

4.4.2.3　梯形侧动隔膜跳汰机

900mm×(600~1000)mm 梯形侧动隔膜跳汰机的结构如图 4-40 所示。跳汰室上表面呈梯形，全机共有 8 个跳汰室，分为两列，用螺栓在侧壁上连接起来形成一个整体。每两个对应大小的跳汰室为一组，由 1 个传动箱中伸出的横向通长的轴带动两侧垂直隔膜运动，因此它们的冲程、冲次是完全相同的。全机分为 4 组，可采用 4 种不同的冲程、冲次进行工作。全机共有两台电动机，每台驱动两个传动箱。筛下补加水由两列设在中间的水管引入到各室中，在水流进口处设有弹性盖板，当隔膜前进时，借助于水的压力使盖板遮住进水口，中断给入筛下水；当隔膜后退时盖板打开，补充给入筛下水，以减小下降水流的吸入作用。

梯形侧动隔膜跳汰机的设备规格用单个跳汰室的纵长×(单列上端宽~下端宽) 表示。目前生产中使用的梯形侧动隔膜跳汰机有 600mm×(300~600)mm 和 900mm×(600~1000)mm 两种规格，单台设备的生产能力分别为 3~6t/h 和 10~20t/h。

因为筛板宽度从给矿端到排矿端逐渐增大，所以床层厚度相应逐渐减小，物料向前运

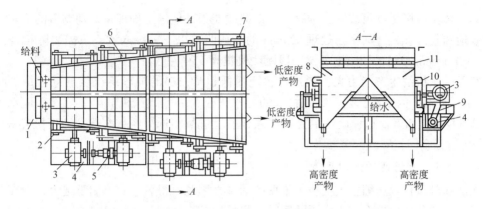

图 4-40　900mm×(600~1000)mm 梯形侧动隔膜跳汰机的结构
1—给料槽；2—前鼓动箱；3—传动箱；4, 9—三角皮带；5—电动机；
6—后鼓动箱；7—后鼓动盘；8—跳汰室；10—鼓动隔膜；11—筛板

动的速度逐渐变缓，加之各室的冲程依次由大变小，冲次由小变大，使得前部适于分选粗粒级，后部可有效地分选细粒级。所以，梯形跳汰机的适应性强，回收粒度下限低（有时可达 0.074mm），广泛用于处理-5mm 的矿石，最大给矿粒度可达 10mm。该设备的主要缺点是占地面积大。

4.4.2.4　圆形跳汰机

圆形跳汰机的上表面为圆形，可认为它是由多个梯形跳汰机合并而成的。带旋转耙的液压圆形跳汰机（I. H. C. -Cleaveland jig）的外形如图 4-41 所示。

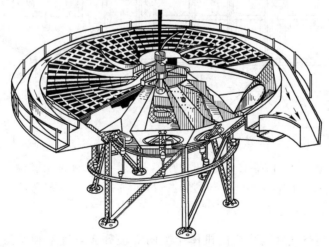

图 4-41　带旋转耙的液压圆形跳汰机的外形

圆形跳汰机的分选槽是一圆形整体或是放射状地分成若干个跳汰室，每个跳汰室均独立设有隔膜，由液压缸中的活塞推动运动。跳汰室的数目根据设备规格而定，最少为 1 个，最多为 12 个，设备的直径为 1.5~7.5m。待选物料由中心给入，向周边运动，高密度产物由筛下排出，低密度产物从周边的溢流堰上方排出。

圆形跳汰机的突出特点是：水流的运动速度曲线呈快速上升、缓慢下降的方形波，而水流的位移曲线则呈锯齿波。这种跳汰周期曲线能很好地满足处理宽级别物料的要求，且能有效地回收细颗粒，甚至在处理−25mm 的砂矿时可以不分级入选，只需脱除细泥。其对 0.1~0.15mm 粒级的回收率可比一般跳汰机提高 15% 左右。

圆形跳汰机的生产能力大，耗水少，能耗低。ϕ7.5m 的圆形跳汰机，每台每小时可处理 175~350m³ 的砂矿，处理每吨物料的耗水量仅为一般跳汰机的 1/3~1/2，驱动电动机的功率仅为 7.5kW。这种设备主要用在采金船上进行粗选，经一次选别即可抛弃 80%~90% 的脉石，金回收率可达 95% 以上。

4.4.2.5　无活塞跳汰机

无活塞跳汰机以压缩空气代替了早期的活塞，因此而得名，主要用于选煤，但在铁矿石、锰矿石的分选中也有应用。无活塞跳汰机按压缩空气室与跳汰室的相对位置不同，又可分为筛侧空气室跳汰机和筛下空气室跳汰机两种。

筛侧空气室跳汰机又称鲍姆跳汰机，工业应用的历史较长，技术上也比较成熟。按其用途，又可细分为块煤跳汰机（给料粒度为 13~125mm）、末煤跳汰机（给料粒度为 0.5~13mm 或 0~13mm）和不分级煤用跳汰机 3 种。图 4-42 是 LTG-15 型筛侧空气室不分级煤用跳汰机的结构简图，这种跳汰机的筛面最小者为 8m²，最大者为 16m²。

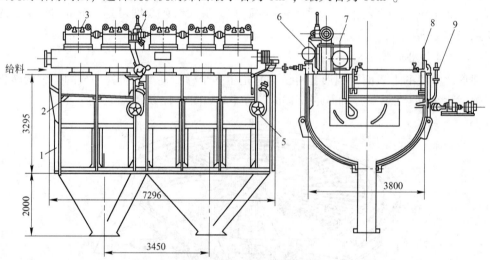

图 4-42　LTG-15 型筛侧空气室不分级煤用跳汰机的结构简图
1—机体；2—筛板；3—风阀；4—风阀传动装置；5—排料装置；
6—水管；7—风包；8—手动闸门；9—测压管

LTG-15 型筛侧空气室跳汰机的机体用纵向隔板分成空气室和跳汰室，两室下部相通。空气室的上部密封，并与特制的风阀连通。借助于风阀交替地鼓入与排出压缩空气，即在跳汰室内形成相应的脉动水流。入选的原煤在脉动水流的作用下分层，并沿筛面的倾斜方向向一端移动。由跳汰室第 1 分选段选出的高密度产物为矸石，第 2 分选段选出的高密度产物为中煤。它们分别通过末端的排料闸门进入下部底箱，并与透筛产品合并，用斗子提升机捞出运走。上层低密度产物经溢流堰排出，即为精煤。

通过风阀改变进入的风量，可以调节水流的冲程；通过改变风阀的旋转速度，可以调节水流的冲次。生产中使用的风阀有滑动风阀（立式风阀）、旋转风阀（卧式风阀）、滑动式数控风阀、电控气动风阀等。生产中使用的筛侧空气室跳汰机有 LTG 系列、BM 系列、CT 系列等。

筛下空气室跳汰机是为了克服筛侧空气室跳汰机在筛面宽度上水流速度分布不均匀的问题而研制的，其结构如图 4-43 所示。在每个跳汰室的筛板下面设有多个空气室。空气室的下部敞开，上部封闭，在其端部上下开孔。经上部的开孔通入压缩空气，经下部的开孔给入补加水。在筛下空气室跳汰机中，空气和水流沿筛面横向均匀分布，改善了设备的分选指标。

生产中使用的 LTX 系列筛下空气室跳汰机，筛面面积最小者为 $6.5m^2$，最大者为 $35m^2$，用于分选 $0\sim100mm$ 的不分级原煤。筛面面积为 $35m^2$ 的 LTX-35 型筛下空气室跳汰机的单台生产能力为 $350\sim490t/h$。

生产中使用的筛下空气室跳汰机主要有 LTX 系列、SKT 系列、HSKT 系列、LKT 系列、X 系列、ZSKT 系列筛下空气室跳汰机和日本的高桑跳汰机、德国的巴达克（Batac）跳汰机等。其中德国洪堡特维达格公司生产的巴达克跳汰机，规格最大者的跳汰室筛板面积已达 $42m^2$，用这种规格的巴达克跳汰机分选末煤时，单台设备的生产能力为 $600t/h$，分选块煤时为 $1000t/h$。

无活塞跳汰机均采用透筛排料和一端排料相结合的方法排出高密度产物。

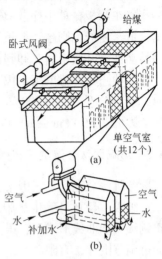

图 4-43　筛下空气室跳汰机的
结构示意图
（a）整机结构；（b）空气室结构

4.4.2.6　动筛跳汰机

动筛跳汰机借助于筛板运动松散床层，松散力强而耗水少，特别是在分选大块物料时，具有定筛跳汰机无法达到的效能。目前生产中使用的动筛跳汰机都是采用液压传动，按其结构又有单端传动式和两端传动式之分。德国洪堡特维达格公司生产的单端传动式液压动筛跳汰机的工作过程如图 4-44 所示。

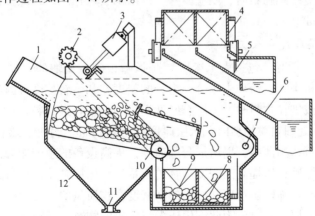

图 4-44　德国洪堡特维达格公司生产的单端传动式液压动筛跳汰机的工作过程
1—给矿槽；2—液压马达；3—液压缸；4—排料提升轮；5—低密度产物溜槽；
6—高密度产物溜槽；7—销轴；8—低密度产物；9—高密度产物；
10—高密度产物排料控制轮；11—筛下产物排出口；12—机箱

这种跳汰机的筛板安置在端点由销轴固定的长臂上,臂长大约为筛面长的2倍。臂的另一端由设在上方的液压缸的活塞杆带动上下运动。待分选的物料给到振动臂首端的筛板上,床层在筛板振动中松散-分层并向前推移。高密度产物由筛板末端的排料控制轮控制排出,低密度产物则越过堰板卸下。两种产物分别落入被隔板隔开的提升轮内,随着提升轮的转动被提升起来后,卸到排料溜槽中,通过排料溜槽排到机外。

液压动筛跳汰机的突出优点是单位筛面的处理能力大、省水、节能。用于分选大块原煤时,给料粒度为25~300mm,筛板的最大冲程可达500mm,冲次通常为25~40r/min,生产能力可达80t/(m²·h)以上。

4.4.3　影响跳汰分选的工艺因素

影响跳汰分选的工艺因素主要包括冲程、冲次、给矿水、筛下补加水、床层厚度、人工床层组成、给料量等生产中可调的因素。给矿的粒度和密度组成、床层厚度、筛板落差、跳汰周期曲线形式等,虽然对跳汰的分选指标也有重要影响,但在生产过程中这些因素的可调范围非常有限。

4.4.3.1　冲程和冲次

冲程和冲次直接关系到床层的松散度和松散形式,对跳汰分选指标有着决定性的影响,需要根据处理物料的性质和床层厚度来确定,其原则是:

(1) 床层厚、处理量大时,应增大冲程,相应地降低冲次。

(2) 处理粗粒级物料时,采用大冲程、低冲次;而处理细粒级物料时,则采用小冲程、高冲次。

4.4.3.2　给矿水和筛下补加水

给矿水和筛下补加水之和为跳汰分选的总耗水量。给矿水主要用来润湿给料,并使之有适当的流动性,给矿中固体质量分数一般为30%~50%,并应保持稳定。筛下补加水是操作中调整床层松散度的主要手段,处理窄级别物料时,筛下补加水可多些,以提高物料的分层速度;处理宽级别物料时,则应少些,以增加吸入作用。跳汰分选每吨物料的总耗水量通常为3.5~8m³。

4.4.3.3　床层厚度和人工床层

跳汰机内的床层厚度(包括人工床层)是指筛板到溢流堰的高度。适宜的跳汰床层厚度由采用的跳汰机类型、给矿中欲分开组分的密度差和给料粒度等因素决定。用隔膜跳汰机处理中等粒度或细粒物料时,床层总厚度不应小于给料最大粒度的5~10倍,一般在120~300mm之间;处理粗粒物料时,床层厚度可达500mm。另外,给料中欲分开组分的密度差大时,床层可适当薄些,以增加分层速度,提高设备的生产能力;欲分开组分的密度差小时,床层可厚些,以提高高密度产物的质量。但床层越厚,设备的生产能力越低。

人工床层是控制透筛排矿速度和排出的高密度产物质量的主要手段。生产中要求人工床层一定要保持在床层的底层,为此,用作人工床层的物料,其粒度应为筛孔尺寸的2~3倍,并比入选物料的最大粒度大3~6倍;其密度以接近或略大于高密度产物的为宜。生产中常采用给矿中的高密度粗颗粒作人工床层。分选细粒物料时,人工床层的铺设厚度一般为10~50mm;分选稍粗一些的物料时,可达100mm。人工床层的密度越高、粒度越小、铺设厚度越大，高密度产物的产率就越小，回收率也就越低，但密度却越高。

4.4.3.4 筛板落差

相邻两个跳汰室筛板的高度差称为筛板落差，它有助于推动物料向排矿端运动。一般来说，处理粗粒物料或欲分开组分密度差较大的物料时，筛板落差应大些；处理细粒物料或难选矿石时，筛板落差应小些。

4.4.3.5 给矿性质和给矿量

跳汰机的处理能力与给矿性质密切相关。当处理粗粒、易选矿石且对高密度产物的质量要求不高时，给矿量可大些；反之，则应小些。同时，为了获得较好的分选指标，给矿的粒度组成、密度组成和给矿浓度应尽可能保持稳定，尤其是给矿量更不能波动太大。跳汰机的处理能力随给矿粒度、给矿中欲分开组分的密度差、作业要求和设备规格的变化而有很大变化。为了便于比较，常用单位筛面的生产能力（$t/(m^2 \cdot h)$）表示。

4.5 溜 槽 分 选

借助于在斜槽中流动的水流进行矿石分选的方法，统称为溜槽分选。这是一种随着海滨砂矿或湖滨砂矿的开采而发展起来的古老的分选方法，但古老的设备绝大部分已被新型设备所代替。

根据处理物料的粒度，可把溜槽分为粗粒溜槽和细粒溜槽两种。粗粒溜槽用于处理 2~3mm 以上的物料，选煤时给矿最大粒度可达 100mm 以上；细粒溜槽常用来处理-2mm 的物料，其中用于处理 0.074~2mm 物料的又称为矿砂溜槽，用于处理-0.074mm 物料的又称为矿泥溜槽。

粗粒溜槽主要用于选别含金、铂、锡及其他稀有金属的砂矿。粗粒溜槽工作时，槽内的水层厚度达 10~100mm 以上，水流速度较快，给矿最大粒度可达数十毫米，槽底装有挡板或铺设粗糙的铺物。

细粒溜槽的槽底一般不设挡板，仅在少数情况下铺设粗糙的纺织物或带格的橡胶板。细粒溜槽工作时，槽内水层厚度大者为数毫米，小者仅有 1mm 左右。矿浆以比较小的速度呈薄层流过设备表面，是处理细粒和微细粒级物料的有效手段，因而目前在生产中得到了非常广泛的应用。

溜槽类分选设备的突出优点是结构简单、生产费用低、操作简便，所以特别适于处理高密度矿物含量较低的矿石。

4.5.1 粗粒溜槽

设在陆地上的粗粒溜槽通常用木材或钢板制成，长约 15m，大多数宽 0.7~0.9m，槽底倾角为 5°~8°。在溜槽内每隔 0.4~0.5m 设横向挡板，挡板由木材或角钢制成。固定粗粒溜槽的工作过程如图 4-45 所示。

矿石入选前常将 10~20mm 以上的粗粒级筛除，然后和水一起由溜槽的一端给入，在强烈湍流流动中松散床层，高密度颗粒进入底层后被挡板保护而留在槽内，上层的低密度矿物颗粒则被水流带到槽外。经过一段时间给矿后，高密度矿物颗粒在槽底形成一定厚度的积累，即停止给矿，并加清水清洗。然后去掉挡板进行人工耙动冲洗，得到的高密度产

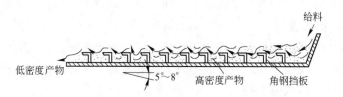

图 4-45　固定粗粒溜槽的工作过程

物再用摇床或跳汰机进行精选。

粗粒溜槽的结构简单，生产成本低廉，处理高密度组分含量较低的物料时，能有效地分选出大量的低密度产物，因此一直是应用广泛的粗选设备。

物料在粗粒溜槽中的分选过程，包括在垂直方向上的沉降和沿槽底运动两个阶段。前者主要受颗粒性质和水流法向脉动速度的影响，使得粒度粗或密度大的颗粒首先沉降到槽底，而细小的低密度颗粒则可能因沉降速度低于水流的法向脉动速度而始终呈悬浮状态。颗粒沉到槽底以后基本上呈单层分布，不同性质的颗粒将按照沿槽底运动的速度不同发生分离。

4.5.2　扇形溜槽和圆锥选矿机

扇形溜槽是 20 世纪 40 年代出现的连续工作型溜槽，主要用于处理细粒（0.038～3mm）海滨砂矿。20 世纪 60 年代，则发展成圆锥选矿机。

4.5.2.1　扇形溜槽

扇形溜槽的分选过程如图 4-46 所示，槽底为一光滑平面，由给料端向排料端做直线收缩。扇形溜槽的槽底倾角较大，通常可达 16°～20°，矿石和水一起由宽端给入，浓度很高，固体质量分数最高可达 65%，在沿槽流动过程中发生分层。由于坡度较大，高密度矿物颗粒不发生沉积，以较低的速度沿槽底运动，上层矿浆流则以较高速度带着低密度矿物颗粒流动。由于槽壁收缩，矿浆流的厚度不断增大，在由窄端向外排出时，上层矿浆流冲出较远，下层则接近垂直落下，矿浆流呈扇形展开，用截取器将扇形面分割即得到高密度产物、低密度产物及中间产物。扇形溜槽即是由此扇形分带而得名的。

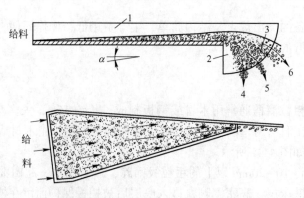

图 4-46　扇形溜槽的分选过程示意图
1—槽体；2—扇形板；3—分料楔形块；4—高密度产物；5—中间产物；6—低密度产物
α—槽底倾角

　　苏联的保嘎托夫等人对扇形溜槽分选原理进行的研究结果表明，在溜槽前部约 3/4 区域内，矿浆流基本呈层流流动；在接近排料端约 1/4 区域内，转变成湍流流动。在层流区段，物料借助于剪切运动产生的分散压松散，高密度细颗粒在离析作用下转入下层，低密度粗颗粒则转移至上层。到了湍流区段，在法向脉动速度作用下，颗粒按干涉沉降速度差重新调整，结果是高密度粗颗粒下降至最底层，而原先混杂在高密度粗颗粒中间的低密度细颗粒则转移至最上层，使高密度产物的质量进一步提高。生产实践表明，待分选物料中高密度组分的含量对分层过程有重要影响，当高密度组分的含量低于 1.5%~2.0% 时，分选指标明显变坏，其原因就是未能形成足够厚度的高密度物料层。

　　影响扇形溜槽分选指标的因素包括结构因素和操作因素两个方面。

　　结构因素主要包括尖缩比、溜槽长度和槽底材料。尖缩比是指溜槽的排矿端宽度与给矿端宽度之比，通常给矿端宽 125~400mm，排矿端宽 10~25mm，故尖缩比介于 1/20~1/10 之间。溜槽长度主要影响矿石在槽中的分选时间，其值介于 600~1500mm 之间，以 1000~1200mm 为宜。槽底表面应有适当的粗糙度，以满足分选过程的需要，常用的槽底材料有木材、玻璃钢、铝合金、聚乙烯塑料等。

　　影响扇形溜槽分选指标的操作因素主要包括给矿浓度和坡度。给矿浓度是扇形溜槽最重要的操作因素，在扇形溜槽中，保持较高的给矿浓度是消除矿浆流的紊动运动，使之发生析离分层的重要条件，实践表明，适宜的给矿固体质量分数为 50%~65%。扇形溜槽的坡度比一般平面溜槽要大些，其目的是提高矿浆的运动速度梯度，坡度的变化范围为 13°~25°，常用者为 16°~20°，最佳坡度应比发生沉积的临界坡度大 1°~2°。

　　扇形溜槽适于处理含泥少的矿石（如海滨砂矿和湖滨砂矿），其有效处理粒度范围为 0.038~2.5mm，对 -0.025mm 粒级的回收效果很差。扇形溜槽的富集比很低，所以主要用作粗选设备，其主要优点是结构简单、本身不需要动力、处理能力大。

4.5.2.2　圆锥选矿机

　　圆锥选矿机的工作表面可认为是由多个扇形溜槽去掉侧壁、拼成圆形而构成的，分选即在这倒置的圆锥面上进行（如图 4-47 和图 4-48 所示），由于消除了扇形溜槽侧壁的影响而改善了分选效果。

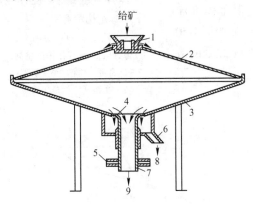 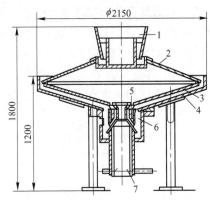

图 4-47　单层圆锥选矿机

1—给矿斗；2—分配锥；3—分选锥；4—截料喇叭口；
5—转动手柄；6—高密度产物管；7—低密度产物管；
8—高密度产物；9—低密度产物

图 4-48　双层圆锥选矿机

1—给料斗；2—分配锥；3—上层分选锥；
4—下层分选锥；5—截料喇叭口；
6—高密度产物管；7—低密度产物管

圆锥选矿机的影响因素与扇形溜槽的相同，但回收率比扇形溜槽的高，而富集比比扇形溜槽的低。它的主要优点是：处理能力大，分选成本低，适合处理低品位砂矿；其缺点是：设备高度大，在工作中不易观察分选情况。

4.5.3 螺旋选矿机和螺旋溜槽

将底部为曲面的窄长溜槽绕垂直轴线弯曲成螺旋状，即构成螺旋选矿机或螺旋溜槽。两者的区别在于：螺旋选矿机的螺旋槽内表面呈椭圆形，在螺旋槽的内缘开有精矿排出孔，沿垂直轴设置精矿排出管；而螺旋溜槽的螺旋槽内表面呈抛物线形，分选产物都从螺旋槽的底端排出。这种设备于 1941 年首先在美国问世，由汉弗雷（I. B. Humphreys）制成，所以国外又称其为汉弗雷螺旋分选机。20 世纪 60 年代，苏联学者又对螺旋槽的槽底形状进行了一些改进，使之更适于处理细粒级物料。在螺旋选矿机或螺旋溜槽内，物料在离心惯性力和重力的联合作用下实现按密度分选。根据螺旋槽嵌套的个数，把螺旋选矿机或螺旋溜槽细分为不同头数的螺旋选矿机或螺旋溜槽。

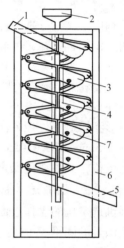

螺旋选矿机和螺旋溜槽的结构完全相同，如图 4-49所示。这种设备的主体由 3~5 圈螺旋槽组成，螺旋槽在纵向（沿矿浆流动方向）和横向（径向）上均有一定的倾斜度。这种设备的优点是：结构简单，处理能力大，本身不消耗动力，操作和维护方便；其缺点是：机身高度大，给料和中间产物需用砂泵输送。

4.5.3.1 螺旋选矿机和螺旋溜槽的分选原理

在螺旋槽内，矿浆一方面在重力的作用下，沿螺旋槽向下做回转运动，称为主流或纵向流；另一方面在离心惯性力的作用下，在螺旋槽的横向上做环流运动，称为副流或横向二次环流。这就形成一螺旋流，即上层液流既向下又向外流动，而下层液流则既向下又向内流动。

图 4-49　螺旋选矿机的
结构示意图

1—给料槽；2—冲洗水导管；
3—螺旋槽；4—连接用法兰盘；
5—低密度产物槽；6—机架；
7—高密度产物排出管

纵向流的流速分布如图 4-50(a)所示，与其他斜面流的分布没什么差异。横向二次环流的流速分布如图4-50(b)所示，以相对水深 $h/H = 0.57$ 处为分界点（此处的流速为零），上部液流向外流动，速度在表面达最大值；下部液流向内流动，速度在 $h/H = 0.25$ 处达最大值。

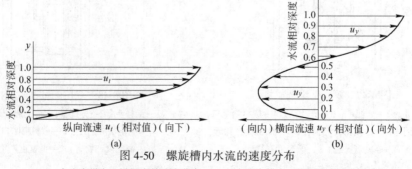

图 4-50　螺旋槽内水流的速度分布
(a) 水流在纵向上沿深度的速度分布；(b) 水流在横向上沿深度的速度分布

从槽的内侧至外侧，矿浆流层厚度逐渐增大，纵向流速也随之增加（见图4-51），矿浆流的流态也由层流逐渐过渡为湍流。试验表明，增大给入的矿浆量时，矿浆流的外缘流层增厚，纵向流速也相应增大，而对矿浆流的内缘附近却影响不大。

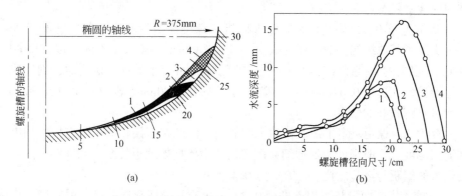

图4-51　不同流量下水层厚度沿螺旋槽径向的变化

（a）水层厚度分布；（b）水层厚度与流量的关系

1—0.61L/s；2—0.84L/s；3—1.56L/s；4—2.42L/s

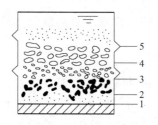

图4-52　颗粒在螺旋槽内的分层结果

1—高密度细颗粒层；2—高密度粗颗粒层；

3—低密度细颗粒层；4—低密度粗颗粒层；

5—特别微细的颗粒层

矿浆给入螺旋槽后，其中的固体物料在沿槽运动中首先发生分层，作用原理与一般弱湍流薄层斜面流中的分选过程相同，其结果如图4-52所示。分层过程约经过一圈即完成。分层后位于上层的低密度矿物颗粒与底层的高密度矿物颗粒，所受的流体动压力和摩擦力是不同的。在纵向上，位于上层的低密度颗粒受到的水流推力比底层高密度颗粒受到的大许多。同时，低密度颗粒由于不与槽底直接接触，受到的阻碍运动的摩擦力也比较小；而下层的高密度颗粒因与槽底直接接触，且颗粒又比较密集，因此受到的阻碍运动的摩擦力明显比上层低密度颗粒受到的大。其结果是，位于上层的低密度颗粒的纵向运动速度远远比位于下层的高密度颗粒的大，因而低密度颗粒受到的离心惯性力也大大超过高密度颗粒受到的。

在横向上，位于上层的低密度颗粒受到较大的离心惯性力作用，加上横向二次环流的作用方向也是指向外缘，所以低密度颗粒即逐渐移向外缘；位于底层的高密度颗粒受到的离心惯性力较小，二次环流的作用方向又指向内缘，所以逐渐移向内缘，从而使不同密度的颗粒在螺旋槽的横断面上展开成带。分带大约需3或4圈完成，其结果如图4-53所示。

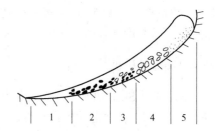

图4-53　颗粒在螺旋槽内的分带结果

1—高密度细颗粒带；2—高密度粗颗粒带；

3—低密度细颗粒带；4—低密度粗颗粒带；

5—特别微细的颗粒带

分带完成后，不同密度的颗粒沿自己的回转半径运动。高密度颗粒集中在螺旋槽的内缘，低密度颗粒集中在螺旋槽的外缘，特别微细的矿泥则悬浮在最外圈。

4.5.3.2 螺旋选矿机和螺旋溜槽选别指标的影响因素

螺旋选矿机和螺旋溜槽选别指标的影响因素同样包括结构因素和操作因素两个方面，其中结构因素主要有：

(1) 螺旋直径 D。螺旋直径是螺旋选矿机和螺旋溜槽的基本参数，它既代表设备的规格，也决定了其他结构参数。研究表明，处理 1~2mm 的粗粒矿石时，以采用 ϕ1000mm 或 ϕ1200mm 以上的大直径螺旋槽为有效；处理 0.5mm 以下的细粒矿石时，则应采用较小直径的螺旋槽。在选别 0.074~1mm 的矿石时，采用 ϕ500mm、ϕ750mm 和 ϕ1000mm 的螺旋溜槽均可收到较好的效果。

(2) 螺距 h。螺距决定了螺旋槽的纵向倾角，因此它直接影响矿浆在槽内的纵向流动速度和流层厚度。一般来说，处理细粒矿石的螺距要比处理粗粒矿石的大些。工业生产中使用的设备的螺距与直径之比 (h/D) 为 0.4~0.8。

(3) 螺旋槽横断面形状。用于处理 0.2~2mm 矿石的螺旋选矿机，螺旋槽的内表面常采用长轴与短轴之比为 2:1~4:1 的椭圆形，给矿粒度粗时用小比值，给矿粒度细时用大比值。用于处理 0.2mm 以下矿石的螺旋溜槽的螺旋槽内表面常呈立方抛物线形，由于槽底的形状比较平缓，分选带比较宽，所以有利于细粒级矿石的分选。

(4) 螺旋槽圈数。处理易选矿石时，螺旋槽仅需要 4 圈；而处理难选或微细粒级矿石时，可增加到 5 或 6 圈。

影响螺旋选矿机和螺旋溜槽选别指标的操作因素主要有：

(1) 给矿浓度和给矿量。采用螺旋选矿机处理 0.2~2mm 的矿石时，适宜的给矿浓度范围为 10%~35%（固体质量分数）；采用螺旋溜槽处理 -0.2mm 粒级的矿石时，粗选作业的适宜给矿浓度为 30%~40%，精选作业的适宜给矿浓度为 40%~60%。当给矿浓度适宜时，给矿量在较宽的范围内波动对选别指标均无显著影响。

(2) 冲洗水量。采用螺旋选矿机处理 0.2~2mm 的矿石时，常在螺旋槽的内缘喷冲洗水以提高高密度产物的质量，而对回收率又没有明显的影响。1 台四头螺旋选矿机的耗水量为 0.2~0.8L/s。在螺旋溜槽中一般不加冲洗水。

(3) 产物排出方式。螺旋选矿机通过螺旋槽内侧的开孔排出高密度产物，在螺旋槽的末端排出中间产物和低密度产物；螺旋溜槽的分选产物均在螺旋槽的末端排出。

(4) 给矿性质。给矿性质主要包括给矿粒度、给矿中低密度矿物和高密度矿物的密度差、颗粒形状及给矿中高密度矿物的含量等。工业型螺旋选矿机的给矿粒度一般为 -2mm，回收粒度下限约为 0.04mm；螺旋溜槽的适宜分选粒度范围通常为 0.02~0.3mm。

4.5.4 离心选矿机

图 4-54 是 SLon 离心选矿机的结构图，其主要工作部件为一截锥形转鼓，借锥形底盘固定在回转轴上，由电动机带动旋转。矿浆沿切线方向给到转鼓内后，随即贴附在转动的鼓壁上，随之一起转动。因液流在转鼓面上有滞后流动，同时在离心惯性力及鼓壁坡面作用下还向排料的大直径端流动，于是在空间构成一种不等螺距的螺旋线运动。

矿浆在沿鼓壁运动的过程中，其中的矿物颗粒发生分层，高密度颗粒在鼓壁上形成沉积层，低密度颗粒则随矿浆流一起通过底盘的间隙排出。当高密度颗粒沉积到一定厚度

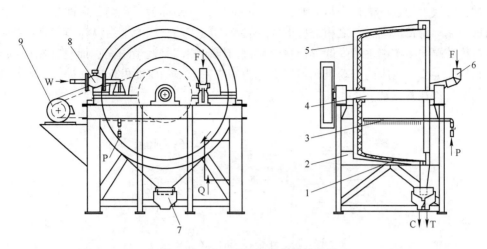

图 4-54　SLon 离心选矿机的结构图

1—离心转鼓；2—机架；3—漂洗水装置；4—转鼓主轴；5—防护机罩；6—给矿装置；

7—分矿装置；8—精矿冲洗水装置；9—电动机

F—给矿；C—精矿；T—尾矿；W—精矿冲洗水；P—漂洗水；Q—动作气源

时，停止给矿，用精矿冲洗水冲洗下沉积的高密度产物。

离心选矿机的分选过程是间断进行的，但给矿、冲水以及产物的间断排出都自动地进行。在排矿口下方设有分矿装置，将精矿和尾矿分时段排到精矿槽和尾矿槽中。

影响离心选矿机分选指标的因素同样可分为结构因素和操作因素两个方面。但不同的是，操作因素的影响情况与设备的结构参数相关。

在这里，结构因素主要包括转鼓的直径、长度及半锥角。增大转鼓直径，可以使设备的生产能力成正比增加。而增大转鼓长度，则可以使设备的生产能力有更大幅度的提高，但遗憾的是回收粒度下限也将随之上升。增大转鼓的半锥角，可以提高高密度产物的质量，但回收率将相应降低。为了解决这一矛盾，又先后研制出双锥度、三锥度乃至四锥度的离心选矿机。

离心选矿机的操作因素主要包括给矿浓度、给矿体积、转鼓转速、给矿时间及分选周期。当不同规格的离心选矿机处理同一种物料时，单位鼓壁面积的给矿体积应大致相等，而给矿浓度则应随着转鼓长度的增大而增加；当用相同的设备处理不同的物料时，给矿浓度和体积的影响与其他溜槽类设备相同。转鼓的转速大致与转鼓直径和长度乘积的平方根成反比。在一定的范围内增大转速可以提高回收率，但由于分层效果不佳而使得到的高密度产物的质量相应降低。

离心选矿机的主要优点是：处理能力大，回收粒度下限低，工作稳定，便于操作；但它的富集比不高。

4.6 摇 床 分 选

平面摇床的基本结构如图 4-55 所示，它由床面、机架和传动机构 3 个基本部分构成。平面摇床的床面近似呈矩形或菱形，横向有 0.5°~5° 的倾斜，在倾斜的上方设有给矿槽和给水槽，习惯上把这一侧称为给矿侧，与之相对应的一侧称为尾矿侧；床面与传动机构连接的那一端称为传动端，与之相对应的那一端称为精矿端。床面上沿纵向布置有床条，其高度自传动端向精矿端逐渐降低，但自给矿侧向尾矿侧却是逐渐增高，而且在精矿端沿 1 或 2 条斜线尖灭。摇床的传动机构习惯上称为床头，它推动床面做低速前进、急停和快速返回的不对称往复运动。

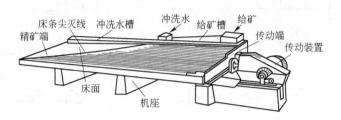

图 4-55　平面摇床的基本结构

用摇床分选密度较大的矿石时，有效选别粒度范围为 0.02~3mm；分选煤炭等密度较小的物料时，给料粒度上限可达 10mm。摇床的突出优点是：分选精确度高，富集比高（最大可达 300 左右）；其主要缺点是：占地面积大，处理能力低。

4.6.1　摇床的分选原理

物料在摇床面上的分选主要包括松散分层和搬运分带两个基本阶段。

4.6.1.1　颗粒在床条沟中的松散分层

在摇床面上，促使固体物料松散的因素基本上有两种：其一是横向水流的流体动力松散；其二是床面往复运动的剪切松散。水流沿床面横向流动时，每越过一个床条就产生一次水跃（见图 4-56），由此产生的旋涡推动上部颗粒松散，它的作用类似于在上升水流中悬浮物料，细小的颗粒即被水流带走。所以当给矿粒度很细时，即应减弱这种水跃现象。

上述旋涡的作用深度一般是很有限的，所以大部分下层颗粒的松散是借助于床面差动运动实现的。由于紧贴床面的颗粒和水流接近同床面一起运动，而上层颗粒和水流则因自身的惯性而滞后于下层颗粒和水流，所以产生了层间速度差，导致颗粒在层间发生翻滚、挤压、扩展，从而使物料层的松散度增大（见图 4-57）。这种松散机理类似于拜格诺提出的惯性剪切作用，但因剪切运动不是连续发生的，所以不能使物料充分悬浮起来，只是扩大了颗粒之间的间隙，使之有了发生相对转移的可能。

图 4-56　在床条间产生的水跃现象和旋涡
α—摇床面的横向倾角

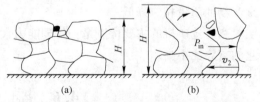

图 4-57　借助于层间速度差松散床层的示意图
（a）床层静止时；（b）床层相对运动时
P_{in}—颗粒惯性力；v_2—下层颗粒的纵向运动速度

在这种特有的松散条件下，物料的分层几乎不受流体动力作用的干扰，近似按颗粒在介质中的有效密度差进行。其结果是高密度颗粒分布在下层，低密度颗粒被排挤到上层。同时，由于颗粒在转移过程中受到的阻力主要是物料层的机械阻力，同一密度的细小颗粒比较容易穿过变化中的颗粒间隙进入底层。这种分层即是前述的析离分层，分层后颗粒在床条沟中的分布情况如图4-58所示。

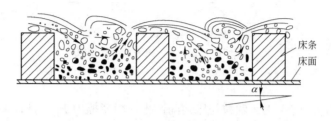

图 4-58　物料在床条沟中的分层示意图

4.6.1.2　颗粒在床面上的搬运分带

颗粒在床面上的运动包括横向运动和纵向运动，前者是在给矿水、冲洗水以及重力的作用下产生的，而后者则是在床面差动运动作用下产生的。

A　颗粒在床面上的横向运动

颗粒在床面上的横向运动速度，可以说是水流冲洗作用和重力分力构成的推动力与床条产生的阻碍保护作用所共同产生的综合效果。因为非常微细的颗粒悬浮在水流表面，所以首先被横向水流冲走，接着便是分层后位于上层的低密度粗颗粒；随着向精矿端推进，床条的高度逐渐降低，因而使低密度细颗粒和高密度粗颗粒依次暴露到床条的高度以上，并相继被横向水流冲走；直到到达床条的末端，分层后位于最底部的高密度细颗粒才被横向水流冲走。因此，不同性质的颗粒在摇床面上沿横向运动速度的大小顺序是：非常微细的颗粒最大，其次是低密度的粗颗粒、低密度的细颗粒、高密度的粗颗粒，最后才是高密度的细颗粒。这种运动的结果是沿着床面的纵向，床层内物料的高密度组分含量不断提高，因而是一精选过程，床条高度的降低对提高高密度产物的质量有着重要作用。在横向上由于床条的高度逐渐升高，可以阻留偶尔被水流冲下的高密度颗粒，所以是一扫选过程。

在精矿端一般都有一个没有床条的三角形光滑平面区，在这里依靠颗粒在水流冲洗作用下的运动速度差，进一步脱除混杂在其中的低密度颗粒，使高密度产物的质量再次得到提高，所以这一区域常被称为精选带。

B　颗粒在床面上的纵向运动

颗粒在床面上的纵向运动是由床面的差动运动引起的。当床面做变速运动时，在静摩擦力作用下随床面一起运动的颗粒即产生一惯性力。随着床面运动加速度的增加，颗粒的惯性力也不断增大，直到颗粒的惯性力超过它与床面之间的最大静摩擦力时，颗粒即同床面发生相对运动。如图4-59所示，假定床面的瞬时加速度和瞬时速度分别为 a_x 和 v_x，位于床面上的某一密度为 ρ_1、体积为 V 的颗粒以有效重力 G_0 作用于床面上，则在床面加速度 a_x 的影响下，颗粒产生的惯性力 P_{in} 为：

$$P_{in}=V\rho_1 a_x \tag{4-100}$$

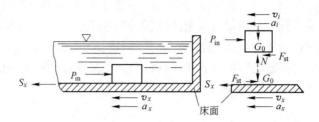

图 4-59　颗粒在床面上的受力分析

v_i—颗粒的运动速度；a_i—颗粒的运动加速度；

S_x—颗粒在床面上的运动距离；N—流体对颗粒的向上推力

由于有效重力 G_0 的作用，颗粒与床面间产生一静摩擦力 F_{st}，从而使颗粒随床面一起做变速运动，其加速度与床面的加速度方向一致，静摩擦力的最大值为：

$$F_{st,max} = V(\rho_1 - \rho)g f_{st} \tag{4-101}$$

式中　ρ_1，ρ——分别为颗粒和介质的密度，kg/m^3；

f_{st}——颗粒与床面的静摩擦系数。

如果 $F_{st,max} > P_{in}$，则颗粒具有与床面相同的运动速度和加速度，两者之间不发生相对运动；反之，如果 $F_{st,max} < P_{in}$，则摩擦力使颗粒产生的加速度将小于床面的运动加速度，所以颗粒即沿着床面加速度的相反方向同床面发生相对运动。因为对于特定的颗粒摩擦力也为一定值，所以颗粒能否与床面发生相对运动仅取决于床面的运动加速度。某一颗粒相对于床面刚要发生相对运动时，床面的加速度称为该颗粒的临界加速度，记为 a_{cr}，根据这一定义有：

$$V\rho_1 a_{cr} = V(\rho_1 - \rho)g f_{st}$$

由上式得：

$$a_{cr} = (\rho_1 - \rho)g f_{st}/\rho_1 \tag{4-102}$$

颗粒一旦开始同床面发生相对运动，静摩擦系数 f_{st} 即转变为动摩擦系数 f_{dy}，作用在颗粒上的静摩擦力 F_{st} 也相应地变为动摩擦力 F_{dy}。颗粒在 F_{dy} 作用下产生的加速度 a_{dy} 为：

$$a_{dy} = (\rho_1 - \rho)g f_{dy}/\rho_1 \tag{4-103}$$

因为 $f_{st} > f_{dy}$，所以当床面的加速度达到或超过 a_{cr} 以后，颗粒运动的加速度要小于床面的加速度，从而使得颗粒与床面间出现了速度差。

由于摇床面运动的正向加速度（方向为从传动端指向精矿端）小于负向加速度，颗粒在床面的差动运动作用下，朝着精矿端产生间歇性运动。

另外，由于流体黏性的作用，床面上的流层间在床面的振动方向上存在着速度梯度，紧贴床面的那一层与床面一起运动，而离开床面以后液流的运动速度逐渐下降。分层后位于下层的高密度颗粒因与床面直接接触，所以向前移动的平均速度较大，而上层低密度颗粒向前移动的平均速度则较小，所以不同性质的颗粒沿床面纵向运动速度的大小顺序是：高密度细颗粒最大，其次是高密度粗颗粒、低密度细颗粒、低密度粗颗粒，纵向运动速度最小的是悬浮在水流表面的非常微细的颗粒。

颗粒在摇床面上的最终运动速度即是上述横向运动速度与纵向运动速度的矢量和。颗粒运动方向与床面纵轴的夹角 β 称为颗粒的偏离角。设颗粒沿床面纵向的平均运动速度为 v_{ix}，沿床面横向的平均运动速度为 v_{iy}，则：

$$\tan\beta = v_{iy}/v_{ix} \tag{4-104}$$

由此可见，颗粒的横向运动速度越大，其偏离角则越大，它就越偏向尾矿侧移动；而颗粒的纵向运动速度越大，其偏离角则越小，它就越偏向精矿端移动。由前两部分的分析结论可知，除了呈悬浮状态的极微细颗粒以外，低密度粗颗粒的偏离角最大，高密度细颗粒的偏离角最小，低密度细颗粒和高密度粗颗粒的偏离角则介于两者之间（见图4-60），这样便形成了颗粒在摇床面上的扇形分带（见图4-61）。

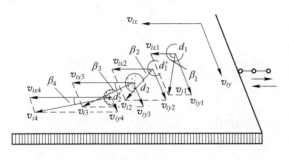

图 4-60　不同密度的颗粒在床面上的偏离角

d_1, d_1'—低密度粗颗粒和细颗粒；d_2, d_2'—高密度粗颗粒和细颗粒；v_{ix}, v_{iy}, v_i—颗粒的纵向、横向和合速度；β—颗粒的偏离角

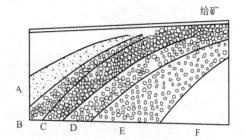

图 4-61　颗粒在床面上的扇形分带示意图

A—高密度产物；B~D—中间产物；E—低密度产物；F—溢流和细泥

颗粒的扇形分带越宽，分选的精确性就越高。而分带的宽窄又取决于不同性质颗粒沿床面纵向和横向上的运动速度差，因此，所有影响颗粒两种运动速度的因素都能对摇床的选别指标产生一定程度的影响。

4.6.2　摇床的类型

摇床按照机械结构，又可分为6-S摇床、云锡式摇床、弹簧摇床等。

4.6.2.1　6-S摇床

6-S摇床的结构如图4-62所示，它的床头是如图4-63所示的偏心连杆式。电动机通过皮带轮带动偏心轴转动，从而带动偏心轴上的摇动杆上下运动，摇动杆两侧的肘板即相应做上下摆动。前肘板的轴承座是固定的，而后肘板的轴承座则支承在弹簧上。当肘板下降时，后肘板座即压迫弹簧向后移动，从而通过往复杆带动床面后退；当肘板向上摆动时，弹簧伸长，保持肘板与肘板座不脱离，并推动床面前进。

床面向前运动期间，两肘板的夹角由大变小，所以床面的运动速度是由慢变快；反之，在床面后退时，床面的运动速度则是由快变慢，于是即形成了急回运动。固定肘板座又称为滑块，通过手轮可使滑块在84mm范围内上下移动，以此来调节摇床的冲程。调节床面的冲次则需要更换不同直径的皮带轮。

6-S摇床的床面采用4个板形摇杆支承，这种支承方式的摇动阻力小，而且床面还会有稍许的起伏振动，这一点对物料在床面上的松散更有利。但它同时也将引起水流波动，因而不适合处理微细粒级物料。6-S摇床的床面外形呈直角梯形，从传动端到精矿端有1°~2°的上升斜坡。

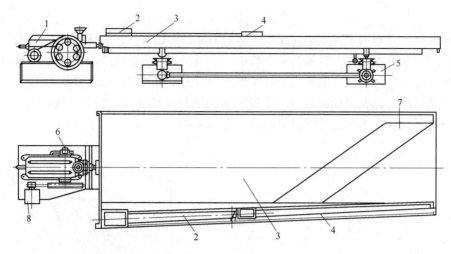

图 4-62　6-S 摇床的结构

1—床头；2—给矿槽；3—床面；4—给水槽；5—调坡机构；6—润滑系统；7—床条；8—电动机

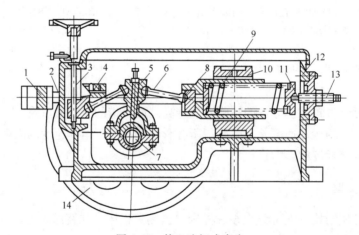

图 4-63　偏心连杆式床头

1—联动座；2—往复杆；3—调节丝杆；4—调节滑块；5—摇动杆；6—肘板；7—偏心轴；8—肘板座；
9—弹簧；10—轴承座；11—后轴；12—箱体；13—调节螺栓；14—大皮带轮

6-S 摇床的优点是：冲程调节范围大，松散力强，最适合分选 0.5~2mm 的矿石；冲程容易调节，且调坡时仍能保持运转平稳。这种设备的主要缺点是床头结构比较复杂，易损零件多。

4.6.2.2　云锡式摇床

云锡式摇床的结构如图 4-64 所示，其床头结构是如图 4-65 所示的凸轮杠杆式。在偏心轴上套一滚轮，当偏心轮向下偏离旋转中心时，便压迫摇动支臂（台板）向下运动，再通过连接杆（卡子）将运动传给曲拐杠杆（摇臂），随之通过拉杆带动床面向后运动，此时位于床面下面的弹簧被压缩。随着偏心轮的转动，弹簧伸长，保持摇动支臂与偏心轮紧密接触，并推动床面向前运动。云锡式摇床的冲程可通过改变滑动头在曲拐杠杆上的位置来调节。

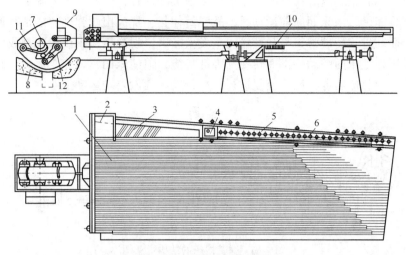

图 4-64　云锡式摇床的结构

1—床面；2—给矿斗；3—给矿槽；4—给水斗；5—给水槽；6—菱形活瓣；

7—滚轮；8—机座；9—机罩；10—弹簧；11—摇动支臂；12—曲拐杠杆

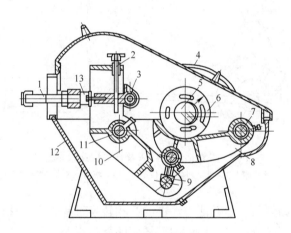

图 4-65　凸轮杠杆式床头

1—拉杆；2—调节丝杠；3—滑动头；4—大皮带轮；5—偏心轴；6—滚轮；7—台板偏心轴；

8—摇动支臂（台板）；9—连接杆（卡子）；10—曲拐杠杆；11—摇臂轴；12—机罩；13—连接叉

　　云锡式摇床采用滑动支承，在床面四角下方安置 4 个半圆形滑块，放置在凹形槽支座上，床面在支座上往复滑动，因此运动平稳。

　　云锡式摇床的床面外形和尺寸与 6-S 摇床的相同，上面也钉有床条，所不同的是其床面沿纵向连续有几个坡度。

4.6.2.3　弹簧摇床

　　弹簧摇床的突出特点是借助于软、硬弹簧的作用造成床面的差动运动，其整体结构如图 4-66 所示。弹簧摇床的床头由偏心惯性轮和差动装置两部分组成（见图 4-67）。偏心轮直接悬挂在电动机上，拉杆的一端套在偏心轮的偏心轴上，另一端则与床面绞连在一起。当电动机转动时，偏心轮即以其离心惯性力带动床面运动。然而，由于床面及其负荷的质量很大，仅靠偏心轮的离心惯性力不足以产生很大的冲程，因此，另外附加了软、硬弹簧以储存一部分能量。当床面向前运动时，软弹簧伸长，释放出的弹性势能帮助偏心轮的离心力推动床面前进，使硬弹簧与弹簧箱内壁发生撞击。硬弹簧多由硬橡胶制成，其刚性较大，一旦受压即把床面的动能迅速转变为弹性势能，迫使床面立即停止运动。此后硬弹簧伸长，推动床面急速后退，如此反复进行，即带动床面做差动运动。

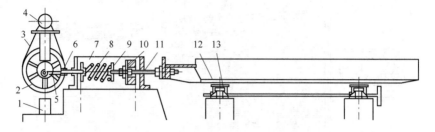

图 4-66　弹簧摇床的结构示意图

1—电动机支架；2—偏心轮；3—三角皮带；4—电动机；5—摇杆；6—手轮；7—弹簧箱；
8—软弹簧；9—软弹簧帽；10—橡胶硬弹簧；11—拉杆；12—床面；13—支承调坡装置

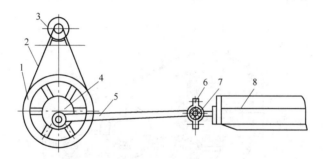

图 4-67　弹簧摇床的床头及其柔性连接示意图

1—皮带轮；2—三角皮带；3—电动机；4—偏心轮；5—摇杆；6—卡弧；7—胶环；8—床面

弹簧交替地压缩和伸长，是动能与势能的互相转换过程。在摇床的运转中，只需要补偿因摩擦等消耗掉的那部分能量，因此弹簧摇床的能耗很小。

对于弹簧摇床，根据实践经验总结出偏心轮质量 $m(\text{kg})$ 及偏心距 $r(\text{mm})$ 与冲程 s（mm）之间的关系为：

$$mr = 0.17Qs \tag{4-105}$$

式中　Q——床面及负荷的质量，kg。

由式(4-105)可见，改变 m 或 r 均能改变冲程 s，但这需要更换偏心轮或在它上面加偏重物。为了简化冲程的调节，在弹簧箱上安装了一个手轮，当转动手轮使软弹簧压紧时，它储存的能量增加，即可使冲程增大，只是用这种方法可以调节的范围很有限。

弹簧摇床的床面支承方式和调坡方法与云锡式摇床的相同。弹簧摇床床面的床条通常采用刻槽法形成，槽的断面为三角形。弹簧摇床的正、负向运动的加速度差值较大，可有效地推动微细颗粒沿床面向前运动，所以适合处理微细粒级物料。这种摇床的最大优点是造价低廉，仅为 6-S 摇床的 1/2，且床头结构简单，便于维修；其缺点是冲程会随给矿量而变化，当负荷过大时床面会自动停止运动。

4.6.3 摇床分选的影响因素

摇床分选指标的影响因素主要包括床面构成、冲程、冲次、冲洗水、床面横向坡度、入选矿石性质、给矿速度等。

为了配置方便，生产中将摇床的床面制成左式和右式两种。站在传动端向精矿端看，给矿侧在左手者为左式，在右手者即为右式。床面的几何形状有矩形、梯形和菱形3种。矩形床面的有效利用面积小；菱形床面的有效利用面积大，但配置不便，因此我国目前多采用梯形床面，其规格为（1500~1800）mm×4500mm，面积约为 7.5m²。为了防止床面漏水，提高其耐磨性，并使之有一定的粗糙度，常常在床面上设置铺面。常用的铺面材料包括橡胶、聚胺橡胶、玻璃钢、铅板及聚氯乙烯等。

冲程 s 和冲次 n 决定着床面运动的速度和加速度，原则上，速度与 ns 成正比，而加速度与 n^2s 成正比。用于分选粗粒物料的摇床采用大冲程、小冲次，以利于物料运输；用于分选细粒物料的摇床则采用小冲程、大冲次，以加强振动松散。

冲洗水由给矿水和洗涤水两部分组成，其大小和床面的横坡共同决定着颗粒在床面上的横向运动速度。当增大横坡时颗粒的下滑作用力增强，因而可减少用水量，即"大坡小水"或"小坡大水"可以使颗粒有相同的横向运动速度。增大冲洗水量对底层颗粒的运动速度影响较小，有助于物料在床面上展开分带，但水耗增加。增大床面横坡，分带变窄，但水耗可减小。一般在精选摇床上多采用小坡大水，而在粗选摇床及扫选摇床上则采用大坡小水。

为了便于选择摇床的适宜操作条件，提高分选指标，矿石在给入摇床前大都要进行水力分级。当原料中 10~20μm 的微细粒级的含量较高时，尚需进行预先脱泥。

摇床的给矿量在一定范围内变化时，对分选指标的影响不大。但总的来说，摇床的生产能力很低，且随处理原料粒度及对产品质量要求的不同而变化很大。处理粗粒物料的摇床，其单台处理能力一般为 1.5~2.5t/h；处理细粒物料的摇床，其单台处理能力一般为 0.2~0.5t/h。

复习思考题

4-1 试计算 1mm 的球形石英颗粒（密度为 2650kg/m³）和黑钨矿颗粒（密度为 7200kg/m³）在常温水和空气中的自由沉降末速。

4-2 用沉降水析法对 −0.074mm+0mm 粒级的石英（颗粒呈球形、密度为 2650kg/m³）原料进行水析，如沉降高度为 120mm，试计算 −0.074mm+0.038mm、−0.038mm+0.020mm、−0.020mm+0.010mm 粒级的最大沉降时间。

4-3 常用的重介质分选设备有哪些，各有什么特点？

4-4 在跳汰过程中矿物颗粒是如何实现分层的？跳汰机有哪些主要类型，各有什么特点？

4-5 常用的溜槽类分选设备有哪几种，其工作原理如何，分别适用于什么场合？

4-6 矿物颗粒是如何在摇床床面上实现分选的？为什么说摇床最适合处理水力分级作业的产物？

4-7 摇床床面的横坡和床条在矿石分选过程中各有什么作用？

4-8 在工业生产中常用的摇床主要有哪些，它们各有什么特点，影响其分选过程的主要因素有哪些？

5 浮 选

浮选是以各种颗粒或粒子表面的物理、化学性质的差别为基础，在气-液-固三相流体中进行分离的技术。首先使希望上浮的颗粒表面疏水，并与气泡（运载工具）一起在水中悬浮、弥散并相互作用，最终形成泡沫层，排出泡沫产品（疏水性产物）和槽中产品（亲水性产物），完成分离过程。

浮选是继重选之后，由全油浮选、表层浮选发展起来的。自20世纪初在澳大利亚采用比较原始的泡沫浮选以来，特别是近40年，浮选取得了长足的进展。目前浮选已成为应用最广泛、最有前途的分离方法，不仅广泛用于选别含铜、铅、锌、钼、铁、锰等的金属矿物，也用于选别石墨、重晶石、萤石、磷灰石等非金属矿物；在冶金工业中，浮选用于分离冶金中间产品或炉渣，从工厂排放的废水中回收有价金属；浮选方法还用于工业、油田等生产废水的净化，从造纸废液中回收纤维，在废纸再生过程中脱除油墨，回收肥皂厂的油脂，分选染料等；在食品工业中，应用浮选方法从黑麦中分出角麦、从牛奶中分选奶酪；此外，浮选方法还用于从水中脱除寄生虫卵、分离结核杆菌和大肠杆菌等。

5.1 浮选理论基础

5.1.1 固体表面的润湿性及可浮性

5.1.1.1 润湿现象

在浮选过程中，矿物颗粒表面的润湿性是指固体表面与水相互作用这一界面现象的强弱程度。颗粒表面润湿性及其调节是浮选过程的核心问题。

被水润湿的程度是物料（矿物、煤炭）可浮性好坏的最直观标志。例如，往干净的玻璃板上滴1滴水，它会很快地沿玻璃板表面展开，成为平面凸镜的形状；若往石蜡上滴1滴水，它将力图保持球形，因重力作用使水滴在石蜡表面形成一椭球形水珠而不展开。上述现象表明，玻璃易被水润湿，是亲水物质；而石蜡则不能被水润湿，是疏水物质。

图5-1所示为水滴和气泡在不同固体表面的润湿现象。图中固体的上表面是空气中的水滴在固体表面的铺展形式，从左至右随着固体亲水程度的减弱，水滴越来越难以铺展开而呈球形；图中固体的下表面是水中的气泡在固体表面附着的情况，气泡的状态正好与水滴的形状相反，则从右至左随着固体表面亲水性的增强，气泡变为球形。

润湿作用涉及气、液、固3相，且其中至少有两相是流体。一般来说，润湿过程是液体取代固体表面上气体的过程。至于能否取代，则由各种固体表面的润湿性来决定。浮选就是利用各种矿物表面润湿性的差异而进行的。

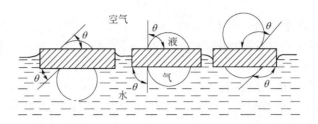

图 5-1　水滴和气泡在不同固体表面的润湿现象

5.1.1.2　润湿性的度量

在实践中，通常用接触角大小来度量矿物表面的
润湿性强弱（矿物表面的亲水或疏水程度）。当气泡
在矿物表面附着（或水滴附着于固体表面）时，一般
认为其接触处是三相接触，并将这条接触线称为"三
相润湿周边"。在接触过程中，润湿周边是可以移动
的，或者变大，或者缩小。当变化停止时，表明该周
边的三相界面的自由能（以界面张力表示）已达到平
衡，在此条件下，在润湿周边上任意一点处，液−气

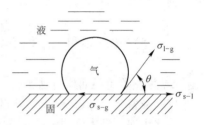

图 5-2　固体表面与气泡
接触平衡示意图

界面切线与固−液界面切线之间的夹角称为平衡接触角，简称接触角（见图 5-2），用 θ
表示。

在图 5-2 中，当固−液−气三相界面张力平衡时，有如下关系式：

$$\sigma_{s-g} = \sigma_{s-l} + \sigma_{l-g}\cos\theta \tag{5-1}$$

式(5-1)是著名的杨氏（Yong）方程式，由此解出：

$$\cos\theta = (\sigma_{s-g} - \sigma_{s-l}) / \sigma_{l-g} \tag{5-2}$$

式(5-2)是润湿的基本方程，也称为润湿方程。它表明平衡接触角 θ 是三相界面自由
能（表面张力）的函数，它不仅与固体表面性质有关，也与气−液界面的性质有关。$\cos\theta$
称为矿物表面的"润湿性"，通过测定接触角，可以对矿物的润湿性和可浮性做出大致的
评价。显然，亲水性矿物的接触角小，比较难浮；而疏水性矿物的接触角大，比较易浮。
表 5-1 列出了几种常见矿物的接触角测定值。

表 5-1　几种常见矿物的接触角测定值

矿物名称	自然硫	滑石	辉钼矿	方铅矿	闪锌矿	萤石	黄铁矿	重晶石	方解石	石灰石	石英	云母
$\theta/(°)$	78	64	60	47	46	41	30	30	20	0~10	0~4	约0

5.1.1.3　黏着功

浮选涉及的基本现象是颗粒黏着在气泡上并被携带上浮，在浮选过程中颗粒与气泡不
断接触，当两者之间发生黏着时，可用黏着功（W_{s-g}）来衡量它们黏着的牢固程度，当
然也可用体系自由能的减少量来衡量黏着的牢固程度。

若将浮选体系看作是一个等温、等压体系，颗粒与气泡黏着前体系的自由能记为 G_1，
则有：

$$G_1 = S_{s-1}\sigma_{s-1} + S_{1-g}\sigma_{1-g} \tag{5-3}$$

式中　S_{s-1}——颗粒在水中的表面积；

　　　S_{1-g}——气泡在水中的表面积；

　　　σ_{s-1}——固-液界面上的表面张力；

　　　σ_{1-g}——液-气界面上的表面张力。

当颗粒与气泡黏着单位面积（$S_{s-g}=1$）时，假定黏着后气泡仍保持球形不变，则颗粒与气泡黏着后的体系自由能 G_2 为：

$$G_2 = (S_{s-1}-1)\sigma_{s-1} + (S_{1-g}-1)\sigma_{1-g} + \sigma_{s-g} \tag{5-4}$$

黏着前后体系的自由能变化量 ΔG 为：

$$-\Delta G = G_1 - G_2 = \sigma_{s-1} + \sigma_{1-g} - \sigma_{s-g} = W_{s-g} \tag{5-5}$$

式（5-5）中的 σ_{s-1} 和 σ_{s-g} 目前尚不能直接测定，为此将式（5-2）代入式（5-5）并整理得：

$$W_{s-g} = -\Delta G = \sigma_{1-g}(1-\cos\theta) \tag{5-6}$$

ΔG 为黏着单位面积时黏着前后体系自由能的变化，它表征矿物颗粒与气泡黏着的牢固程度，故常将 $1-\cos\theta$ 称为矿物的可浮性。它表明了自由能变化与平衡接触角的关系。上述各式中 σ_{1-g} 的数值与液体的表面张力相同（例如，水的表面张力为 0.072N/m），可以通过试验测定，于是 W_{s-g} 可以通过计算求出。

当矿物颗粒完全亲水时，$\theta=0°$，润湿性 $\cos\theta=1$，可浮性 $1-\cos\theta=0$。此时颗粒不会黏着在气泡上而上浮，因为自由能不变化，黏着功 W_{s-g} 为零。

当矿物颗粒疏水性增加时，接触角增大，润湿性（$\cos\theta$）减小，则可浮性（$1-\cos\theta$）增大，此时 W_{s-g} 也增大，体系自由能降低。根据热力学第二定律，该过程具有自发进行的趋势，因此，越是疏水的矿物颗粒，自发地黏着于气泡而上浮的趋势就越大。疏水性颗粒能黏着于气泡，而亲水性颗粒不能黏着于气泡，因而可以将它们分开，这就是浮选的基本原理。

5.1.2　两相界面的双电层

矿物颗粒在水溶液中受水偶极子及溶质的作用，表面会带一种电荷。颗粒表面电荷的存在将影响溶液中离子的分布，带相反电荷的离子被吸引到表面附近，带相同电荷的离子则被排斥到离表面较远的地方，从而在固-液界面附近区域产生电位差，但整个体系仍呈电中性。这种在界面两边分布的异号电荷的两层体系，称为双电层。浮选理论研究和生产实践都表明，在某些情况下，矿物颗粒表面电荷的符号（正、负）及数值大小对其可浮性具有决定性的影响。所以研究界面电现象，特别是研究固-液界面的电现象，在浮选理论研究中有着非常重要的意义。

5.1.2.1　固-液界面荷电的起因

在水溶液中矿物颗粒表面荷电的原因主要有以下几个方面。

A　矿物颗粒表面组分的选择性解离或溶解

离子型矿物在水介质中进行磨矿时，由于新断裂表面上的正、负离子的表面结合能及受水偶极子的作用力（水化）不同，会发生非等物质的量的转移，有的离子会从颗粒表面选择性地优先解离或溶解而进入液相，结果使表面荷电。若阳离子的溶解能力比阴离子的大，则矿物颗粒表面荷负电；反之，矿物表面则荷正电。阴、阳离子的溶解能力差别越大，颗粒表面荷电就越多。

对于颗粒表面上阳离子和阴离子呈相等分布的离子型矿物，如果阴、阳离子的表面结合能相等，则其表面电荷的符号取决于气态离子的水化自由能的大小。例如，对于碘银矿（AgI），气态 Ag^+ 的水化自由能为 $-441kJ/mol$，气态 I^- 的水化自由能为 $-279kJ/mol$，因此 Ag^+ 优先进入水中，所以在水中碘银矿的表面荷负电；相反，对于钾盐矿（KCl），气态 K^+ 的水化自由能为 $-298kJ/mol$，Cl^- 的水化自由能为 $-347kJ/mol$，因而 Cl^- 将优先溶入水中，所以在水中钾盐矿的表面荷正电。

B 矿物颗粒表面对溶液中阴离子和阳离子的不等量吸附

矿物颗粒表面对水溶液中阴、阳离子的吸附往往也是非等量的，当带某种电荷的离子在矿物颗粒表面吸附偏多时，即可引起矿物表面荷电。可见，固-液界面的荷电状态与溶液中的离子组成密切相关。例如白钨矿，在自然饱和溶液中，因表面的钨酸根离子（WO_4^{2-}）较多而呈现荷负电状态。如向溶液中添加 Ca^{2+}，因白钨矿颗粒表面会吸附较多的 Ca^{2+}，从而导致其表面呈现荷正电状态。

矿物表面吸附离子可以认为是由带有电价性的残余价键力所致。但在许多情况下，某种离子也会优先在中性表面吸附，这是由于范德华力的作用所致，并称为特性吸附，它与离子的极化力和颗粒表面原子的极化度（极化变形性）有关。

特性吸附及在中性不荷电的矿物表面形成双电层，其重要意义在于，能较圆满地解释颗粒表面电荷的变化以及出现热力学电位和动电电位符号不同等现象。

C 矿物颗粒表面生成两性羟基化合物的电离和吸引 H^+ 或 OH^-

这种荷电原因的典型实例是矿浆中某些难溶、极性氧化物矿物（如石英等），经破碎、磨矿后与水作用，在界面上生成含羟基的两性化合物，这时矿物表面的电性是由两性化合物的电离和吸附 H^+ 或 OH^- 引起的。

石英表面的荷电机理为：石英在破碎、磨碎过程中，因晶体内无脆弱交界面层，所以必须沿着 Si—O 键断裂，即：

这表明，经过破碎、磨碎后的石英分别带有负电荷和正电荷。由于磨碎是在水介质中进行的，带负电荷的石英颗粒表面将吸引水中的 H^+，而带正电荷的表面则吸引水中的 OH^-（H^+ 和 OH^- 均为石英的定位离子）。在水溶液中，石英表面生成类似硅酸的表面化合物（$H_2Si_xO_y$）。

由于硅酸是一种弱酸，在水溶液中可部分电离成 $Si_xO_y^{2-}$ 或 $HSi_xO_y^-$ 和 H^+。其中 $Si_xO_y^{2-}$ 与矿物颗粒的内部原子连接牢固，因而保留在颗粒表面；而 H^+ 则转入溶液，使石英颗粒表面荷负电。由此可见，上述过程与体系的 pH 值有密切关系。处于石英颗粒表面的硅酸的电离程度将随着 pH 值的变化而变化，pH 值越高，电离越完全，石英表面负电荷的密度也越大。据测定，纯的石英在蒸馏水中，当 $pH>2\sim3.7$ 时，石英表面荷负电；当 $pH<2\sim3.7$ 时，石英表面荷正电。

D 晶格取代

黏土矿物、云母等是由铝氧八面体和硅氧四面体的层片状晶格构成的。在铝氧八面体层片中，当 Al^{3+} 被低价的 Mg^{2+} 或 Ca^{2+} 取代时，或硅氧四面体层片中的 Si^{4+} 被 Al^{3+} 取代时，都会使晶格带负电。为了维持电中性，颗粒表面就会吸附某些阳离子（如碱金属离子 Na^+ 或 K^+）。将这类矿物置于水中时，碱金属阳离子因水化而从表面进入溶液，从而使矿物表面荷负电。

5.1.2.2 双电层的结构及电位

A 双电层的结构

矿物表面荷电以后，将吸引水溶液中带相反电荷的离子，在固-液界面两侧形成双电层。在浮选过程中，固-液界面的双电层可用斯特恩（Stern）双电层模型表示（见图5-3）。

双电层结构理论将离子视为点电荷，且表面电荷为均匀分布。图5-3中的 A 层决定矿物表面总电位（ψ_0）的大小和符号，称为定位离子层或双电层内层。在固、液两相间可以自由转移并决定固相表面电荷（或电位）的、位于定位离子层内的离子，称为定位离子。根据表面荷电的起因，氧化物矿物和硅酸盐矿物的定位离子是 H^+ 和 OH^-，而离子型矿物和硫化物矿物的定位离子则是组成其晶格的同名离子。

与固体表面相联系的一层溶液荷有相反符号的电荷，起电性平衡的作用，称为配衡离子

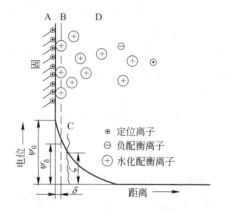

图 5-3 矿物颗粒表面的双电层示意图
A—内层（定位离子层）；B—紧密层（Stern层）；
C—滑动层；D—扩散层（Guoy层）；
ψ_0—表面总电位；ψ_δ—斯特恩层的电位；
ζ—动电位；δ—紧密层的厚度

层、反离子层或双电层外层，即图5-3中的 B 层及 D 层。在配衡离子层中，起电平衡作用的、带有相反符号电荷的离子称为配衡离子。

在正常的电解质浓度下，配衡离子因受定位离子静电引力的作用以及分子热运动的影响，在固-液界面附近呈扩散状分布，随着离开固-液界面距离的增大，配衡离子的浓度逐渐减小，直至为零。靠近固体表面的配衡离子排列比较紧密，定向也较好，称为紧密层或斯特恩（Stern）层，即图5-3中的 B 层，其厚度约等于水化配衡离子的有效半径（δ）；紧密层外侧的配衡离子排列比较松散，定向比较差，具有典型的扩散分布特点，称为扩散层或古依（Gouy）层，即图5-3中的 D 层。紧密层与扩散层的假想分界面称为紧密面或斯特恩层面，有的文献也称其为亥姆霍兹（Helmholtz）面。

B 双电层的电位

（1）表面电位（ψ_0）。表面电位是指荷电的矿物表面与溶液内部总的电位差，也就是物理化学中的热力学电位或可逆电位。对于导体或半导体矿物（如金属硫化物矿物），可将其制成电极，测出其 ψ_0，所以表面电位又称为电极电位。表面电位与定位离子浓度（活度）之间的关系服从能斯特方程，即：

$$\psi_0 = RT\ln(a_+/a_+^0)/(nF) = RT\ln(a_-/a_-^0)/(nF) \tag{5-7}$$

式中　R——摩尔气体常数，取 8.314J/(mol·K)；

　　　T——绝对温度，K；

a_+，a_-——分别为正、负定位离子的活度，当溶液很稀时等于其浓度，mol/L；

a_+^0，a_-^0——分别为表面电位为零时正、负定位离子的活度，mol/L；

　　　n——定位离子价数；

　　　F——法拉第常数，其数值为 96500C/mol。

（2）动电位（ζ）。当固、液两相在外力（电场力、机械力或重力）作用下发生相对运动时，紧密层中的配衡离子因牢固吸附在固体表面而随之一起移动，扩散层将与位于紧密层外面的滑动面（或滑移面）一起移动（见图 5-3）。此时，滑动面与溶液内部的电位差称为动电位，其值可以通过仪器直接测定。

（3）斯特恩电位（ψ_δ）。斯特恩电位是指紧密层面与溶液内部之间的电位差。

C　零电点和等电点

零电点是指当表面电位 $\psi_0 = 0$（或矿物表面阴、阳离子的电荷相等，表面净电荷为零）时，溶液中定位离子活度的负对数值，用符号 PZC（Point of Zero Charge）表示。对于氧化物矿物和硅酸盐矿物（石英、刚玉、锡石、赤铁矿、软锰矿、金红石等），H^+ 和 OH^- 是定位离子，所以当表面电位 $\psi_0 = 0$ 时，溶液的 pH 值即为这些矿物的零电点，常记为 pH_0（或 pH_{PZC}）。按照式(5-7)，在 25℃ 时代入各常数的具体数值得：

$$\psi_0 = 2.303 \times 8.314 \times 298 \times \lg([H^+]/[H_0^+])/(1 \times 96500) = 0.059(pH_{PZC} - pH) \quad (5-8)$$

对于石英，已知其 $pH_{PZC} = 1.8$，当 pH = 1.0 和 pH = 7.0 时，由式(5-8)计算出石英的表面电位分别为 47mV 和 −305mV。这表明，当 pH 值大于石英的 pH_{PZC} 值时，$\psi_0 < 0$，石英表面荷负电；当 pH 值小于石英的 pH_{PZC} 值时，$\psi_0 > 0$，石英表面荷正电。

对于离子型矿物，如白钨矿、重晶石、萤石、碘银矿、辉银矿等，一般认为定位离子就是组成晶格的同名离子，因此，计算 ψ_0 的式(5-7)可写成：

$$\psi_0 = 0.059(pM_{PZC} - pM) \quad (5-9)$$

式中　pM_{PZC}——以定位离子活度的负对数值表示的零电点，如经测定重晶石的 $pBa_{PZC} = 7$，即当 $a_{Ba^{2+}} = 10^{-7}$ 时，其表面电位为零；

　　　pM——定位离子活度的负对数值。

等电点是指矿物颗粒表面定位离子的电荷与滑移面内配衡离子的电荷相等，滑移面上的动电位 $\zeta = 0$（即双电层内处于等电状态）时，溶液中电解质浓度的负对数值，记为 PZR（Point of Zeta Reversal）。

如果双电层内配衡离子与颗粒表面定位离子之间只有静电作用力，而不存在其他特殊附加作用力（如化学键力、烃链缔合力等），即在没有特殊吸附的情况下，如果表面电位（ψ_0）等于零，则动电位（ζ）也等于零，所以这时所测得的等电点（PZR）也为零电点（PZC）。由此可见，在无特性吸附的情况下，可以用测定动电位的方法测定矿物的零电点 PZC。然而，当存在特性吸附时，PZC ≠ PZR，此时零电点可视为定值，而等电点则随所加电解质的性质以及浓度等的变化而变化。

5.1.3　矿物颗粒表面的吸附

固体或液体表面对气体或溶质的吸着现象称为吸附。矿物颗粒可以吸附矿浆中的分子、离子，吸附的结果是使其表面性质改变，使它们的可浮性得到调节。所以，研究浮选过程中矿物颗粒表面的吸附现象有着非常重要的意义。

在浮选过程中，各种矿物颗粒表面或同一矿物颗粒表面的不同部位，其物理、化学性质通常是不均匀的，矿浆中溶解的物质也往往比较复杂，致使矿物表面所发生的吸附类型是多种多样的。根据药剂解离性质、聚集状态等，可以把矿物表面的吸附分为分子吸附、离子吸附、胶粒吸附以及半胶束吸附；根据离子在双电层内吸附的位置，可以将离子在双电层内的吸附分为定位离子吸附（或称双电层内层吸附）和配衡离子吸附（或称双电层外层吸附，又称二次交换吸附），其中配衡离子吸附还可分为紧密层吸附和扩散层吸附。

5.1.3.1　分子吸附和离子吸附

分子吸附是指矿物颗粒对溶液中溶解分子的吸附，其可进一步细分为非极性分子的吸附和极性分子的吸附两种。非极性分子的吸附主要是各种烃类油（柴油、煤油等）在非极性矿物（石墨、辉钼矿等）表面的吸附，极性分子吸附主要是水溶液中弱电解质捕收剂（如黄原酸类、羧酸类、胺类等）的分子在矿物表面的吸附。分子吸附的特征是，吸附的结果不改变固体矿物表面的电性。

浮选药剂在矿浆中多数呈离子状态存在，所以在浮选过程中，发生在矿物表面的吸附大都是离子吸附。例如，当矿浆 pH>5 时，黄药在方铅矿颗粒表面的吸附、羧酸类捕收剂在含钙矿物（萤石、方解石、白钨矿）表面的吸附以及络离子在矿物表面的吸附等都是离子吸附。

根据溶液中药剂离子的性质、浓度以及与矿物颗粒表面活性质点的作用活性等，药剂离子在矿物表面的吸附又可分为交换吸附、竞争吸附和特性吸附。

交换吸附又称一次交换吸附，是指溶液中的某种离子交换矿物表面另一种离子的吸附形式。在金属硫化物矿物的浮选过程中，金属离子活化剂在矿物表面的吸附一般都是交换吸附。

竞争吸附是当溶液中存在多种离子时，由于离子浓度的不同以及它们与矿物表面作用活性的差异，将按先后顺序发生交换吸附。例如，用胺类捕收剂（RNH_3^+）浮选石英时，矿浆中存在的 Ba^{2+}、Na^+ 等阳离子也可在荷负电的石英表面吸附；特别是当 RNH_3^+ 的浓度较低时，由于 Ba^{2+} 或 Na^+ 的竞争吸附而常常会抑制石英的浮选。

特性吸附又称专属性吸附。当矿物表面与溶液中的某种药剂离子相互作用时，它们之间除了静电吸附外还存在特殊的亲和力（如范德华力、氢键力，甚至还有一定化学键力），这种吸附即称为特性吸附。离子特性吸附主要发生在双电层内的紧密层，吸附作用具有较强的选择性，并可使双电层外层产生过充电现象，改变动电位（ζ）的符号。例如，刚玉（Al_2O_3）在 Na_2SO_4 或十二烷基硫酸钠（$C_{12}H_{25}SO_4Na$）溶液中，由于 SO_4^{2-} 或 $C_{12}H_{25}SO_4^-$ 的特殊吸附，随着 Na_2SO_4 或 $C_{12}H_{25}SO_4Na$ 浓度的增加，刚玉表面的动电位逐渐减小，直至变为负值。发生特性吸附时，离子与矿物表面作用距离极近（约 1nm 内），作用力较强，可视其为从物理吸附向化学吸附过渡的一种特殊吸附形式。

5.1.3.2　胶粒吸附和半胶束吸附

胶粒吸附是指溶液中所形成的胶态物（分子或离子聚合物），借助于某种作用力吸附在固体表面。胶粒吸附可以呈化学吸附，也可以呈物理吸附。

当长烃链捕收剂的浓度足够高时，吸附在矿物颗粒表面的捕收剂由烃链间分子力的相互作用产生吸引缔合，在矿物表面形成二维空间的胶束吸附产物，这种吸附称为半胶束吸附。在低浓度时，捕收剂离子是单个的静电吸附；随着捕收剂浓度的增加，吸附的离子数目逐渐增多，在矿物颗粒表面形成半胶束，从而使电位变号；继续增加捕收剂的浓度，则形成多层吸附。产生半胶束吸附的作用力除静电力外，还有范德华力，并属于特性作用势能，它可使双电层外层产生过充电现象，改变动电位的符号，所以半胶束吸附也可视为特性吸附。

5.1.3.3 双电层内层吸附和双电层外层吸附

双电层内层吸附是指溶液中的晶格同名离子、类质同象离子或氧化物矿物和硅酸盐矿物的定位离子（如 H^+ 和 OH^-）吸附在双电层的内层，引起矿物颗粒表面电位的变化（改变数值或符号），因此又称为定位离子吸附。其基本特点是呈现单层化学吸附，不发生离子交换。

双电层外层吸附是指溶液中的配衡离子吸附在双电层的外层，吸附的结果只改变动电位的数值，而不改变动电位的符号。因为这种吸附主要是靠静电力的作用，所以与矿物表面电荷符号相反的离子均能产生这种吸附，且离子价数越高、半径越小，吸附能力就越强；与此同时，原先吸附的配衡离子也可被溶液中的其他配衡离子所交换，故这种吸附又常称为二次交换吸附。

由于待分选矿石的性质多种多样、浮选药剂的种类也比较繁多，分析浮选药剂在矿物颗粒表面的吸附时，必须同时考虑溶质、溶剂以及吸附剂三者之间的复杂关系，还要注意外界条件的变化（如温度、矿浆 pH 值等）。

5.2 浮 选 药 剂

5.2.1 浮选药剂的分类与作用

浮选药剂按用途分为捕收剂、起泡剂和调整剂三大类（见表 5-2）。捕收剂的主要作用是使目的矿物颗粒表面疏水，使其容易附着在气泡表面，从而增加其可浮性。因此，凡能选择性地作用于矿物表面并使之疏水的物质均可作为捕收剂。起泡剂是一种表面活性物质，富集在水-气界面，主要作用是促使泡沫形成，并能提高气泡在与矿物颗粒作用及上浮过程中的稳定性，保证载有矿物颗粒的气泡在矿浆表面形成的泡沫能顺利排出。调整剂的主要作用是调整其他药剂（主要是捕收剂）与矿物颗粒表面的作用，同时还可以调整矿浆的性质，提高浮选过程的选择性。

调整剂按照其具体作用，又细分为活化剂、抑制剂、介质调整剂、分散与絮凝剂 4 种。凡能促进捕收剂与矿物表面的作用，从而提高其可浮性的药剂（多为无机盐），统称为活化剂，这种作用称为活化作用。与活化剂相反，凡能削弱捕收剂与矿物表面的作用，从而降低和恶化其可浮性的药剂（各种无机盐及一些有机化合物），统称为抑制剂，这种作用称为抑制作用。介质调整剂的主要作用是调整矿浆的性质，造成对某些矿物颗粒的浮

表 5-2　常用的浮选药剂

浮选药剂类别					典型代表
捕收剂	离子型	阴离子型	硫代化合物类	黄药类	乙基黄药、丁基黄药等
				黑药类	25 号黑药、丁基胺黑药等
				硫氮类	硫氮 9 号等
				硫醇及其衍生物	苯骈噻唑硫醇
				硫脲及其衍生物	二苯硫脲（白药）
			烃基含氧酸及其皂类	羧酸及其皂类	油酸钠、氧化石蜡皂等
				烃基硫酸酯类	十六烷基硫酸盐
				烃基磺酸及其盐类	石油磺酸盐
				烃基磷酸盐	苯乙烯磷酸等
				烃基胂酸类	甲苯胂酸
				羟肟酸类	异羟肟酸钠（胺）
		阳离子型	胺类	脂肪胺类	月桂胺、十六烷基三甲基溴化铵
				醚胺类	烷氧基正丙基醚胺
			吡啶盐类		
		两性捕收剂			氨基酸类 二乙胺乙黄药
	非离子型	异极性捕收剂	硫代化合物酯类		双黄药 黄药酯类（ROCSSR） 硫逐氨基甲酸酯（硫氨酯）
		非极性捕收剂	烃类油		煤油、柴油等
起泡剂	羟基化合物类		脂环醇、萜烯醇		松醇油
			脂肪醇		MIBC、含混脂肪醇等
			酚		甲酚、木馏油
	醚及醚醇类		脂肪醚		三乙基丁烷（代号 TEB）
			醚醇		聚乙二醇单醚
	吡啶类				重吡啶
	酮类				樟脑油
调整剂	抑制剂	无机物	酸类		亚硫酸
			碱类		石灰
			盐类		氰化钾、重铬酸钾、硅酸钠等
			气体		二氧化硫等
		有机物	单宁类		烤胶、单宁
			木素类		木素磺酸钠
			淀粉类		淀粉、糊精
			其他		动物胶、羧甲基纤维素
	活化剂		酸类		硫酸等
			碱类		碳酸钠等
			盐类		硫酸铜、硫化钠、碱土金属 离子及重金属离子等
	pH 值调整剂		酸类		硫酸等
			碱类		石灰、碳酸钠等
	絮凝剂	无机物	电解质		明矾等
		有机物	纤维素类		羧甲基纤维素等
			聚丙烯酰胺等		3 号絮凝剂
			聚丙烯酸类		聚丙烯酸

选有利而对另一些矿物颗粒的浮选不利的介质性质，如调整矿浆的离子组成、改变矿浆的 pH 值、调整可溶性盐的浓度等。分散与絮凝剂是用来调整矿浆中微细粒级矿物颗粒的分散、团聚及絮凝的药剂。当微细颗粒由一些有机高分子化合物通过"桥联作用"形成一种松散和具有三维结构的絮状体时，称为絮凝，所用药剂称为絮凝剂，如聚丙烯酰胺等。当微细颗粒因一些无机电解质（如酸、碱、盐）中和了颗粒的表面电性，而在范德华力的作用下引起聚团时，称为凝聚，这些无机电解质称为凝聚剂（或凝结剂、助沉剂）。

5.2.2 捕收剂

5.2.2.1 捕收剂的结构与分类

捕收剂分子的结构中一般都包含极性基和非极性基。极性基是能使捕收剂有选择性地、比较牢固地吸附在颗粒表面的活性官能团，常称为亲固基；而非极性基（即烃基）则是捕收剂能使颗粒表面疏水的另一组成部分，常称为疏水基。由于这样的结构特点，作为捕收剂使用的一般都是异极性的有机化合物，它们能选择性地吸附在固体表面上，且吸附后能提高颗粒表面的疏水程度。

极性基中最重要的是直接与固体表面作用的原子，即所谓的键合原子（或称亲固原子），其次是与键合原子直接相连的中心原子（或称中心核原子）以及连接原子。整个捕收剂分子各部分的结构、性能以及彼此间的相互联系和相互影响，最终决定了整个捕收剂分子总的捕收性能。

另有一些捕收剂（如煤油、柴油等），起捕收作用的不是离子，而是分子。

丁基钠黄药是有机异极性捕收剂，其分子结构为：

$$
\begin{array}{c}
\text{H—C—C—C—C—O—C—S—Na} \\
\end{array}
$$

非极性基　　　连接原子　中心原子　亲固原子　金属原子

极性基

在浮选矿浆中，丁基钠黄药分子解离成起捕收作用的疏水性阴离子 $C_4H_9OCSS^-$ 和无捕收作用的金属阳离子 Na^+。

按照在水中的解离程度、亲固基的组成和它们对固体的作用活性，可以将捕收剂分为非离子型和离子型两种。非离子型捕收剂在通常情况下不溶于水，主要是非极性的烃类油，常用来选别非极性矿物，如辉钼矿、石墨、煤等。离子型捕收剂在水中可以解离为离子，按起捕收作用的离子的荷电性质，又可分为阳离子捕收剂、阴离子捕收剂和两性捕收剂 3 种。

目前使用的阳离子捕收剂主要是脂肪胺，起捕收作用的疏水性离子是 RNH_3^+。在某些情况下，胺分子也起捕收作用。这类捕收剂主要用来选别硅酸盐、铝硅酸盐等含氧盐矿物和某些氧化物矿物。

阴离子捕收剂按亲固基的组成和结构，又可以进一步分为亲固基是羧基或硫酸基、磺酸基的阴离子捕收剂和亲固基包含二价硫的阴离子捕收剂两类。

亲固基是羧基或硫酸基、磺酸基的阴离子捕收剂，其亲固基有：

$$\underset{\text{羧基}}{\overset{\displaystyle O}{\underset{\displaystyle O^-}{-C}}} \qquad \underset{\text{磺酸基}}{\overset{\displaystyle O}{\underset{\displaystyle O^-}{-S-O^-}}} \qquad \underset{\text{硫酸基}}{\overset{\displaystyle O}{\underset{\displaystyle O^-}{-O-S-O^-}}} \qquad \underset{\text{羟肟酸基}}{\overset{\displaystyle OH}{\underset{\displaystyle NO^-}{-C}}} \qquad \underset{\text{胂酸基}}{\overset{\displaystyle O^-}{\underset{\displaystyle O^-}{-As=O}}} \qquad \underset{\text{膦酸基}}{\overset{\displaystyle O^-}{\underset{\displaystyle O^-}{-P=O}}}$$

脂肪酸及其皂类广泛地用于浮选晶格上存在碱土金属阳离子（如 Ca^{2+}、Mg^{2+}、Ba^{2+}）的矿物，也可以浮选某些稀有金属、有色金属或黑色金属的氧化物矿物，还可以浮选许多其他矿物。但由于这类捕收剂的选择性欠佳，从而限制了它们的应用。

亲固基包含二价硫的阴离子捕收剂又称为硫代化合物类捕收剂，其典型代表是黄药和黑药。黄药由烃基（R）和亲固基（$OCSS^-$）及碱金属离子（Na^+、K^+）组成，起捕收作用的是 $ROCSS^-$，它是目前浮选金属硫化物矿物应用得最多、最有效且选择性良好的捕收剂。黑药由两个烃基和亲固基 PSS^- 及一价阳离子（H^+、K^+、Na^+ 或 NH_4^+）组成，起捕收作用的是 $(RO)_2PSS^-$。目前黑药也是浮选金属硫化物矿物的有效捕收剂，应用范围仅次于黄药。

5.2.2.2　硫代化合物类捕收剂

如前所述，硫代化合物类捕收剂的特征是亲固基中都含有二价硫，同时疏水基的式量较小，其典型代表有黄药、黑药、氨基硫代甲酸盐、硫醇、硫脲及它们相应的酯类。

A　黄药类捕收剂

黄药类捕收剂包括黄药和黄药酯等。黄药的学名为黄原酸盐，根据其化学组成也可称为烃基二硫代碳酸盐，其分子式为 $ROCSSMe$。式中，R 为疏水基；$OCSS^-$ 为亲固基；Me 为 Na^+ 或 K^+。黄药在常温下是淡黄色粉剂，常因含有杂质而颜色较深，密度为 $1300\sim1700kg/m^3$，具有刺激性臭味，易溶于水，更易溶于丙酮、乙醇等有机溶剂，可燃烧，使用时常配成质量分数为 1% 的水溶液。

黄药在水溶液中按下式进行解离和水解：

$$ROCSSMe \Longleftrightarrow ROCSS^- + Me^+ \tag{5-10}$$

$$ROCSS^- + H_2O \Longleftrightarrow ROCSSH + OH^- \tag{5-11}$$

黄原酸 ROCSSH 的解离反应为：

$$ROCSSH \Longleftrightarrow ROCSS^- + H^+ \tag{5-12}$$

若用 X^- 表示 $ROCSS^-$、用 HX 表示 ROCSSH，则黄原酸的解离常数表达式可写为：

$$Ka = [X^-][H^+]/[HX]$$

不同碳链长度的黄原酸的解离常数 Ka 列于表 5-3 中。

表 5-3　不同碳链长度的黄原酸的解离常数

碳链中碳原子数目	2	3	4	5
解离常数 Ka	10×10^{-6}	10×10^{-6}	7.9×10^{-6}	1.0×10^{-6}

黄药本身是还原剂，易被氧化。在有 O_2 和 CO_2 同时存在时，黄药的氧化速度比只有 O_2 存在时更快。黄药氧化生成双黄药，其反应式为：

$$4ROCSSNa + O_2 + 2CO_2 \Longrightarrow 2(ROCSS)_2 + 2Na_2CO_3 \tag{5-13}$$

在黄药的水溶液中，如有某些金属阳离子（如铁、铜等过渡元素的高价态阳离子），则黄药也会被它们氧化成双黄药（ROCSS）$_2$。双黄药是一种非离子型的多硫化合物，为黄色油状液体，属于极性捕收剂，难溶于水，在水中呈分子状态存在。当 pH 值升高时，其会逐渐分解为黄药。双黄药常常在酸性介质中用于浮选氧化铜矿石浸出液通过转换得到的沉淀铜。双黄药的选择性比黄药的好，但捕收能力比黄药的弱。

在酸性溶液中，黄原酸是一种性质很不稳定的弱酸，极易分解，pH 值越低，分解越迅速。黄药分解以后便失去了捕收能力，所以黄药常在碱性矿浆中使用。当浮选必须在酸性介质中进行时，应尽量使用碳链较长的黄药。

黄药中的碱金属被烃基取代后生成黄药酯，属于非离子型极性捕收剂，它们在水中的溶解度都很低，大部分呈油状。其对铜、锌、钼等金属的硫化物矿物以及沉淀铜、离析铜等具有较高的浮选活性，属于高选择性的捕收剂。黄药酯的突出优点是，即使在低 pH 值条件下也能浮选某些硫化物矿物。

B 黑药类捕收剂

黑药也是硫化物矿物浮选的有效捕收剂之一，其结构式为：

$$R-O-\overset{\overset{S}{\|}}{\underset{SMe}{P}}-O-R$$

式中，R 为芳香基或烷基，如苯酚、甲酚、苯胺、甲基胺、环己胺基、乙基、丁基等；Me 代表阳离子，为 H^+ 时称为酸式黑药，为 K^+ 时称为钾黑药，为 Na^+ 时称为钠黑药，为 NH_4^+ 时称为胺黑药。

黑药可视为磷酸（盐）的衍生物，其学名为二烃基二硫代磷酸盐，酸式产物（（RO）$_2$PSSH）为油状黑色液体，中和生成钠或铵盐时可制成水溶液或固体。

黑药的捕收能力比黄药的弱，同一金属离子的二烃基二硫代磷酸盐的溶度积均比相应黄原酸盐的大。另外，黑药具有一定的起泡性能。

黑药和黄药相同，也是弱电解质，在水中发生解离反应。但它比黄药稳定，在酸性环境中不像黄药那样容易分解。另外，黑药比较难氧化，氧化后生成双黑药。在有 Cu^{2+}、Fe^{3+} 或黄铁矿、辉铜矿存在时，其也能氧化成双黑药（RO）$_2$PSS—SSP（OR）$_2$。双黑药也是一种难溶于水的非离子型捕收剂，大多数为油状物，性质稳定，可作为硫化物矿物的捕收剂，也适用于沉积金属的浮选。

黑药的选择性比黄药的好，在酸性矿浆中不易分解。工业生产中常用的黑药有甲酚黑药、丁铵黑药、胺黑药和环烷黑药等。

甲酚黑药的化学式为（C$_6$H$_4$CH$_3$O）$_2$PSSH，常见的牌号有 25 号黑药、15 号黑药和 31 号黑药。25 号黑药是指在生产配料中加入 25% 的 P$_2$S$_5$ 生产出的甲酚黑药。加入 15% 的 P$_2$S$_5$ 生产出的甲酚黑药则称为 15 号黑药，因 15 号黑药中残存的游离甲酚较多，所以其起泡性能强，捕收能力弱。31 号黑药是在 25 号黑药中加入 6% 的白药而制得的一种混合物。甲酚黑药在常温下为黑褐色或暗绿色黏稠液体，密度约为 1200kg/m^3，有硫化氢气味，易燃，微溶于水。因其中含未起反应的甲酚，故有一定的起泡性能，对皮肤有腐蚀作用，与氧气接触易氧化而失效。使用甲酚黑药时，常将其加入球磨机内以增加搅拌时间，促进药剂在矿浆中的分散。

丁铵黑药的学名为二丁基二硫代磷酸铵，化学分子式为（C_4H_9O）$_2PSSNH_4$，呈白色粉末状，易溶于水，潮解后变黑，有一定的起泡性，适用于铜、铅、锌、镍等金属的硫化物矿物的浮选。其在弱碱性矿浆中对黄铁矿和磁黄铁矿的捕收能力较弱，对方铅矿的捕收能力较强。

胺黑药的化学式为（RNH）$_2PSSH$，其结构与黑药类似，是由 P_2S_5 与相应的胺合成的产物，如苯胺黑药、甲苯胺黑药和环己胺黑药等，它们均为白色粉末，有硫化氢气味，不溶于水，可溶于乙醇和稀碱溶液中。使用时，用 1% 的 Na_2CO_3 溶液配成胺黑药质量分数为 0.5% 的溶液添加。胺黑药对光和热的稳定性差，易变质失效。胺黑药对硫化铅矿物的捕收能力较强，选择性较好，泡沫不黏；但用量稍大，一般为 40~200g/t。

环烷黑药是环烷酸和 P_2S_5 的反应产物，不溶于水，溶于乙醇，对锆石和锡石有一定的捕收作用，且兼有起泡性。

C　硫氮类捕收剂

硫氮类捕收剂是二乙胺或二丁胺与二硫化碳、氢氧化钠反应生成的化合物，其结构式为：

$$C_2H_5-N-\overset{\overset{\displaystyle C_2H_5}{|}}{\underset{}{}}\overset{\overset{\displaystyle S}{\|}}{C}-SNa$$

二乙基氨基二硫代甲酸钠［乙硫氮（SN-9）］

$$C_4H_9-N-\overset{\overset{\displaystyle C_4H_9}{|}}{\underset{}{}}\overset{\overset{\displaystyle S}{\|}}{C}-SNa$$

二丁基氨基二硫代甲酸钠［丁硫氮（SN-10）］

乙硫氮是白色粉剂，因反应时有少量黄药产生，所以工业品常呈淡黄色，易溶于水，在酸性介质中容易分解。乙硫氮也能与重金属生成不溶性沉淀，其捕收能力比黄药强。

乙硫氮对方铅矿、黄铜矿的捕收能力强，对黄铁矿的捕收能力较弱，选择性好，浮选速度快，用量比黄药的少，并且对硫化物矿物的粗粒连生体有较强的捕收能力。对于铜、铅硫化物矿石的分选，使用乙硫氮作捕收剂，能够获得比使用黄药更好的分选效果。

D　硫氨酯

硫氨酯的结构通式为：

$$R-O-\overset{\overset{\displaystyle S}{\|}}{C}-NH-R'$$

其极性基中的活性原子为 S 和 N，当药剂与矿物颗粒表面发生作用时，主要是通过 S、N 与颗粒表面的金属离子结合。

生产中应用较多的硫氨酯是丙乙硫氨酯，其结构式为：

$$CH_3-CH-O-\overset{\overset{\displaystyle CH_3}{}}{\underset{}{}}\overset{\overset{\displaystyle S}{\|}}{C}-NH-C_2H_5$$

这种药剂的学名为 O—异丙基 N—乙基硫逐氨基甲酸酯，国内商品名称为 200 号，美国牌号为 Z-200。

丙乙硫氨酯是用异丙基黄药与一氯醋酸（一氯甲烷）和乙胺反应制得的产品，呈琥珀色，是微溶于水的油状液体，使用时可直接加入搅拌槽或浮选机中。丙乙硫氨酯的化学性质比较稳定，不易分解变质，是一种选择性良好的硫化物矿物捕收剂，对黄铜矿、辉钼矿和被活化的闪锌矿的捕收作用较强。它不能浮选黄铁矿，所以特别适用于黄铜矿与黄铁矿的分离浮选，可降低抑制黄铁矿所需的石灰用量。

E 硫醇类捕收剂

硫醇类捕收剂包括硫醇及其衍生物，其通式为 RSH。硫醇和硫酚都是硫化物矿物的优良捕收剂，例如，十二烷基硫醇对于硫化物矿物具有较强的捕收性能，只是选择性比较差。同时，由于硫醇具有臭味，价格也相对较贵，并且难溶于水，生产中应用硫醇的情况并不多见，使用较多的是硫醇的衍生物，如噻唑硫醇和咪唑硫醇等。

苯骈噻唑硫醇（巯基苯骈噻唑，MBT）是黄色粉末，不溶于水，可溶于乙醇、氢氧化钠或碳酸钠的溶液中，其钠盐可溶于水，称为卡普耐克斯（Capnex），工业上较常使用。实践中，苯骈噻唑硫醇多和黄药或黑药配合使用，且用量一般较小。苯骈噻唑硫醇用于浮选白铅矿（$PbCO_3$）时，不经预先硫化，所得结果与黄药-硫化钠法相近；用于浮选硫化物矿物时，对方铅矿的捕收能力最强，对闪锌矿的较差，对黄铁矿的最弱。

另一种硫醇类捕收剂是苯骈咪唑硫醇（N-苯基-2-巯基苯骈咪唑）。它是一种白色粉末，难溶于水、苯和乙醚，易溶于热碱（如氢氧化钠、硫化钠）溶液和热醋酸中。苯骈咪唑硫醇可用于浮选氧化铜矿物（主要是硅酸铜和碳酸铜）和难选硫化铜矿物，对金也有一定的捕收作用，可单独使用，也可与黄药混合使用。

F 白药

白药的学名是二苯硫脲，也是金属硫化物矿物浮选中的有效捕收剂。白药是一种微溶于水的白色粉末，其结构式为：

$$C_6H_5\text{—NH—}\overset{\displaystyle S}{\overset{\|}{C}}\text{—NH—}C_6H_5$$

白药对方铅矿的捕收能力较强，对黄铁矿的捕收能力较弱，选择性好，但浮选速度比较慢。实践中将白药溶于苯胺（加入 0～10% 的邻甲苯胺溶液配制而成，通常称为 T-T 混合液），由于其成本高，使用不方便，目前工业上应用不多。

另一种白药是丙烯异白药，学名为 S-丙烯基异硫脲盐酸盐，为无色结晶，易溶于水，捕收能力比丁基黄药的差，主要特点是选择性好。丙烯异白药对自然金和硫化铜矿物，甚至是受到一定程度氧化的硫化铜矿物都有较强的捕收能力，但对黄铁矿的捕收能力很弱。另外，丙烯异白药需要在碱性条件下使用，这样才能有效发挥捕收作用。

5.2.2.3 有机酸类捕收剂和胺类捕收剂

有机酸类捕收剂和胺类捕收剂的特征是：疏水基的分子量较大，极性基中分别含有氧原子和氮原子。常用的有机酸类捕收剂多为阴离子型，常用的胺类捕收剂多为阳离子型。

A 有机酸类捕收剂

有机酸类捕收剂可大致分为羧酸（盐）类、磺酸（盐）类、硫酸酯类、肟酸类、膦酸类、羟肟酸类，其中应用最广泛的是脂肪酸及其皂类。

脂肪酸及其皂类捕收剂的通式为 R—COOH（Na 或 K），其结构式为：

$$R\text{—}\overset{\displaystyle O}{\overset{\|}{C}}\text{—OH(Na、K)}$$

当—COOH 中的 H^+ 被 Na^+ 或 K^+ 取代时，则称之为钠皂或钾皂，通常使用的是钠皂。根据羧基的数目，其可分为一元羧酸、二元羧酸或多元羧酸。用作捕收剂的主要是一元羧酸。二元羧酸或多元羧酸因含有两个或多个羧基，水化性较强，所以多用作抑制剂（如草酸、酒石酸、柠檬酸等）。

脂肪酸在水中的溶解度与烃链长度和温度有密切关系。常温下，长烃链脂肪酸难溶于水，故使用前将脂肪酸溶于煤油或其他有机溶剂，或用超声波进行乳化处理。生产中常通过加碱皂化使之成为脂肪酸皂，以提高其在水中的溶解度。使用脂肪酸类捕收剂时，提高浮选矿浆的温度是改善分选指标的有效措施之一。

脂肪酸的捕收能力比黄药低，主要原因可以认为是其亲固基中存在一个羰基，从而造成亲固基有较大的极性，和水的作用能力较强，它的离子或分子固着于固体表面时，若烃基较短则不足以消除固体表面的亲水性。实践证明，当脂肪酸类捕收剂的烃链中含 12~17 个碳原子时，其才有足够的捕收能力。

脂肪酸的捕收能力与烃基的不饱和程度也有一定的关系。碳原子数目相同的烃基，不饱和程度越高，捕收能力越强。这是因为不饱和程度越高，越易溶解，临界胶束浓度也越大。

脂肪酸及其皂类与碱土金属阳离子（Ca^{2+}、Mg^{2+}、Ba^{2+} 等）有很强的化学亲和力，能形成溶度积很小的化合物。在生产实践中，脂肪酸被广泛用于浮选萤石、方解石、白云石、磷灰石、菱镁矿、白钨矿、赤铁矿、菱铁矿、褐铁矿、软锰矿、金红石、钛铁矿、黑钨矿、锡石、一水铝石等，还可用于浮选被 Ca^{2+}、Mg^{2+}、Ba^{2+} 等活化后的或本身含有钙、铁、锂、铍、锆等金属的硅酸盐矿物（如绿柱石、锂辉石、锆石、钙铁石榴石、电气石等）。

由于脂肪酸类捕收剂具有很活泼的羧基，对各种金属都有明显的捕收作用，选择性很差，因此不易获得高质量的疏水性产物。

应该指出的是，脂肪酸及其皂类对硬水很敏感，需配合使用碳酸钠，一方面可消除 Ca^{2+}、Mg^{2+} 的有害影响，另一方面还可调整矿浆的 pH 值；有时其还与水玻璃配合使用，抑制硅酸盐矿物，以利于提高选择性。

此外，脂肪酸及其皂类兼具起泡性能，需要严格控制用量。当物料中微细粒级部分的含量大时，使用脂肪酸类捕收剂会导致泡沫过黏，使浮选过程操作困难。

生产中常用的脂肪酸类捕收剂有油酸及油酸钠（$C_{17}H_{33}COOH$ 及 $C_{17}H_{33}COONa$）、氧化石蜡皂和氧化煤油、塔尔油及其皂、烃基磺酸（盐）、烃基硫酸盐、羟肟酸等。此外，近年来新开发的、同属于阴离子捕收剂的一系列新产品（如 RA-315、RA-515、RA-715、LKY、MZ-21、SH-37、MH-80 等），已经成为铁矿石反浮选脱硅以及磷酸盐矿石、萤石矿石和一些稀有金属矿石浮选分离的主要捕收剂。

B 胺类捕收剂

胺类捕收剂是氨的衍生物，起捕收作用的是阳离子，故称为阳离子型捕收剂，是有色金属氧化物矿物、石英、长石、云母等的常用捕收剂。

用作捕收剂的胺多数是第一胺，其烃基由所采用的生产原料而定，在生产实践中应用的有十二胺、混合胺和醚胺。混合胺在常温下呈淡黄色蜡状，有刺激气味，不溶于水，溶于酸或有机溶剂，其浮选效果通常比十二胺的差。十二胺用于浮选石英时，在 $pH \approx 10.5$ 时的浮选效果最好；用于铁矿石反浮选脱硅时，其捕收能力与醚胺的接近，但选择性比醚胺的差。醚胺是烷基丙基醚胺系列的简称，化学通式为 $R—O—CH_2CH_2CH_2NH_2$，式中，R 为碳原子数目为 8~18 的烷基。醚胺具有水溶性好、浮选速度快、选择性好等优点，常用于铁矿石反浮选脱硅工艺中。

胺类捕收剂由于兼有起泡性，用于浮选时可少加或不加起泡剂，且宜分批添加，并控制适宜的矿浆 pH 值，水的硬度不宜过高，应避免与阴离子型捕收剂同时加入。

5.2.2.4 非极性油类捕收剂

非极性油类捕收剂（简称烃油）是指煤油、柴油、燃料油、变压器油等碳氢化合物。在它们的分子结构中不含有极性基团，碳原子之间都是通过共价键结合的化合物，在水溶液中不与水分子作用，呈现出疏水性和难溶性。同时，因为它们不能电离成离子，所以又常被称为中性油类捕收剂。

由于非极性油类捕收剂不能解离为离子，其不能和固体表面发生化学吸附或化学反应，只能以物理吸附方式附着于矿物颗粒表面。因此，它们只能作为自然可浮性很强的矿物的捕收剂，即只能浮选非极性矿物（如石墨、辉钼矿、煤、自然硫和滑石等）。这类捕收剂的用量一般较大，多在 0.2~1kg/t 范围内。由于它难溶于水，以油滴状存在于水中，在矿物表面形成很厚的油膜。

油类捕收剂与阴离子型捕收剂联合使用，可显著提高浮选指标。实践中，常常联合使用烃类油和脂肪酸类捕收剂选别磷灰石或赤铁矿。联合使用可提高浮选效果的原因主要是，阴离子型捕收剂先在颗粒表面形成一疏水性捕收剂层，此后烃类油再覆盖在其表面上，从而加强了颗粒表面的疏水性，这样就改善了颗粒和气泡之间的附着，降低了阴离子捕收剂的用量，提高了浮选回收率。

5.2.2.5 两性捕收剂

两性捕收剂是分子中同时带阴离子和阳离子的异极性有机化合物，常见的阴离子基团主要是 $—COO^-$、$—SO_3^-$ 及 $—OCSS^-$，阳离子基团主要是 $—NH_3^+$。含有阴、阳两种基团的捕收剂包括各种氨基酸、氨基磺酸以及用于浮选镍矿和次生铀矿的胺醇类黄药、二乙胺乙黄药等。

二乙胺乙黄药的结构式为：

$$C_2H_5—NCH_2CH_2OCSSNa \quad \overset{C_2H_5}{\diagup}$$

它在水溶液中的解离与介质的 pH 值有关。在酸性介质中，二乙胺乙黄药呈阳离子 $(C_2H_5)_2NCH_2CH_2OCSSH_2^+$；在碱性介质中，则呈阴离子 $(C_2H_5)_2NCH_2CH_2OCSS^-$；等电点时不解离而呈中性 $(C_2H_5)_2NCH_2CH_2OCSSH$，因此，可通过调整矿浆的 pH 值使其产生不同的捕收作用。

另一种两性捕收剂是 8-羟基喹啉，它是一种典型的络合捕收剂。不同的金属离子和 8-羟基喹啉在不同的 pH 值范围内可以形成沉淀，但超过此 pH 值范围时有些沉淀又会溶解。目前，8-羟基喹啉主要用于分选一些稀有金属矿石。

5.2.3 起泡剂

5.2.3.1 起泡剂的结构和种类

起泡剂是异极性有机物质，它的分子由两部分组成：一部分为非极性疏水基，另一部分为极性亲水基，使起泡剂分子在空气与水的界面上产生定向排列。起泡剂的起泡能力与这两个基团的性质密切相关。

起泡剂大部分是表面活性物质，能够强烈地降低水的表面张力。同一系列的表面活性剂，烃基中每增加 1 个碳原子，其表面活性可增大 3.14 倍，此即所谓的"特劳贝定则"，即按"三分之一"的规律递增。表面活性越大，起泡能力越强。生产中常用的起泡剂有松油、2 号油、甲基戊醇、醚醇油、丁醚油。

松油又称松树油（松节油），是松树的根或枝干经过干馏或蒸馏制得的油状物，是浮选中应用较广的天然起泡剂。松油的主要成分为 α-萜烯醇，其次为萜醇、仲醇和醚类化合物，具有较强的起泡能力，因含杂质，同时具有一定的捕收能力。可单独使用松油浮选辉钼矿、石墨和煤等。由于松油的黏性较大、来源有限，其逐渐被人工合成的起泡剂所替代。

2 号油是以松节油为原料，经水解反应制得的，其主要成分也为 α-萜烯醇，其中萜烯醇的含量为 50% 左右，此外还含有萜二醇、烃类化合物及杂质。它是淡黄色油状液体，密度为 900~915kg/m^3，可燃，微溶于水，在空气中可氧化。2 号油的起泡能力强，能生成大小均匀、黏度中等和稳定性合适的气泡，是我国应用得最广泛的一种起泡剂。当其用量过大时，气泡变小，影响浮选指标。

纯净的甲基戊醇（甲基异丁基甲醇 MIBC）为无色液体，可用丙酮为原料合成制得，是应用较为广泛的起泡剂，泡沫性能好，对提高疏水性产物的质量有利。甲基戊醇是所谓的"非表面活性型起泡剂"，虽不能形成大量的两相泡沫，但能与黄药一起吸附于颗粒表面形成三相泡沫。甲基戊醇的优点包括溶解度大、起泡速度快、泡沫不黏、消泡容易、不具捕收性、用量少、使用方便、选择性好等。

醚醇油是合成起泡剂，是由环氧丙烷与乙醇在氢氧化钠催化剂作用下制得的，如我国研制的乙基聚丙醚醇等。随着烃链的增长，醚醇油的起泡能力增加，但烃链过长时会产生消泡现象。醚醇油具有水溶性好、泡沫不黏、选择性好、用量较少、使用方便等优点，可以代替 2 号油。

丁醚油也称为 4 号浮选油（1，1，3-三乙基氧丁烷 TEB），其分子中的极性基是 3 个乙氧基（—OC$_2$H$_5$），乙氧基中的氧原子与水分子间可通过氢键形成水化物，因而它易溶于水，并使水的表面张力降低。丁醚油的纯品为无色透明油状液体，工业品由于含有少量杂质而呈棕黄色，带有水果香味，起泡能力强，用量仅为 2 号油的 1/2。

5.2.3.2 起泡剂的作用

各种起泡剂分子都具有防止气泡兼并的作用，由强至弱的顺序为：聚乙烯乙二醇醚>三乙氧基丁烷>辛醇>碳原子数目为 6~8 的混合醇>环己醇>甲酚。实验结果表明，加入起泡剂后气泡的上升速度变慢，其原因可能是，起泡剂分子在气泡表面形成"装甲层"，该层对水偶极子有吸引力，同时又不像水膜那样易于随阻力变形，因而阻滞上升速度。气泡上升速度下降可增加其在矿浆中的停留时间，有利于矿物颗粒与气泡的接触，增加碰撞几率，同时还可以降低气泡间的碰撞能量，有利于气泡的相对稳定。此外，在矿浆中加入适量的起泡剂还可以增加气泡的机械强度。

5.2.3.3 起泡剂与捕收剂的协同作用

经研究发现，起泡剂的作用不单纯是为泡沫浮选提供性能良好的气泡，由于起泡剂和捕收剂两者的非极性烃链间存在着疏水性缔合作用，只要两者的结构和比例配合适当，即可在气-液界面或固-液界面产生共吸附现象。由于气泡表面和颗粒表面都存在两者的共吸附，当颗粒与气泡接触时，具有共吸附的界面便可发生"互相穿插"，使捕收能力得到增强，从而加快浮选过程。可见，起泡剂与捕收剂的交互作用对浮选有着重要的意义。共吸附及互相穿插理论也是矿物颗粒与气泡黏附的机理之一。

起泡剂与捕收剂协同作用的典型例子是，黄药没有起泡性能，对水的表面张力影响也极小，然而黄药与醇类一起使用就比单独使用醇类起泡剂产生的泡沫量要多得多，而且高级黄药与起泡剂的协同作用比低级黄药的更明显。这说明起泡剂与捕收剂在气泡表面存在交互作用和共吸附现象，从而改善了起泡剂的起泡性能。

5.2.4 调整剂

调整剂是控制颗粒与捕收剂作用的一种辅助药剂。浮选过程通常都在捕收剂和调整剂的适当配合下进行，尤其是对于复杂多金属矿石或难选物料，选择调整剂常常是获得良好分选指标的关键。生产中使用的调整剂按照在浮选过程中的作用，可分为抑制剂、活化剂、矿浆 pH 值调整剂、分散剂、凝结剂和絮凝剂等。

5.2.4.1 抑制剂

凡能破坏或削弱颗粒对捕收剂的吸附、增强固体表面亲水性的药剂，统称为抑制剂。生产中使用的抑制剂有石灰、硫酸锌、亚硫酸、亚硫酸盐、硫化钠、水玻璃、磷酸盐、含氟化合物、有机抑制剂、重铬酸盐和氰化物等。

A 石灰

石灰是硫化物矿物浮选中常用的一种廉价调整剂。它具有强烈的吸水性，加入矿浆后与水作用生成消石灰（$Ca(OH)_2$），可使矿浆 pH 值提高到 11~12 以上，能有效地抑制黄铁矿、磁黄铁矿等。石灰的作用一方面是 OH^- 的作用，另一方面是 Ca^{2+} 的作用。在碱性介质中，黄铁矿和磁黄铁矿的颗粒表面可以生成氢氧化铁亲水薄膜。当有黄药存在时，OH^- 与黄药阴离子发生竞争吸附，而 Ca^{2+} 可以在黄铁矿颗粒表面上生成难溶化合物 $CaSO_4$，也可以起到抑制作用。在硫化铜矿石和铅锌矿石中常伴生硫化铁矿物和硫砷铁矿物（如毒砂），为了更好地浮选铜、铅、锌矿物，必须加入石灰抑制硫化铁矿物。另外，由于石灰对方铅矿，特别是对表面略有氧化的方铅矿颗粒有抑制作用，从多金属硫化物矿石中浮选方铅矿时，常用碳酸钠调整 pH 值。如果由于黄铁矿含量较高，必须用石灰调节 pH 值时，应注意控制石灰的用量。

另外，石灰本身是一种凝结剂，能使矿浆中的微细颗粒凝聚。因此，当石灰用量适当时，浮选泡沫可保持一定的黏度；当用量过大时，则促使微细颗粒凝聚，使泡沫发黏，影响浮选过程的正常进行。

B 硫酸锌

纯净的硫酸锌为白色结晶，易溶于水，是闪锌矿的抑制剂，通常在碱性条件下使用，且 pH 值越高，其抑制作用越明显。硫酸锌单独使用时，其抑制效果较差，通常与硫化钠、亚硫酸盐和硫代硫酸盐、碳酸钠等配合使用。

C 亚硫酸（盐）和二氧化硫

亚硫酸（盐）及二氧化硫主要用于抑制黄铁矿和闪锌矿。当使用二氧化硫、硫酸锌、硫酸亚铁、硫酸铁等联合作抑制剂时，方铅矿、黄铁矿和闪锌矿受到抑制，而黄铜矿不但不被抑制，反而被活化。

生产中也有用硫代硫酸钠等代替亚硫酸盐来抑制黄铁矿和闪锌矿的例子。

对被铜离子强烈活化的闪锌矿，只用亚硫酸盐的抑制效果常常较差，如果同时添加硫酸锌、硫化钠，则能够增强抑制效果。

D 硫化钠

在浮选实践中，硫化钠的作用是多方面的。它既可用作硫化物矿物的抑制剂，也可用作有色金属氧化矿的硫化剂（活化剂）、pH 值调整剂、硫化物矿物混合浮选产物的脱药剂等。

用硫化钠抑制方铅矿时，适宜的矿浆 pH 值为 7~11。当 pH = 9.5 时抑制效果最佳，因为此时硫化钠水解产生的 HS^- 在矿浆中的浓度最大。HS^- 一方面排斥吸附在方铅矿表面的黄药；另一方面，其本身又吸附在颗粒表面使之亲水。

硫化钠用量大时，绝大多数硫化物矿物都会被抑制。硫化钠抑制硫化物矿物的递减顺序大致为：方铅矿、闪锌矿、黄铜矿、斑铜矿、铜蓝、黄铁矿、辉铜矿。由于辉钼矿的自然可浮性很好，不受硫化钠的抑制，所以浮选辉钼矿时，常用硫化钠抑制其他金属硫化物矿物。

浮选有色金属氧化矿时，常用硫化钠作活化剂，先将颗粒表面硫化，然后用黄药作捕收剂进行浮选，这是有色金属氧化矿的常用浮选方法之一。

E 水玻璃

水玻璃广泛用作抑制剂和分散剂，它的化学组成通常以 $Na_2O \cdot mSiO_2$ 表示，是各种硅酸钠（如偏硅酸钠 Na_2SiO_3、二硅酸钠 $Na_2Si_2O_5$、原硅酸钠 Na_4SiO_4、经过水合作用的 SiO_2 胶粒等）的混合物，成分常不固定。m 为硅酸钠的"模数"（或称硅钠比），不同用途的水玻璃，其模数相差很大，模数低、碱性强，抑制作用较弱；模数高（如大于 3 时），不易溶解，分散不好。浮选通常用模数为 2~3 的水玻璃。纯的水玻璃为白色晶体，工业用水玻璃为暗灰色的结块，加水呈糊状。

水玻璃在水溶液中的性质随 pH 值、模数、金属离子以及温度的变化而变化，在酸性介质中，水玻璃能抑制磷灰石；而在碱性介质中，磷灰石却几乎不受抑制。添加少量的水玻璃，有时可提高萤石、赤铁矿等的浮选活性，同时又可强烈地抑制方解石的浮选。

水玻璃既是石英、硅酸盐和铝硅酸盐矿物的常用抑制剂，也可作为分散剂，添加少量水玻璃可以减弱微细颗粒对浮选过程的有害影响。

由于水玻璃用途较多，其用量范围变化很大，为 0.2~15kg/t，通常的用量为 0.2~2.0kg/t，配成 5%~10% 的溶液添加。

F 磷酸盐

用作浮选调整剂的磷酸盐有磷酸三钠、磷酸钾（钠）、焦磷酸钠和偏磷酸钠等。例如，浮选多金属硫化矿时，常用磷酸三钠抑制方铅矿；硫化铜矿物和硫化铁矿物（黄铁矿、磁黄铁矿）分离时，用磷酸钾（钠）加强对硫化铁矿物的抑制作用；浮选氧化铅矿石时，用焦磷酸钠抑制方解石、磷灰石、重晶石；浮选含重晶石的复杂硫化矿时，用焦磷酸钠抑制重晶石并消除硅酸盐类脉石矿物的影响。

利用偏磷酸钠（常用的是六偏磷酸钠）作抑制剂，是因为它能够和 Ca^{2+}、Mg^{2+} 及其他多价金属离子生成络合物（如 $NaCaP_6O_{13}$ 等），从而使得含这些离子的矿物得到抑制。例如，用油酸浮选锡石时，用六偏磷酸钠抑制含钙、铁的矿物；钾盐浮选时，六偏磷酸钠可以防止难溶的钙盐从饱和溶液中析出。

G　含氟化合物

浮选中用作抑制剂的氟化物有氢氟酸、氟化钠、氟化铵和硅氟酸钠等。

氢氟酸（HF）是吸湿性很强的无色液体，在空气中能发烟，其蒸气具有强烈的腐蚀性和毒性。它是硅酸盐矿物的抑制剂，是含铬、铌矿物的活化剂，也可抑制铯榴石。

氟化钠（NaF）能溶于水，其水溶液呈碱性。用阳离子型捕收剂浮选长石时，氟化钠可作为长石的活化剂。氟化钠也可用作石英和硅酸盐类矿物的抑制剂。

硅氟酸钠（Na_2SiF_6）是白色结晶，微溶于水，与强碱作用分解为硅酸和氟化钠，若碱过量则生成硅酸盐，常用来抑制石英、长石、蛇纹石、电气石等硅酸盐类矿物。在硫化物矿物浮选中，硅氟酸钠能活化被氧化钙抑制过的黄铁矿。它还可以作为磷灰石的抑制剂。

H　有机抑制剂

用作抑制剂的有机化合物，既有低相对分子质量的羧酸苯酚等，也有高相对分子质量的淀粉类、纤维素类、木质素类、单宁类等。生产中应用较多的有机抑制剂有淀粉、糊精、羟乙基纤维素、羧甲基纤维素、单宁、腐植酸钠、木质素等。

用阳离子型捕收剂浮选石英时，用淀粉抑制赤铁矿；铜钼混合浮选精矿分离时，用淀粉抑制辉钼矿。淀粉还可以作为细粒赤铁矿的选择性絮凝剂。

糊精是淀粉加热到200℃时的分解产物，是一种胶状物质，可溶于冷水，主要用做石英、滑石、绢云母的抑制剂。

羟乙基纤维素又称3号纤维素，用阳离子型捕收剂浮选石英时，它可作为赤铁矿的选择性絮凝剂，也可作为含钙、镁的碱性脉石矿物的选择性抑制剂。工业品的羟乙基纤维素有两种：一种不溶于水，可溶于氢氧化钠溶液；另一种则是水溶性的。

羧甲基纤维素又称1号纤维素，是一种应用较少的水溶性纤维素，由于原料不同，所得产品性能有所差别。用芦苇做原料制得的羧甲基纤维素，在浮选硫化镍矿物时，作为含钙、镁的矿物的抑制剂；用稻草做原料制得的羧甲基纤维素，可用作磁铁矿、赤铁矿、方解石、钠辉石以及被 Ca^{2+} 和 Fe^{3+} 活化了的石英的抑制剂。

单宁是从植物中提取的高相对分子质量的无定形物质，在多数情况下为胶态物，可溶于水。单宁常用来抑制方解石、白云石等含钙、镁的矿物。除天然单宁外，还有人工合成的单宁。胶磷矿浮选时，单宁常用作白云石、方解石、石英等的抑制剂。

在含褐铁矿、赤铁矿、菱铁矿的铁矿石反浮选时，常用石灰作活化剂，用氢氧化钠作pH值调整剂，用腐植酸钠抑制铁矿物，用粗硫酸盐作捕收剂浮选石英。

木质素主要用来抑制硅酸盐矿物和稀土矿物。木素磺酸盐可作为铁矿物的抑制剂。

I 重铬酸盐

重铬酸盐（$K_2Cr_2O_7$ 和 $Na_2Cr_2O_7$）是方铅矿的抑制剂，对黄铁矿也有抑制作用，主要用在铜铅混合浮选所得中间产物的分离浮选中，抑制方铅矿。在实际应用中，为促进重铬酸盐对方铅矿的抑制，需要进行长时间的搅拌（0.5~1h），且以矿浆 pH 值保持在 7.4~8 之间比较合适。

J 氰化物

用作抑制剂的氰化物主要是氰化钾（KCN）和氰化钠（NaCN），有时也用氰化钙，它们是闪锌矿、黄铁矿和黄铜矿的有效抑制剂。由于氰化物是剧毒药剂，其使用已受到严格限制。

5.2.4.2 活化剂

凡能增强颗粒表面对捕收剂的吸附能力的药剂，统称为活化剂。生产中常用的活化剂有金属离子、硫酸铜、硫化钠、无机酸、无机碱、有机活化剂等。

使用黄药类捕收剂时，能与黄原酸形成难溶性盐的金属阳离子，如 Cu^{2+}、Ag^+、Pb^{2+} 等，都可用作活化剂。使用脂肪酸类捕收剂进行浮选时，能与羧酸形成难溶性盐的碱土金属阳离子，如 Ca^{2+}、Mg^{2+}、Ba^{2+}、Fe^{3+}、Pb^{2+} 等，也同样可用作活化剂，石英表面经这些离子活化后，就可以吸附脂肪酸类捕收剂的离子而实现浮选。

硫酸铜是实践中最常用的活化剂，它可以活化闪锌矿、黄铁矿、磁黄铁矿和钴、镍等的硫化物矿物。实践中硫酸铜的用量要控制适当，过量时既会活化硫化铁矿物，使浮选的选择性降低，又能使泡沫变脆。

对于孔雀石、铅矾、白铅矿等有色金属含氧盐矿物，不能直接用黄药进行浮选，但用硫化钠对它们进行硫化后，都能很好地用黄药浮选。其原因是由于硫化钠的作用，在颗粒表面生成了硫化物薄膜，使之可以与黄药发生作用。

浮选生产中用作活化剂的无机酸和无机碱主要有硫酸、氢氧化钠、碳酸钠、氢氟酸等。它们的作用主要是清洗颗粒表面的氧化膜或黏附的微细颗粒。例如，黄铁矿颗粒表面存在氢氧化铁亲水薄膜时，即失去了可浮性，用硫酸清洗后，黄铁矿颗粒就可恢复可浮性。又如，被石灰抑制的黄铁矿或磁黄铁矿颗粒，用碳酸钠可以活化它们的浮选。此外，某些硅酸盐矿物所含的金属阳离子被硅酸骨架所包围，使用酸或碱将其表面溶蚀，可以暴露出金属离子，增强它们与捕收剂作用的活性，此时多采用溶蚀性较强的氢氟酸。

生产中使用的有机活化剂有聚乙烯二醇或醚、工业草酸、乙二胺磷酸盐等。在多金属硫化物矿石的浮选生产中，聚乙烯二醇或醚可作为脉石矿物的活化剂，将其与起泡剂一起添加，采用反浮选首先脱除大量脉石，然后再进行铜铅的混合浮选。工业草酸常用来活化被石灰抑制的黄铁矿和磁黄铁矿。乙二胺磷酸盐是氧化铜矿物的活化剂，在浮选生产中能改善泡沫状况，降低硫化钠和捕收剂的用量。

5.2.4.3 pH 值调整剂

调整矿浆酸碱度的药剂统称为 pH 值调整剂，其主要作用在于，造成有利于浮选药剂的作用条件，改善颗粒表面状态和矿浆中的离子组成。生产中常用的 pH 值调整剂有硫酸、石灰、碳酸钠、盐酸、硝酸、磷酸等。

硫酸是常用的酸性调整剂，其次是盐酸、硝酸和磷酸等。

　　石灰是应用最广的碱性调整剂，主要用在有色金属硫化矿的浮选生产中，兼有抑制剂的作用。

　　碳酸钠的应用范围仅次于石灰。它是一种强碱弱酸盐，在矿浆中水解生成 OH^-、HCO_3^- 和 CO_3^{2-} 等，有缓冲作用，使溶液的 pH 值比较稳定地保持在 8~10 之间。由于石灰对方铅矿有抑制作用，浮选方铅矿时多采用碳酸钠来调节 pH 值。

　　用脂肪酸类捕收剂进行浮选时，碳酸钠是一种极重要的碱性调整剂，其原因主要是：

　　(1) 在碳酸钠造成的稳定 pH 值范围内，脂肪酸类捕收剂的作用最为有效；

　　(2) 碳酸钠解离出的 CO_3^{2-} 可消除（沉淀）矿浆中 Ca^{2+} 和 Mg^{2+}，改善浮选过程的选择性，并可降低捕收剂用量；

　　(3) 颗粒表面优先吸附碳酸钠解离出的 HCO_3^- 和 CO_3^{2-} 后，可防止或降低水玻璃的解离产物 $HSiO_3^-$ 胶粒及 OH^- 吸附所引起的抑制作用，所以碳酸钠与水玻璃配合使用，可调整和改善水玻璃对不同矿物抑制作用的选择性；

　　(4) 碳酸钠还是良好的分散剂，能防止矿浆中微细颗粒的凝聚，提高浮选过程的选择性。

5.2.4.4 絮凝剂及其他类浮选药剂

A 絮凝剂

　　促进矿浆中细粒联合变成较大团粒的药剂称为絮凝剂。按其作用机理及结构特性，絮凝剂可以大致分为高分子有机絮凝剂、天然高分子化合物、无机凝结剂和固体混合物 4 种类型。

　　作为选择性絮凝剂的高分子有机物，有聚丙烯腈的衍生物（聚丙烯醚胺、水解聚丙烯酰胺、非离子型聚丙烯酰胺等）、聚氧乙烯、羧甲基纤维素、木薯淀粉、玉米淀粉、海藻酸铵、纤维素黄药、腐植酸盐等。聚丙烯酰胺属于非离子型絮凝剂，又称 3 号凝聚剂，是以丙烯腈为原料，经水解聚合而成的。工业产品为含聚丙烯酰胺 8% 的透明胶状体，也有粉状固体产品，可溶于水，使用时配成 0.1%~0.5% 的水溶液，用量为 2~50g/m³。同类型的聚丙烯酰胺由于其聚合或水解条件不同，化学活性有很大差别，相对分子质量越大，絮凝沉降作用越快，但选择性比较差。生产中常用的聚丙烯酰胺的相对分子质量为 $(5 \sim 12) \times 10^6$。

　　石青粉、白胶粉、芭蕉芋淀粉等天然高分子化合物，都可用作选择性絮凝剂。

　　用作凝结剂的无机盐有时又称为"助沉剂"，这类药剂大都是无机电解质，常用的有无机盐类、酸类和碱类。其中，无机盐类包括硫酸铝、硫酸铁、硫酸亚铁、铝酸钠、氯化铁、氯化锌、四氯化钛等，酸类包括硫酸和盐酸等，碱类包括氢氧化钙和氧化钙等。

　　常用的固体混合物絮凝剂有高岭土、膨润土、酸性白土和活性二氧化硅等。

B 其他类浮选药剂

　　浮选过程中还有一些难以包括在上述分类之内的药剂，如实践中常用的脱药剂和消泡剂等。

　　常用的脱药剂有酸、碱、硫化钠和活性炭等。其中，酸和碱常用来造成一定的 pH

值，使捕收剂失效或从颗粒表面脱落；硫化钠常用来解吸固体表面的捕收剂薄膜，脱药效果较好；活性炭具有很强的吸附能力，常用来吸附矿浆中的过剩药剂，促使药剂从颗粒表面解吸，但使用时应严格控制其用量，特别是混合浮选粗精矿分离前的脱药，活性炭用量过大往往会造成分离浮选时的药量不足。

另外，由于某些捕收剂（如烷基硫酸盐、丁二酸磺酸盐、烃基氨基乙磺酸等）的起泡能力很强，常影响分选效果和疏水性产物的输送。因此，生产中常采用有消泡作用的高级脂肪醇或高级脂肪酸、酯、烃类，消除过多泡沫的有害影响。例如，在烷基硫酸盐溶液中，单原子脂肪醇和高级醇组成的醇类以及碳原子数目为 16~18 的脂肪酸具有很好的消泡效果。又如，在油酸钠溶液中，饱和脂肪酸具有较好的消泡效果；而在烷基酰基磺酸盐溶液中，碳原子数目大于 12 的饱和脂肪酸及高级醇具有良好的消泡效果。

5.3　浮　选　设　备

浮选设备主要有浮选机、搅拌槽和给药机等。浮选机是实现颗粒与气泡的选择性黏着、进行分离、完成浮选过程的关键性设备，而搅拌槽（或称调浆槽）以及给药机则是浮选过程的辅助设备。

含待分选矿石的矿浆由给药机添加合适的浮选药剂后，通常先给入搅拌槽进行一定时间的强烈搅拌（或称调浆），使药剂均匀分散和溶解，并与颗粒充分接触和混合，使药剂与颗粒相互作用。经调浆后的矿浆送入浮选设备进行充气搅拌，使欲浮的颗粒附着于气泡上，并随之一起浮到矿浆表面形成泡沫层，用刮板刮出即为疏水性产物（或称为泡沫产品）；而亲水性颗粒则滞留在浮选槽内，经闸门排出，即为亲水性产物。浮选技术指标的好坏与所用浮选机或浮选柱的性能密切相关。

浮选实践表明，使用大容积浮选槽可使单位能耗降低 30%~40%，因而新研制的浮选机的单槽有效容积不断增加。例如，中国北京矿冶研究总院生产的 KYF-320 型浮选机，单槽有效容积为 $320m^3$；美国西部机械公司生产的 Wemco Smart Cell-250 型浮选机，单槽有效容积为 $250m^3$；芬兰奥托昆普公司生产的 Tank Cell-300 型浮选机，单槽有效容积达到了 $300m^3$。Wemco Smart Cell-250 型浮选机是目前世界上最大的自吸气机械搅拌式浮选机，而 KYF-320 型浮选机则是目前世界上最大的充气机械搅拌式浮选机。

5.3.1　浮选机的分类

按充气和搅拌的方式不同，可将浮选机分为如表 5-4 所示的 4 种基本类型。它们各有特色，均具优缺点和各自适用的场合。

表 5-4　浮选机的分类

浮选机类型	充气和搅拌方式	典 型 设 备
自吸气机械搅拌式浮选机	机械搅拌式（自吸空气）	XJK 型浮选机、JJF 型浮选机、BF 型浮选机、SF 型浮选机、GF 型浮选机、TJF 型浮选机、棒型浮选机、维姆科型浮选机、XJM-KS 型浮选机、XJN 型浮选机、法连瓦尔德型浮选机、丹佛-M 型浮选机、米哈诺布尔型浮选机

浮选机类型	充气和搅拌方式	典 型 设 备
充气机械搅拌式浮选机	充气与机械搅拌混合式	CHF-X 系列浮选机、XCF 系列浮选机、KYF 系列浮选机、丹佛-DR 型浮选机、俄罗斯的 ФПМ 系列浮选机、美卓的 RCS 型浮选机、波兰的 IF 系列浮选机、奥托昆普的 OK 型浮选机和 Tank Cell 浮选机、道尔-奥利弗浮选机
气升式浮选机	压气式（靠外部风机压入空气）	KYZ-B 型浮选柱、旋流-静态微泡浮选柱、XJM 型浮选柱、FXZ 系列静态浮选柱、CPT 型浮选柱、ФП 型浮选柱、维姆科浮选柱、Flotaire 型浮选柱、Contact 浮选柱、Pneuflot 气升式浮选机、ФПП 型气力脉动型浮选机
减压式浮选机	气体析出或吸入式	XPM 型喷射旋流式浮选机、埃尔摩真空浮选机、卡皮真空浮选机、达夫可拉喷射式浮选机、詹姆森浮选槽

5.3.2　自吸气机械搅拌式浮选机

自吸气机械搅拌式浮选机的共同特点是，矿浆的充气和搅拌均靠机械搅拌器（或称为充气搅拌结构，包括转子和定子或叶轮和盖板）来实现。由于搅拌机构的结构不同，自吸气机械搅拌式浮选机的型号也比较多，如离心式叶轮、棒型轮、笼型转子、星形转子等。

生产中应用较多的自吸气机械搅拌式浮选机是下部气体吸入式，即在位于浮选机槽体下部的机械搅拌器附近吸入空气。充气搅拌器具有类似泵的抽吸特性，既能自吸空气，又能自吸矿浆，因而在浮选生产流程中可实现中间产物自流返回再选，不需要砂泵扬送，这在流程配置方面显示出明显的优越性和灵活性；由于转子转速快，搅拌作用较强烈，有利于克服沉槽和分层现象，因此其在国内外的浮选生产中一直广为采用。

自吸气机械搅拌式浮选机的不足之处主要是：结构复杂，转子转速较高，单位处理量的能耗较大，转子-定子系统磨损较快，而且随着转子-定子系统的磨损充气量不断降低；另外，由于转子-定子系统圆周上磨损的不均匀性，容易造成矿浆液面的不平衡，常出现"翻花现象"，影响设备的工作性能。

5.3.2.1　SF 型浮选机

中国北京矿冶研究总院生产的 SF 型浮选机的结构简图如图 5-4 所示，其主要由电动机、吸气管、中心筒、槽体、叶轮、主轴、盖板、轴承体等部件组成，有效容积大于 $10m^3$ 的槽体增设导流筒、假底和调节环。

叶轮安装在主轴的下端，电动机通过安装在主轴上端的皮带轮带动主轴和叶轮旋转。空气由吸气管吸入。叶轮上方装有盖板和中心筒。

浮选机工作时，电动机带动叶轮高速旋转，叶轮上叶片与盖板间的矿浆从叶轮上叶片间抛出，同时在叶轮与盖板间形成一定的负压。由于压差的作用，将空气经吸气管自动吸入，并从中矿管和给矿管吸入矿浆。矿浆与空气在叶轮与盖板之间形成旋涡而把气泡进一步细化，并经盖板稳流后进入整个槽子中；又由于叶轮下叶片的作用力，促使下部矿浆循

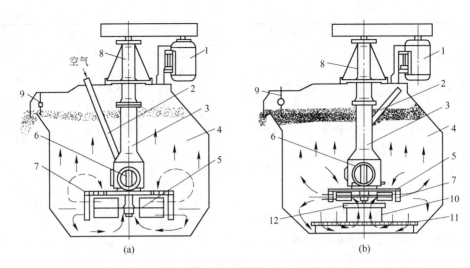

图 5-4　SF 型浮选机的结构简图

(a) SF-0.15~8.0 型；(b) SF-10~20 型

1—电动机；2—吸气管；3—中心筒；4—槽体；5—叶轮；6—主轴；7—盖板；
8—轴承体；9—刮板；10—导流筒；11—假底；12—调节环

环，以防止粗颗粒发生沉槽现象。

SF 型浮选机的主要特点包括：

(1) 采用后倾式叶片叶轮，造成槽内矿浆上下循环，可防止粗颗粒沉淀，有利于粗粒的浮选；

(2) 叶轮的线速度比较低，易损件使用寿命长；

(3) 单位容积的功耗比同类型浮选机低 10%~15%，吸气量提高 40%~60%。

5.3.2.2　维姆科浮选机

美国西部机械公司（Western Machinery Company）生产的维姆科（Wemco）浮选机，既有单槽的，也有多槽的，是一个庞大的系列产品。单个浮选槽的有效容积有 5m³、10m³、20m³、30m³、40m³、60m³、70m³、100m³、130m³、160m³ 和 250m³ 11 种规格。

维姆科浮选机的结构如图 5-5 所示，它是由星形转子、定子、锥形罩、导管、竖管、假底、空气进入管及槽体等组成的。当维姆科浮选机的星形转子旋转时，在竖管和导管内产生涡流，此涡流可形成足够的负压，空气从槽表面被吸入管内。被吸入的空气在转子与定子区内与从转子下面经导管吸进的矿浆混合，由转子旋转造成的切线方向的浆、气混合流经定子的作用转换成径向运动，并被均匀地甩到槽体内。在这里，颗粒与气泡

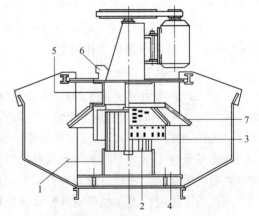

图 5-5　维姆科浮选机的结构示意图

1—导管；2—转子；3—定子；4—假底；
5—竖管；6—空气进入管；7—锥形罩

碰撞、接触、黏附形成矿化气泡，上升至泡沫区聚集成泡沫层，由刮板刮出即为疏水性产物。

维姆科浮选机由于采用了矿浆下循环的流动方式，没有激烈的矿浆流冲入槽体上部，所以槽体虽浅，矿浆面仍比较平稳，同时下循环还可以防止物料在槽底的沉积。槽体下部设计成梯形断面，有利于促使矿浆的下循环。Wemco Smart Cell-250 型浮选机的槽体为圆筒形，具有维姆科1+1型机械充气式浮选机的机械结构和锥形活底。

5.3.2.3 JJF 型浮选机

JJF 型浮选机是参考维姆科浮选机的工作原理设计的，属于一种槽内矿浆下部大循环自吸气机械搅拌浮选机，其结构如图 5-6 所示。叶轮机构由叶轮、定子、分散罩、竖筒、主轴及轴承体组成，安装在槽体的主梁上，由电动机通过三角皮带驱动。在槽体下部设有假底和导流管装置。

JJF 型浮选机的主要特点是：

（1）自吸气，不需要设风机和供风管道；

（2）叶轮沉没于槽内矿浆的深度浅，能自吸足够的空气，可达 $1.1 \mathrm{m}^3/(\mathrm{m}^2 \cdot \mathrm{min})$；

（3）借助于假底、导流管装置，促进矿浆下部大循环，循环区域大，保持矿粒悬浮；

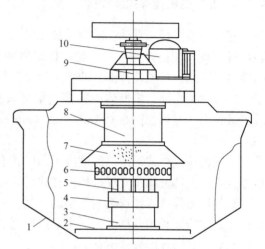

图 5-6 JJF 型浮选机的结构简图
1—槽体；2—假底；3—导流管；4—调节阀；
5—叶轮；6—定子；7—分散罩；8—竖筒；
9—轴承体；10—电动机

（4）借助于分散罩装置，使矿浆液面保持稳定，有利于矿物分选；

（5）叶轮直径小，圆周线速度比较低，叶轮与定子间隙大（一般为 100~500mm），叶轮磨损轻。

5.3.2.4 XJM-KS 型浮选机

XJM-KS 型浮选机主要用于选煤厂的煤泥浮选，其结构如图 5-7 所示。XJM-KS 型浮选机的结构从总体上可分为预矿化器和浮选机两大部分。预矿化器由稳压管、喷射器、喉管和扩散管等几个部分组成，通过浮选机入料下导管与浮选机相连。来料矿浆首先进入预矿化器，然后再进入浮选机分选。在预矿化器中完成管道扩径稳压、喷射器射流吸入药剂和空气、微泡选择性析出、湍流弥散空气和微泡矿化预选等环节，这不仅简化了矿浆预处理环节，而且还强化了后续分选，提高了浮选机的处理能力。

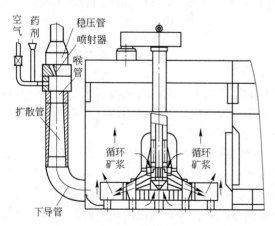

图 5-7 XJM-KS 型浮选机的结构图

XJM-KS 型浮选机采用假底底吸、周

边串流入料方式。经过预矿化器完成预矿化的矿浆，首先进入分选槽的假底下部，由叶轮下吸口吸入叶轮下层。当给入的矿浆量大于叶轮下层吸浆能力时，多余矿浆通过假底周边向上进入假底上搅拌区，与气泡接触进行再次矿化；当给入的矿浆量小于叶轮下层吸浆能力时，槽内部分矿浆通过假底进入下层叶轮，增大循环量。对于可浮性好的煤泥，可提高浮选机的处理能力；对于可浮性差的煤泥，通过增大循环量可改善浮选效果。

5.3.3 充气机械搅拌式浮选机

充气机械搅拌式浮选机既要外加充气（一般用高压鼓风机），又要进行机械搅拌，主轴部件（即机械搅拌部分）只起搅拌矿浆和分散空气的功能，没有自吸空气和自吸矿浆的能力。因此，机械搅拌部分的转速可以较低，叶轮与定子之间的间隙比较大，叶轮、定子使用寿命长。浮选机槽体中的充气量可根据处理物料的性质和作业条件的不同任意调节，最小充气量可控制在 $0.1m^3/(m^2 \cdot min)$ 以下，最大充气量可达 $1.8 \sim 2.0m^3/(m^2 \cdot min)$。

充气机械搅拌式浮选机的适应范围广，有利于向大型发展。目前浮选生产中使用的大型浮选机，大部分属于充气机械搅拌式浮选机。

充气机械搅拌式浮选机的不足之处是：由于没有自吸矿浆的能力，在浮选流程配制中各作业之间需要采用阶梯配置，中矿返回需要使用泵，给操作、维护带来一些不便。

5.3.3.1 KYF 型浮选机

中国北京矿冶研究总院生产的 KYF 型浮选机，充分吸收了芬兰的 OK 型浮选机和美国的道尔-奥利弗（Dorr-Oliver）浮选机的优点，采用 U 形槽体、空心轴充气和悬挂定子，其结构如图 5-8 所示。

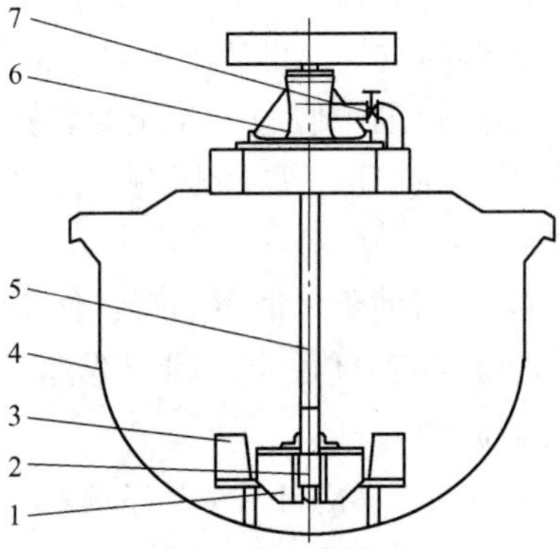

当电动机带动叶轮旋转时，槽内矿浆从四周经槽底，由叶轮下端吸入叶轮叶片之间；与此同时，由鼓风机压入的压缩空气经空心轴进入叶轮腔的空气分配器中，通过空气分配器周边的孔流入叶轮叶片之间。矿浆与空气在叶轮叶片之间充分混合后，由叶轮上半部周边排出，经安装在叶轮四周斜上方的定子稳流和定向后，进入浮选槽。

图 5-8 KYF 型浮选机的结构简图
1—叶轮；2—空气分配器；3—定子；
4—槽体；5—主轴；6—轴承体；
7—空气调节阀

5.3.3.2 XCF 型浮选机

XCF 型浮选机的结构如图 5-9 所示，由 U 形槽体、带上下叶片的大隔离盘叶轮、带径向叶片的座式定子、圆盘形盖板、中心筒、带有排气孔的连接管、轴承体以及空心主轴和空气调节阀等组成。深槽型槽体有开式和封闭式两种结构。轴承体有座式和侧挂式，安装在兼作给气管的横梁上。

XCF 型浮选机的突出特点是，采用了既能循环矿浆以分散空气、又能从槽体外部吸入给矿和中矿泡沫的双重作用叶轮。一般的充气机械搅拌式浮选机由于压入压缩空气，降低了叶轮中心区的真空压强（负压），使之不能吸入矿浆；而 XCF 型浮选机采用了具有充气搅拌区和吸浆区的主轴部件，两个区域由隔离盘隔开，吸浆区由叶轮上叶片、圆盘形盖板、中心筒和连接管等组成，充气搅拌区由叶轮下叶片和空气分配器等组成。

电动机通过传动装置和空心主轴带动叶轮旋转，槽内矿浆从四周通过槽底部，经叶轮下叶片内缘吸入叶轮下叶片间；与此同时，由外部压入的空气通过横梁、空气调节阀、空心主轴，进入下叶轮腔中的空气分配器，然后通过空气分配器周边的小孔进入叶轮下叶片间。矿浆与空气在叶轮下叶片间进行充分混合后，由叶轮下叶片外缘排出。

由于叶轮旋转和盖板、中心筒的共同作用，在吸浆区产生一定的负压，使中矿泡沫和给矿通过中矿管和给矿管吸入中心筒内，并进入叶轮上叶片间，最后从上叶片外缘排出。叶轮下叶片外缘排出的矿浆、空气混合物与叶轮上叶片外缘排出的中矿和给矿，经安装在叶轮周围的定子稳流并定向后，进入槽内主体矿浆中。

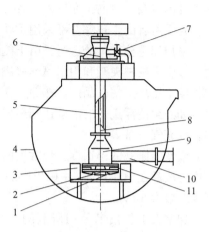

图 5-9 XCF 型浮选机的结构简图
1—叶轮；2—空气分配器；3—定子；
4—槽体；5—主轴；6—轴承体；
7—空气调节阀；8—接管；
9—中心筒；10—中矿管；
11—盖板

5.3.3.3 RCS 型浮选机

芬兰美卓（Metso）矿物公司生产的 RCS（Reactor Cell System）型充气机械搅拌式大容积浮选机，已在世界上得到广泛应用。RCS 型浮选机采用圆筒形槽子，其中 RCS-200 型浮选机槽子的高度为 9.4m，直径为 7m。RCS 型浮选机是在深叶片充气系统的基础上开发研制的，其充气系统的结构能确保矿浆向着槽壁呈强劲的径向环流，并朝着转子下方强烈地回流，因而能避免浮选机发生沉槽现象。

为 RCS 型浮选机研制的 DV 型充气设备，是由一个安装在空心轴上的锥形转子和一个定子构成的。空气经空心轴和转子被分散后，撞击到定子的固定叶片上。RCS 型浮选机的浮选槽有效容积有 $5m^3$、$10m^3$、$15m^3$、$20m^3$、$30m^3$、$40m^3$、$50m^3$、$70m^3$、$100m^3$、$130m^3$、$160m^3$ 和 $200m^3$ 12 种规格。

5.3.4 气升式浮选机

气升式浮选机的结构特点是没有机械搅拌器，也没有运转部件，矿浆的充气和搅拌是依靠外部辅设的风机压入空气来实现的。在气升式浮选机中，分散空气基本上都是通过以下 3 种方法实现的：

（1）气动法，即气体在加压条件下，通过浸没在矿浆中的多孔部件形成气泡；

（2）液压法，即流动的液体表面捕获气相；

（3）喷气法，即在空气流喷入液体时，气体升入到有限的空间，吸住液体，与液体混合，并分散成细小气泡。

在气升式浮选机中，最简单的矿浆充气方法就是使气体加压后通过分散器的孔隙。这种类型中最广泛使用的充气设备是由橡胶、金属、聚乙烯、滤布、毛毡和其他材料制成的多孔管、多孔板或多孔圆盘，在加压下使空气通过这些多孔部件。

浮选柱可称为柱型气升式浮选机，它的研制及其工业应用已成为浮选设备和工艺发展的主要方向之一。仅在俄罗斯，近年来已颁发了 80 多项有关柱型气升式浮选机及其充气器设计的专利。目前，在巴西一些 20 世纪 90 年代投产的采用浮选工艺的铁矿石选矿厂中，几乎所有的浮选作业都采用了浮选柱。

采用浮选柱进行分选时，由于能很好地浮选细粒级物料，回收率一般都比较高；同时由于减少了机械夹杂和用水喷淋泡沫层（可使机械夹带的矿泥量减少 40%~60%），在一定程度上提高了精矿品位。然而，就浮选柱的广泛应用来说，目前还存在一些问题有待解决，如必须使浮选槽的高度达到最佳值、需要制造能确保获得最佳粒度的气泡和气泡矿化的有效充气设备等。

俄罗斯研制的浮选柱，最常见的高度是 4~7m；而加拿大和美国研制的一些浮选柱，高度一般都在 10~16m；中国生产的浮选柱，直径为 0.6~4m，根据浮选作业的具体情况，高度一般为 5~9m。

加拿大工艺技术公司研制的 CPT 浮选柱，其直径达到 5m，高度为 8~16m，配置 Slamjet 充气器，用于浮选各种矿石。Slamjet 充气器的使用寿命达 3 年以上，并且操作方便，分散器从浮选柱的外部沿着周边布置，可在不停机的情况下更换喷头。

5.3.4.1　KYZ-B 型浮选柱

中国北京矿冶研究总院生产的 KYZ-B 型浮选柱的结构如图 5-10 所示，其主要特点有：

（1）保证浮选柱内能充入足量空气，使空气在矿浆中充分地分散成大小适中的气泡，保证柱内有足够的气-液界面，增加矿粒与气泡碰撞、接触和黏附的机会。

（2）气泡发生装置所产生的气泡满足浮选动力学的要求，利于矿物与气泡集合体的形成和顺利上浮，建立一个相对稳定的分离区和平稳的泡沫层，减小矿粒的脱落机会。

（3）给矿器保证矿浆均匀地分布于浮选柱的截面上，运动速度较小，不会干扰已经矿化的气泡。

（4）气泡发生装置优化了空间上的分布，可以消除气流余能，形成细微空气泡，稳定液面，防止翻花现象的发生。喷射气泡发生器采用了耐磨的陶瓷衬里，使用寿命长。微孔气泡发生器采用不锈钢烧结粉末，形成的气泡大小均匀，浮选柱内空气分散度高。

（5）泡沫槽增加推泡锥装置，缩短泡沫的输送距离，加速泡沫的刮出。

（6）充气量易于调节，操作简单方便。

（7）合理安排冲洗水系统的空间位置和控制冲洗水量大小，提高泡沫堰负载速率，泡沫可以及时进入泡沫槽，利于消除泡沫层的夹带，提高精矿品位。

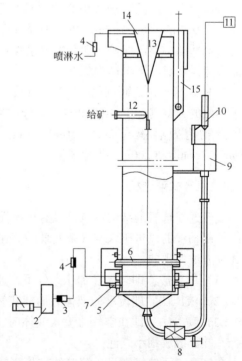

图 5-10　KYZ-B 型浮选柱系统的结构示意图

1—风机；2—风包；3—减压阀；4—转子流量计；
5—总水管；6—总风管；7—充气器；8—排矿阀；
9—尾矿箱；10—气动调节阀；11—仪表箱；
12—给矿管；13—推泡器；14—喷水管；15—测量筒

（8）通过控制给气、加药、补水、调节液面，保证浮选过程顺利进行。

KYZ-B 型浮选柱采用的喷射气泡发生器产生的气泡，能均匀地分布于槽内矿浆中，最大充气量（清水）可达 $2.5m^3/(m^2 \cdot min)$。

5.3.4.2 旋流-静态微泡浮选柱

旋流-静态微泡浮选柱（FCSMC 浮选柱）的分离过程包括柱体分选、旋流分离和管流矿化 3 部分，整个分离过程在柱体内完成，如图 5-11 所示。

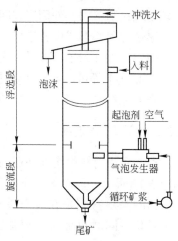

图 5-11　FCSMC 浮选柱的
工作原理图

柱分选段位于整个柱体上部。旋流分离段采用柱-锥相连的水介质旋流器结构，并与柱分离段呈上、下结构的直通连接。从旋流分选角度来看，柱分离段相当于放大了的旋流器溢流管。在柱分离段的顶部设置了喷淋水管和泡沫产物收集槽。给矿点位于柱分离段的中上部，最终尾矿由旋流分离段底口排出。气泡发生器与浮选管段连接成一体，单独布置在柱体外面，其出流沿切线方向与旋流分离段柱体相连，相当于旋流器的切线给矿管。气泡发生器上设有导气管。

管流矿化包括气泡发生器与管浮选段两部分。气泡发生器是浮选柱的关键部件，它采用类似于射流泵的内部结构，具有依靠射流负压自身引入气体并把气体粉碎成气泡的双重作用。在旋流-静态微泡浮选柱分选设备内，气泡发生器的工作介质为循环中矿。经过加压的循环矿浆进入气泡发生器，引入气体并形成含有大量微细气泡的气、固、液三相体系。三相体系在管浮选段内高度湍流矿化，然后仍保持较高能量状态沿切向高速进入旋流分离段。这样，管浮选段在完成浮选充气（自吸式微泡发生器）与高度湍流矿化（管浮选段）功能的同时，又以切向入料的方式在柱体底部（旋流分离段）形成了旋转流场。管浮选段为整个柱分离方法的各类分选方式提供了能量来源，并基本上决定了整个分选过程的能量状态。

当大量气泡沿切向进入旋流分离段时，由于离心惯性力和浮力的共同作用，便迅速以旋转方式向旋流分离段中心汇集，进入柱分离段并在柱体断面上得到分散。与此同时，由上部给入的矿浆连同矿物颗粒呈整体向下塞式流动，与呈整体向上浮升的气泡发生逆向运行与碰撞。气泡在上升过程中不断矿化。

旋流分离段不仅加速了气泡在柱体断面上的分散，更重要的是对柱分离中矿以及经过管浮选循环中矿的分选。在离心惯性力作用下，呈向上、向里运动的气泡（包括矿化气泡）与呈向下、向外运动的矿粒发生碰撞，从而产生矿化，形成旋转流场中的表面分选过程。这种分选不仅保持了与矿浆旋流运动垂直的背景，而且受到了旋转流场中离心因数的直接影响。离心因数越大，这种表面分选作用就越强。

旋流分离作用贯穿于整个旋流分离段，它既形成了气泡与矿粒的分离，又形成了矿粒按密度的径向分布。这样，在实现自身旋流分离的同时，旋转流场又构成了与其他分选方式的联系与沟通，成为整个分选过程的中枢。作为表面浮选的补充，旋流分离从整体上强化了分选与回收。对于矿物分选来说，柱分离段和旋流分离段的联合分选具有十分重要的意义。柱分离段的优势在于提高选择性，保证较高的产品质量；而旋流分离段的相对优势在于提高泡沫产品的产率。

旋流分离的底流采用倒锥形套锥进行机械分离，倒锥形套锥把经过旋转流场充分作用的底部矿浆机械地分流成两部分：中间密度的矿物颗粒进入内倒锥，成为循环中矿；高密度矿物颗粒则由内、外倒锥之间排出，成为最终尾矿。循环中矿作为工作介质，完成充气与管浮选过程并形成旋转流场，其特点为：

(1) 减少了脉石等物质对分选的影响；

(2) 使中等可浮颗粒在管浮选过程中因高度湍流而实现矿化；

(3) 减少了循环系统，特别是降低了关键部件自吸式微泡发生器的磨损。

5.3.5　詹姆森浮选槽

詹姆森浮选槽由澳大利亚的 Graeme Jameson 教授研制并已得到推广应用，其操作系统如图 5-12 所示。该设备可分为下导管、槽内矿浆区和槽内泡沫区 3 个主要区域。詹姆森浮选槽的突出特点是在特殊设计的下导管中实现矿化，同时也证实了射流式充气的极好效果。

詹姆森浮选槽工作时，矿浆给入给矿池，然后用泵送入下导管内与空气充分混合，使疏水性颗粒与气泡充分接触。此后，矿浆从下导管的底部进入浮选槽，在这里矿化气泡上升至槽子上部，形成泡沫层。

詹姆森浮选槽的下导管数目依据设备的规格而定，可以仅有 1 个，也可以多达 30 个。在下导管中，气泡与颗粒发生碰撞、接触和黏着。

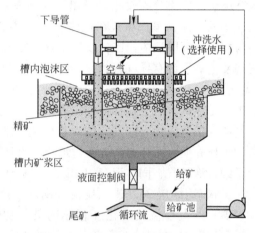

图 5-12　詹姆森浮选槽的操作系统示意图

詹姆森浮选槽广泛用于煤泥浮选生产中。通过浮选槽内尾煤的部分循环，既可以消除选煤装置内物料流的波动，保持供给下导管的矿浆速度稳定，也可以通过增加气泡与颗粒碰撞、黏结的可能性来提高浮选精煤的产量和回收率。

5.4　浮　选　工　艺

影响浮选过程的因素主要包括处理矿石的粒度、浮选药剂制度、矿浆浓度、浮选流程、矿浆 pH 值、浮选时间、温度、水质等。

5.4.1　粒度对浮选过程的影响

为了保证浮选获得较高的指标，研究入选矿石粒度对浮选的影响具有重要的意义，以便根据矿石性质确定最合适的入选粒度（磨矿细度）和其他工艺条件。

浮选时不但要求矿物单体解离，而且要求有适宜的入选粒度。颗粒太粗，即使已单体解离，也会因超过气泡的承载能力而不能被有效回收。浮选粒度上限因矿物的密度不同而异，如硫化物矿物一般为 0.2~0.25mm，其他矿物为 0.25~0.3mm，煤为 0.5mm。

入选矿石的粒度对浮选产物的质量也有一定影响。一般情况下，随着粒度的变化疏水性产物的品位有一最大值，当粒度进一步减小时，品位随之下降，这是由于微细的亲水性颗粒机械夹杂所致；粒度增大时，又会因存在大量的连生体颗粒而导致分选精矿的品位降低。

5.4.2 浮选药剂制度

浮选药剂制度主要是指浮选所用的药剂种类及其用量；其次是指药剂添加的顺序、地点和方式（一次加入还是分批加入），药剂的配制方法以及药剂的作用时间等。实践证明，浮选药剂制度对浮选指标有重大影响，是泡沫浮选过程最重要的影响因素之一。

5.4.2.1 药剂的种类选择及用量

药剂的种类选择主要是根据所处理矿石的性质、可能的流程方案，并参考国内外的实践经验，然后通过试验加以确定的。

根据固体表面不均匀性和药剂间的协同效应，各种药剂混合使用在应用中取得了良好效果，并得到了广泛应用。所谓混合用药主要包括以下两个方面：

（1）不同捕收剂的混合使用，即同系列药剂混合，如低级与高级黄药混合使用、各种硫化物矿物捕收剂混合使用（如黄药与黑药混合使用或与溶剂、乳化剂、润湿剂混合使用）、氧化矿的捕收剂与硫化矿的捕收剂共用、阳离子型捕收剂与阴离子型捕收剂共用、大分子药剂与小分子药剂共用或混用等。

（2）调整剂联合使用，即为了加强抑制作用，将几种抑制剂联合使用，如亚硫酸盐与硫酸锌混用等。

浮选实践表明，捕收剂、起泡剂、抑制剂、活化剂以及矿浆 pH 值调整剂等的用量都必须适当，才能获得较好的浮选效果，用量过高或过低均对浮选不利。

5.4.2.2 药剂的配制及提高药效的措施

同一种药剂采用不同的配制方法，其适宜用量和效果都不同。配制方法的选择主要根据药剂的性质、添加方法和功能。

大多数可溶于水的药剂均配制成水溶液，如水溶性药剂黄药、硫酸铜、硫酸锌、重铬酸钾等，通常均配成 5%~10% 的水溶液使用。

对于一些难溶性药剂，则需要采用特殊方法进行配制。例如，将石灰磨到 $10~100\mu m$ 后，在室温条件下与水混合搅拌配成石灰乳；将脂肪酸类捕收剂进行皂化处理后使用；将脂肪酸类、胺类捕收剂及白药等溶在某些特定的溶剂中制成药液使用；对于油酸、煤油、松醇油、柴油等，借助于强烈的机械搅拌或超声波处理进行乳化或加入乳化剂进行乳化后使用；也可利用一种特殊的喷雾装置，使药剂在空气中进行雾化后使用（即气溶胶法）。

5.4.2.3 药剂的添加

浮选过程常需加入几种药剂，它们与矿浆中各组分往往存在着复杂的交互作用，所以药剂的合理添加也是优化浮选药剂制度的重要因素。

通常的加药顺序为：矿浆 pH 值调整剂→抑制剂（或活化剂）→捕收剂→起泡剂。浮选被抑制过的物料的加药顺序为：活化剂→捕收剂→起泡剂。在加入捕收剂前，添加抑制剂或活化剂是为了使固体表面优先受到抑制或活化，提高分选过程的选择性，减少药剂消耗。

药剂的添加地点主要取决于药剂与矿物作用所需时间、药剂的功能及性质。生产中通常将 pH 值调整剂和抑制剂加在球磨机中，使其充分发挥作用；将活化剂、起泡剂和易溶的捕收剂加于浮选前的搅拌槽中；将难溶的药剂加在球磨机中。

浮选药剂可以一次添加，也可以分批添加。一次添加是指将某种药剂的全部用量在浮选前一次加入，这样可提高浮选过程初期的浮选速度，因其操作管理比较方便，生产中常被采用。实践表明，易溶且不易失效的药剂（如石灰、碳酸钠、黄药等）均适宜采用一次加药方式。分批添加是指将某种药剂在浮选过程中分几批加入，这样可以维持浮选过程中的药剂浓度，有利于提高产品质量。对于难溶于水的药剂、易被泡沫带走的药剂（如油酸、脂肪胺类捕收剂等）、在矿浆中易起反应的药剂（如 CO_2、SO_2 等）等，若只在一点上加药则会很快失效，所以通常采用分批添加的方式。对于要求严格控制用量的药剂，也必须采用分批添加方式。

5.4.3　矿浆浓度及其调整

浮选前矿浆的调节是浮选过程中的一个重要作业，包括矿浆浓度的确定和调浆方式的选择等工艺因素。

矿浆浓度是指矿浆中固体物料的含量，通常用液固比或固体质量分数 w_g 来表示。液固比是矿浆中液体与固体的质量（或体积）之比，有时又称为稀释度。浮选厂中常用的浮选浓度 w_g 为 20%~40%。

矿浆浓度是影响浮选过程的重要因素之一，它的变化将影响矿浆的充气程度、矿浆在浮选槽中的停留时间、药剂浓度以及气泡与颗粒的黏着过程等。

矿浆较浓时，浮选进行较快且较完全。适当增加浓度对浮选有利，处理每吨矿石所消耗的水、电也较少。浮选时最适宜的矿浆浓度还需考虑物料性质和具体浮选条件。一般原则是：浮选高密度粗粒矿石时，采用高浓度；反之，采用低浓度。粗选时采用高浓度，可保证获得高回收率和节省药剂；精选时采用低浓度，有利于提高最终疏水性产物的质量。扫选浓度由粗选的浓度决定，一般不另行控制。

浮选前在搅拌槽（或称调浆槽）内对矿浆进行搅拌称为调浆，其可分为不充气调浆、充气调浆和分级调浆等，它也是影响浮选过程的重要工艺因素之一。

不充气调浆是指在不充气的条件下在搅拌槽中对矿浆进行搅拌，其目的是促进药剂与颗粒互相作用。调浆所需的搅拌强度和时间，视药剂在矿浆中的分散、溶解程度以及药剂与颗粒的作用速度而定。

充气调浆是指在未加药剂之前预先对矿浆进行充气搅拌，常用于硫化物矿物的浮选。各种硫化物矿物颗粒表面的氧化速度不同，通过充气搅拌即可扩大矿物颗粒之间的可浮性差别，有利于改善浮选效果。但过分充气也是不利的。

所谓分级调浆，是根据物料不同粒度所要求的不同调浆条件等分别进行调浆，以达到改善浮选效果的目的。

5.4.4　浮选泡沫及其调节

泡沫浮选是在液-气界面进行分选的过程，因此泡沫起着重要的作用。浮选泡沫的气泡大小、泡沫的稳定性、泡沫的结构及泡沫层的厚度等，均能影响浮选指标。

在浮选过程中，疏水性颗粒附着在气泡上，大量附着颗粒的气泡聚集于矿浆表面形成泡沫层，这种泡沫称为三相泡沫。为了加速浮选，就必须创造大量能附着疏水性颗粒的液-气界面。进入的空气量一定时，形成的气泡越小，界面的总面积越大。在浮选过程中，要求气泡携带颗粒要有适当的上升速度，气泡过小难以保证足够的上浮力，而气泡过大又会降低界面面积，同样降低浮选速度。因此，浮选的气泡大小必须合适，满足浮选要求的气泡粒径为 $0.8 \sim 1mm$。

为了提高浮选过程的稳定性，要求泡沫具有一定的强度。保证泡沫能顺利从分选设备中排出所要求的泡沫的稳定时间，因不同的浮选作业而异，通常精选应长一些，而扫选应短一些，一般介于 $10 \sim 60s$ 之间。

在三相泡沫中常夹带部分连生体及亲水性颗粒，这些颗粒之所以进入泡沫，小部分是由于表面固着了捕收剂，形成了较弱的疏水性，附着于气泡被带入泡沫，但大部分是由于机械夹杂进来的。由于泡沫层中的水向下流动，可以冲洗大部分夹杂的颗粒，使之落回矿浆中。此外，当气泡在泡沫层中兼并时，液-气界面的面积减小，气泡上原来负荷的颗粒重新排列，发生"二次富集作用"，使疏水性强的颗粒仍附着于气泡上，弱者则被水带到下层或落入矿浆中。因此，浮选泡沫中上层的疏水性产物质量高于下层的。

5.4.5　浮选流程

浮选流程是浮选时矿浆流经各作业的总称，是由不同浮选作业（有时包括磨矿作业）所构成的浮选生产工序。

矿浆经加药搅拌后进行浮选的第一个作业称为粗选，其目的是将给矿中的某种或几种欲浮矿物分选出来。对粗选的泡沫产品进行再浮选的作业称为精选，其目的是提高最终疏水性产物的质量。对粗选槽中残留的固体进行再浮选的作业称为扫选，其目的是降低亲水性产物中欲浮组分的含量，以提高回收率。上述各作业组成的流程如图5-13所示。

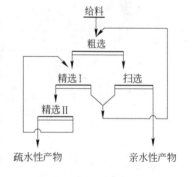

图 5-13　浮选流程示意图

浮选流程是最重要的工艺因素之一，它对选别指标有很大的影响。浮选流程必须与所处理矿石的性质相适应，对于不同的矿石应采用不同的流程。合理的工艺流程应能保证获得最佳的选别指标和最低的生产成本。在确定流程时，应主要考虑所处理矿石的性质，同时还应考虑对产物质量的要求以及选矿厂的规模等。

5.4.5.1　浮选流程的段数

在确定浮选流程时，应首先确定原则流程（又称骨干流程）。原则流程仅指出分选工艺的原则方案，其中包括选别段数、欲回收组分的选别顺序和选别循环数。

选别段数是指磨矿作业与选别作业结合的次数。磨一次（粒度变化一次），接着进行浮选，即称为一段。所以，浮选流程的段数就是处理的矿石经磨矿-浮选、再磨矿-再浮选的次数。浮选流程的段数主要是根据欲回收矿物的嵌布粒度及其在磨矿过程中的泥化情况而选定。生产实践中所用的浮选过程有一段、两段和三段之分，三段以上的流程则很少见到。

　　阶段浮选流程又称阶段磨-浮流程，是指两段及两段以上的浮选流程，也就是将第一段浮选的产物进行再磨-再浮选的流程。这种浮选流程的优点是可以减轻矿物的过粉碎。

5.4.5.2　选别顺序及选别循环

　　当浮选处理的矿石中含有多种待回收的矿物时，为了得出几种产品，除了确定选别段数外，还要根据待回收矿物的可浮性及它们之间的共（伴）生关系确定各种矿物的选出顺序。选出顺序不同，所构成的原则流程也不同。生产中采用的流程大体可分为优先浮选流程、混合浮选流程、部分混合浮选流程和等可浮流程 4 类（见图 5-14）。

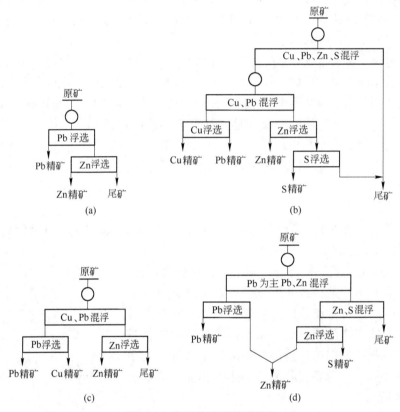

图 5-14　常见的浮选原则流程
（a）优先浮选流程；（b）混合浮选流程；（c）部分混合浮选流程；（d）等可浮流程

　　优先浮选流程是指将矿石中要回收的各种矿物按顺序逐一浮出，分别得到各种富含 1 种目的矿物的精矿的工艺流程。

　　混合浮选流程是指先将矿石中所有要回收的组分一起浮出得到中间产物，然后再对其进行浮选分离，得出各种富含 1 种或多种欲回收组分的精矿的工艺流程。

　　部分混合浮选流程是指先从矿石中混合浮出部分要回收的组分，并抑制其余组分，然后再活化浮出其他要回收的组分，先浮出的中间产物经浮选分离后得出富含 1 种或多种欲回收组分的精矿的工艺流程。

　　等可浮流程是指将矿石中可浮性相近的要回收的组分一同浮起，然后再进行分离的工艺流程。它适于浮选处理矿石中所包含的一些组分部分易浮、部分难浮的情况。例如，在浮选硫化铅锌矿石时，锌矿物有的易浮、有的难浮，则可考虑采用等可浮流程。在以浮选铅矿物为主时，将易浮的锌矿物与铅矿物一起浮出，这样可免除优先浮选对易浮锌矿物的强行抑制，也可免去混合浮选对难浮锌矿物的强行活化，从而降低药耗，消除残存药剂对分离的影响，有利于选别指标的提高。

选别循环（或称浮选回路）是指选得某一最终精矿所包括的一组浮选作业，如粗选、扫选及精选等整个选别回路，并常以所选的组分来命名，如铅循环（或铅回路）。

5.4.5.3 浮选流程的内部结构

流程内部结构除包含原则流程的内容外，还要详细表达各段的磨矿分级次数和每个循环的粗选、精选、扫选次数以及中间产物如何处理等。

粗选一般都是一次，只有在少数情况下采用两次或两次以上。精选和扫选的次数变化较大，这与矿石性质（如欲回收矿物的含量、可浮性等）、对产品质量的要求、欲回收矿物的价值等有关。当矿石中欲回收矿物的含量较高，但其可浮性较差时，如对精矿质量的要求不是很高，就应加强扫选，以保证有足够高的回收率，且精选作业应少，甚至不精选；当矿石中欲回收矿物的含量低而对精矿的质量要求很高（如浮选回收辉钼矿）时，就要加强精选，有时精选次数超过10次，甚至在精选过程中还需要结合再磨作业。

5.4.5.4 浮选流程的表示方法

表示浮选流程的方法较多，各个国家采用的表示方法也不一样。在各种书籍资料中，最常见的有线流程图、设备联系图等。

线流程图是指用简单的线条图来表示物料浮选工艺过程的一种图示法，如图5-15（a）所示。这种表示方法比较简单，便于在流程上标注药剂用量及浮选指标等，所以比较常用。

设备联系图是指将浮选工艺过程的主要设备与辅助设备，如球磨机、分级设备、搅拌槽、浮选机以及砂泵等先绘成简单的形象图，然后用带箭头的线条将这些设备联系起来，并表示矿浆的流向，如图5-15（b）所示。这种图的特点是形象化，常常能表示设备在现场配置的相对位置，其缺点是绘制比较麻烦。

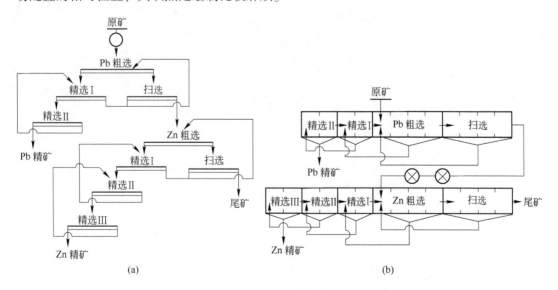

(a)   (b)

图 5-15　浮选流程的表示方法
(a) 线流程图；(b) 设备联系图

复习思考题

5-1 矿物颗粒表面的疏水性与哪些因素有关，如何表述，如何调整？

5-2 矿物颗粒表面的荷电途径有哪些，对它们的可浮性有何影响？

5-3 常用的浮选药剂有哪几类，其主要作用是什么？

5-4 硫化物矿物的常用捕收剂有哪些，各有什么特点？

5-5 有色金属硫化矿的分选工艺与有色金属氧化矿的分选工艺有何异同？

5-6 常用的浮选设备有哪几类，各自的工作原理是什么，有哪些特点，分别适用于什么场合？

5-7 常用的铅、锌硫化-氧化混合矿石的浮选工艺流程有哪些？

5-8 何为浮选流程、浮选段数、浮选回路？

5-9 何为优先浮选流程、混合浮选流程、等可浮流程？

5-10 对于同时含有具有回收价值的黄铜矿、方铅矿、闪锌矿和黄铁矿的多金属矿石，可以选择的浮选工艺流程有哪些，相应的药剂制度如何确定？

选矿产品脱水及尾矿处置

6.1 选矿产品脱水

在工业生产中，对矿石通常都采用湿法分选，选出的产物都是以液、固两相流体的形式存在，在绝大多数情况下需进行固液分离。完成固液分离的作业在生产中称为脱水，其目的是得到含水较少的产品和基本上不含固体的水。

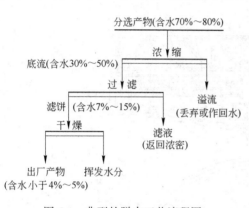

图 6-1 典型的脱水工艺流程图

生产中常用的脱水方法有浓缩、过滤和干燥 3 种。选矿厂销售产品的脱水常采用浓缩和过滤二段作业或浓缩、过滤和干燥三段作业（见图 6-1），而对分选出的尾矿通常只进行浓缩。

对销售产品（分选出的精矿）进行脱水是为了便于运输、防止冬季冻结以及达到烧结、冶炼或其他加工过程对产品水分含量的要求。例如，浮选铜精矿呈泡沫产品时，水分含量一般在 70%~80% 之间，经过脱水后水分含量可以降到 8%~12%，夏季要求出厂的铜精矿水分含量不大于 12%，冬季则要求不大于 8%。对于一些有特殊要求或出口的分选产物，往往要求其中的水分含量不大于 2%~4%。

分选尾矿一般不经脱水或经一段浓缩后送尾矿库，回收其中的水循环使用。为了降低耗水量或防止废水污染环境，选矿厂都使用一定量的循环水，有的选矿厂循环水用量甚至高达 90%~95%，仅用少量新鲜水。

此外，选矿过程中的某些中间产物有时由于浓度太低，直接返回原流程会恶化选别过程，在这种情况下也需要对其进行脱水。

6.1.1 浓缩

浓缩是矿物颗粒借助于重力或离心惯性力从矿浆中沉淀出来的脱水过程，常用于细粒物料的脱水。常用的浓缩设备有水力旋流器、倾斜浓密箱和浓密机等。浓密机的工作过程如图 6-2 所示。矿浆从浓密机的中心给入，矿物颗粒沉降到池子底部，通过耙子耙动汇集于设备中央并从底部排出，澄清水则从池子周围溢出。

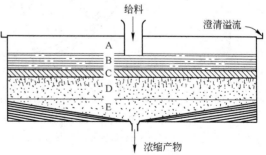

图 6-2 浓密机的工作过程示意图

A—澄清带；B—颗粒自由沉降带；C—沉降过渡带；

D—压缩带；E—锥形耙子区

    浓缩作业的给矿浓度通常为 20%~30%。浓缩产物的浓度取决于被浓缩物料的密度、粒度、组成及其在浓密机中的停留时间等。对于密度为 2800~2900kg/m³ 的分选产物，浓缩产物的浓度一般为 30%~50%；对于密度为 4000~4500kg/m³ 的分选产物，浓缩产物的浓度为 50%~70%。

    浓缩细磨的精矿或尾矿时，为了防止溢流携带过多固体和提高浓缩设备的处理能力，常在浓缩前加入助沉剂（凝聚剂或高分子絮凝剂）以增加矿物颗粒的沉降速度。常用的凝聚剂有石灰、明矾、硫酸铁等，其中以石灰最为常用；常用的高分子絮凝剂为聚丙烯酰胺及其水解产物，用量为 10~20g/t。

    浓密机按其传动方式分为中心传动式和周边传动式两种。图 6-3 所示为中心传动式浓密机的结构，其主要组成部分包括浓缩池、耙架、传动装置、耙架提升装置、给料装置和卸料斗等。

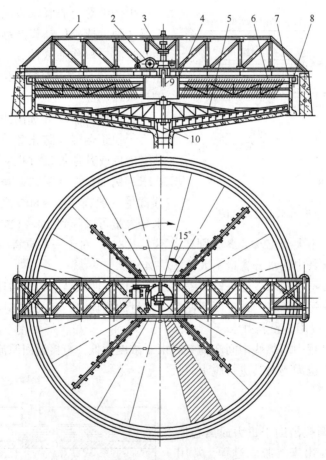

图 6-3   中心传动式浓密机的结构

1—桁架；2—传动装置；3—耙架提升装置；4—受料筒；5—耙架；
6—倾斜板装置；7—浓密池；8—环形溢流槽；9—竖轴；10—卸料斗

    圆柱形浓缩池用水泥或钢板制成，池底稍呈圆锥形或是水平的。池中间装有 1 根竖轴，轴的末端固定有 1 个十字形耙架，耙架的下部有刮板。耙架与水平面呈 8°~15°。竖轴由电动机经传动机构带动旋转。矿浆沿着桁架上的给料槽流入池中心的受料筒，固体颗粒在池底部由刮板刮到池中心的卸料斗排出，澄清的溢流水从池上部环形溢流槽溢出。

浓密机中部设有耙架提升装置，当耙架负荷过大时，保护装置发出信号并自动提升耙架，避免发生断轴或压耙事故。

周边传动式浓密机的基本构造和中心传动式的相同，只是由于直径较大，耙架不是由中心轴带动，而是由周边传动小车带动。周边传动式浓密机由于耙架的强度高，其直径可以作得很大，最大规格已达 $\phi100\sim180m$。

浓密机具有构造简单、操作方便等优点，被广泛应用于浓缩各种固体物料。其缺点是：占地面积较大，不能用来处理粒度大于 3mm 的物料，因为粒度大易于将底部堵塞。

6.1.2 过滤

选矿生产过程中的过滤是借助于过滤介质（滤布）和压强差的作用，对矿浆进行固液分离的过程。滤液通过多孔滤布滤出，还含有一定水分的固体物料留在滤布上，形成一层滤饼。浓缩产物进一步脱水均采用过滤的方法，过滤作业的给料浓度通常为 40%～60%，滤饼水分含量可降到 7%～16%。

研究结果表明，有许多因素影响过滤过程的进行，其中主要的影响因素是矿浆中固体物料的浓度和粒度组成、矿浆的黏度、过滤介质的性能以及过滤介质两面的压强差等。此外，浮选药剂也是影响滤饼水分含量和过滤机生产率的重要因素之一，脂肪酸类捕收剂和起泡剂都可以使矿浆黏度增加，使过滤发生困难；过大的石灰用量也同样会导致过滤困难。

目前选矿厂中应用的过滤机主要有陶瓷过滤机、圆筒真空过滤机、圆盘式（或称叶片式）真空过滤机、折带式真空过滤机、永磁真空过滤机、带式压滤机等。外滤式圆筒真空过滤机的结构如图 6-4 所示。

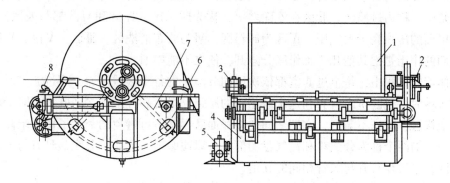

图 6-4 外滤式圆筒真空过滤机的结构

1—筒体；2—分配头；3—主轴承；4—矿浆槽；5—传动机构；6—刮板；7—搅拌器；8—绕线机架

圆筒过滤机由筒体、主轴承、矿浆槽、传动机构、搅拌器、分配头等部分组成。这种过滤设备的主要工作部件是一个用钢板焊接成的圆筒，其结构如图 6-5 所示。过滤机工作时，筒体约有 1/3 的圆周浸在矿浆中。

筒体外表面用隔条（见图 6-5）沿圆周方向分成 24 个独立的、轴向贯通的过滤室。

每个过滤室都用管子与分配头连接。过滤室的筒表面铺设过滤板，滤布覆盖在过滤板上，用胶条嵌在隔条的槽内，并由绕线机构用钢丝连续压绕住滤布，使其固定在筒体上。筒体支承在矿浆槽内，由电动机通过传动机构带动做连续的回转运动。筒体下部位于矿浆槽内，为了使槽内的矿浆呈悬浮状态，槽内有往复摆动的搅拌器在工作时不断搅动矿浆。

分配头是过滤机的重要部件，其位置固定不动，通过它控制过滤机各个过滤室依次进行过滤、滤饼脱水、卸料及清洗滤布。分配头的一面与喉管严密地接触并能相对滑动，另一面通过管路与真空泵、鼓风机连接。分配头内部有几个布置在同圆周上且互相隔开的空腔，形成几个区域，如图6-6所示。

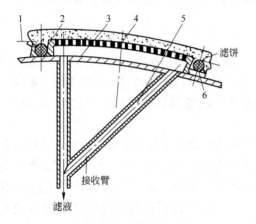

图6-5　过滤机筒体的结构

1—滤布；2—隔条；3—筒体；
4—过滤板；5—管子；6—胶条

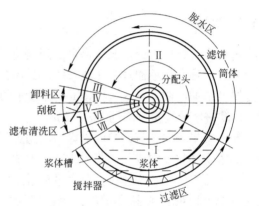

图6-6　分配头分区及过滤机
工作原理示意图

Ⅰ区和Ⅱ区与真空泵接通，工作时里面保持一定的真空度。与Ⅰ区对应的筒体部分浸没在矿浆中，称为过滤区。Ⅱ区在液面之上，称为脱水区。Ⅳ区和Ⅵ区都与鼓风机相通，工作时里面的压强高于大气压。Ⅳ区为卸料区，Ⅵ为滤布清洗区。Ⅲ区、Ⅴ区、Ⅶ区不工作，它们的作用是把其他几个工作区分隔开，使之不能串通。

筒体旋转过程中，每个过滤室都依次地同分配头的各个区域接通，当过滤室对着分配头某个区域时，过滤室内就有和这个区相同的压强。喉管和分配头之间既要相对滑动，又要严密地接触，保证不漏气，它们之间的接触面磨损是不可避免的。为了便于维修，在它们之间往往加两个称为分配盘和错气盘的部件，以便磨损后更换。分配盘具有与分配头相同的分区，错气盘具有与喉管相同的孔道。

过滤机工作时，筒体在矿浆槽内旋转。筒体下部与分配头Ⅰ区接通，室内有一定的真空度，将矿浆逐渐吸向滤布。水透过滤布经管子被真空泵抽向机外，在滤布表面形成滤饼。圆筒转到脱离液面的位置后进入Ⅱ区，滤饼中的水分被进一步抽出。圆筒转到Ⅳ区时和鼓风机接通，将滤饼吹动，并通过刮板将滤饼刮下。圆筒转到Ⅵ区后继续鼓风并清洗滤布，恢复滤布的透气性。圆筒继续旋转，又进入过滤区开始下一个循环。

滤布是过滤机的重要组成部分，对过滤效果起重要作用。通常要求滤布具有强度高、抗压、韧性大、耐磨、耐腐蚀、透气性好、吸水性差等性能，以降低滤饼水分含量，提高过滤机的生产能力，减少滤布消耗。

过滤机的真空压强通常为 80~93kPa，瞬时吹风卸料的风压为 78~147kPa。滤饼厚度一般为 10~15mm，有时也可以达到 25~30mm。

外滤式真空过滤机主要用于过滤粒度比较细、不易沉淀的有色金属矿石和非金属矿石的浮选泡沫产品，内滤式真空过滤机主要用于过滤磁选得出的铁精矿，圆盘过滤机和陶瓷过滤机适用于过滤细粒物料。

折带式真空过滤机改变了卸料方式，并加强了对滤布的清洗，使过滤效果和设备的生产能力都有所提高。图 6-7 是折带式真空过滤机的结构和工作示意图，这种过滤机的特点是不用鼓风卸料，而是当滤布经过卸料辊时自动卸下滤饼。

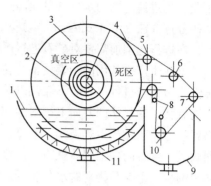

图 6-7　折带式真空过滤机的
结构和工作示意图
1—矿浆槽；2—分配头；3—筒体；
4—滤布；5—托辊；6—调整辊；
7—卸料辊；8—水管；9—清洗槽；
10—张紧轮；11—搅拌器

生产实践中常利用真空过滤机、气水分离器、真空泵、鼓风机、离心式泵、自动排液装置、管路等组成过滤作业工作系统，常见的过滤系统联系与配置方法有如图 6-8 所示的 3 种。

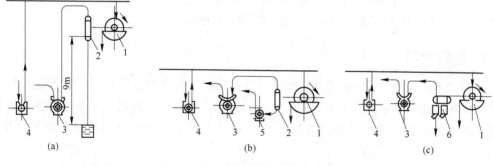

图 6-8　常见的过滤系统联系与配置方法
1—过滤机；2—气水分离器；3—真空泵；4—鼓风机；5—离心式泵；6—自动排液装置

图 6-8（a）所示的方法为滤液和空气先被真空泵抽到气水分离器中，空气从上部抽走，滤液从气水分离器下部排出。因为气水分离器内具有一定的真空度，为了防止滤液进入真空泵内，气水分离器与水池的落差要大于 9~10m。图 6-8（b）所示的方法为气水分离器中的滤液用离心式泵强制排出。图 6-8（c）所示的方法为用自动排液装置取代了气水分离器和离心式泵。排出的滤液中含有一定的固体，不宜丢弃，常返回浓密机。为了保证过滤机工作情况稳定，过滤机的矿浆槽要有一定的溢流量返回前一作业（浓密机）。

6.1.3　干燥

用加热蒸发的办法将物料中水分脱除的过程称为干燥。由于干燥过程的能耗大、费用高且劳动条件比较差，所以一般情况下应尽量使过滤产物的水分含量达到要求，不设干燥作业。当过滤产物的水分含量无法达到要求时,过滤之后再对产物进行干燥。此外,对于某些分选方法(如干式磁选、电选和风选等),原矿中水分含量的波动对选别指标影响较大,在进行选别前需要对矿石进行干燥,使其中的水分含量达到作业要求。

工业生产中常用的干燥设备有转筒干燥机、振动流化床干燥机、振动式载体干燥机和旋转闪蒸干燥机等。转筒干燥机以一个圆筒为主体,圆筒略带倾斜,倾角为 $1°\sim2°$,绕中心轴旋转。物料从圆筒向上倾斜的那一端给入,热风自燃烧室抽出后进入圆筒内,热风与物料接触,互相产生热交换,水分蒸发,使物料干燥。干燥机排出的废气经过旋风集尘器回收其中携带的微细固体颗粒后,排入大气中。在干燥机内,物料与热风的流向有顺流和逆流两种。干燥后物料的水分含量通常可降至 2%~6% ,根据需要也可使物料的水分含量降到1%以下。

6.2　选矿厂尾矿处置

选矿厂尾矿处置包括尾矿的贮存、尾矿水的循环使用等。

尾矿处置是选矿生产过程中的重要环节,并与周围居民的安全和农业生产有着重大关系,因而必须予以充分重视。

无论是有色金属矿石或稀有金属矿石的选矿厂,还是铁矿石或锰矿石的选矿厂,其尾矿量都是很大的。例如,一个日处理10000t原矿的有色金属矿石选矿厂,尾矿的产率以95%计,每天排出的尾矿量为9500t,其体积约为 $5000\mathrm{m}^3$ 。

6.2.1　尾矿的贮存

尾矿的运输和堆存方法取决于尾矿的粒度组成和水分含量。重选厂产出的粗粒尾矿,可采用矿车、皮带运输机、索道和铁路等运输方法;浮选厂和磁选厂排出的浆体状尾矿,一般采用砂泵运输,通过管道送至尾矿库,也可以对尾矿矿浆进行浓缩、压滤后堆置(干堆)。

筑坝和维护坝的安全是最重要的尾矿库管理工作。山谷型尾矿库多采用上游筑池法,即在山谷的出口首先筑一个主坝,子坝则在主坝之上向上游一侧按一定的坡度逐次增高,如图6-9(a)所示。

尾矿经管道进入初期坝的顶部,经旋流器分级后,再经支管均匀地排放到尾矿坝内侧。尾矿中粒度较粗的部分在坝体附近沉积下来,而粒度较细的部分则随矿浆一起流到池中央。当初期坝形成的库容填满时,子坝已利用尾矿中粒度较粗的部分筑成,而且加高了坝体,从而增加新的库容。

尾矿库内设溢流井,库内的澄清水通过溢流井进入排水管道排出。这部分水通常都是作为选矿厂的回水使用。

采用干堆技术处理尾矿,对提高尾矿堆存的安全稳定性、保护水资源、减小对环境的影响等具有重要意义,越来越受到人们的重视。这一技术的突出优点是:工艺运行平稳,经济效益明显,环境效益显著,坝体安全系数较高。尾矿干堆的常用工艺流程如图6-10所示。

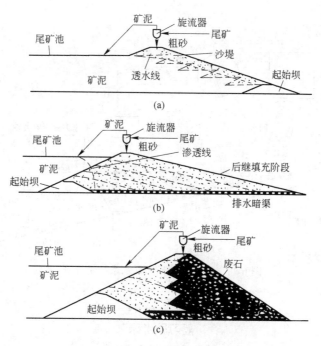

图 6-9 尾矿坝的构筑方法示意图

（a）上游法；（b）下游法；（c）采矿废石筑坝法

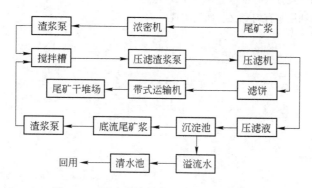

图 6-10 尾矿干堆的常用工艺流程示意图

6.2.2 尾矿水的循环使用

回水利用设施也是整个尾矿处置中的重要环节。为了防止环境污染和提高经济效益，生产中都是尽可能多地利用尾矿水，减少选矿厂的新水供应比例。

使用回水的方法主要有两种：一种方法是尾矿经浓密机浓缩，浓密机的溢流作为回水使用，底流送到尾矿库，回水率可达 40%～70%，主要用于重选厂或磁选厂。其优点是既可以减少输水管道的长度和动力消耗，又可以减少尾矿矿浆的输送量；但回水质量较差。另一种方法是将尾矿矿浆全部输送到尾矿库，经过较长时间的沉淀和分解作用以后，澄清水经溢流井用管道再送回选矿厂，回水率可达 50%。这种方法的优点是回水的水质好；但输水管路长，动力消耗大，运营费用较高。图 6-11 是选矿厂尾矿库回水系统示意图。

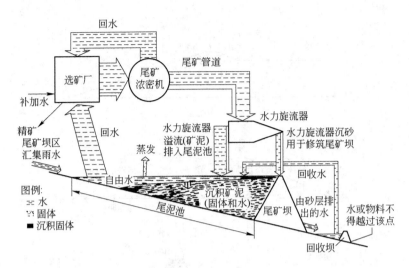

图 6-11　选矿厂尾矿库回水系统示意图

复习思考题

6-1 常用的选矿产品脱水流程和设备有哪些?

6-2 选矿厂尾矿的常用处置方法有哪些,各有什么特点?

6-3 提高选矿厂的回水利用率有何意义,如何实现?

7 选矿（煤）厂的生产管理与技术考查

生产是人类社会最基本的活动，是通过劳动把资源转化为能满足人们某些需要的产品的过程。生产过程又可分为生产技术准备过程、基本生产过程、辅助生产过程和生产服务过程。生产管理是对企业生产系统的设置和运行的各项管理工作的总称，其内容包括生产组织、生产计划和生产控制。生产管理的任务就是通过生产组织工作，按照企业目标的要求，设置技术上可行、经济上合算、物质技术条件和环境条件允许的生产系统；通过生产计划工作，制订生产系统优化运行的方案；通过生产控制工作，及时有效地调节企业生产过程内外的各种关系，使生产系统的运行符合既定生产计划的要求，实现预期生产的品种、质量、产量、出产期限和生产成本的目标。生产管理的目标就是要保证高效、低耗、灵活、准时地生产出合格产品，提供满意服务。

7.1 选矿（煤）厂的生产管理

选矿（煤）厂的生产管理主要包括人员管理、设备管理、生产过程管理等方面，具体内容可归结为：

（1）制订生产计划。这里所说的生产计划主要是指月计划和日计划。必须依据选矿（煤）厂的生产、经营计划，制定出详细、准确的生产计划，以保证选矿厂的生产、销售、运营等正常、有序地进行。

（2）把握材料的供给情况。虽然说材料的供给是采购部门的职责，但生产部门有必要随时把握生产所需的各种原材料和设备备品、备件的库存情况，目的是在材料发生短缺前能及时与有关部门沟通，以保证生产正常进行。

（3）把握生产进度。为了完成事先制订的生产计划，生产管理者必须不断地确认生产的实际进度，将每天的生产实际情况与生产计划进行比较，以便及时发现差距，采取有效的补救措施。

（4）把握生产技术经济指标。选矿（煤）厂的生产技术指标是衡量生产过程进行情况的量化标志，特别是精矿中主要回收元素（成分）的品位和回收率，必须保证按计划完成生产指标。一旦发现问题，应立即开展调研，分析原因，采取有效措施，尽快恢复正常生产。与此同时，还必须对精矿质量存在的问题进行持续有效的改善和追踪。

（5）对从业人员的管理。选矿（煤）厂的生产管理者要对自己属下的从业人员负责，包括把握他们的工作、健康、安全及思想状况。对人员的管理能力是生产管理者业务能力的重要组成部分。

（6）职务教育。要对属下的各级人员实施持续的职务教育，目的在于不断提高他们的思想水平和工作能力，同时还可以预防某些问题的再发生。为了做到这一点，选矿（煤）厂的生产管理者要不断地提高自身的业务水准，因为他不可能完全聘请外部讲师来完成企业教育计划。

（7）保证安全生产。安全生产是单位的头等大事，"安全生产！""安全第一！"的标语在各个矿场及工地都是最显著的标语。保证安全生产是一个复杂的系统工程，需要运用安全系统工程的理论和方法，对影响安全生产的人员素质、设备和管理等基本因素进行有效控制，使之达到"可控"和"在控"状态。为此，必须做到：

1）加强安全技术教育、培训工作，提高人员素质。提高人员素质不仅仅是安全生产管理的要求，也是单位整体发展的需要。要重点把握好培训对象、形式和效果这3个方面，切实提高培训的针对性、培训对象的层次性和培训形式的多样性，把职工安全知识、安全技术水平、业务能力与职工个人业绩考核相结合，与激励机制相结合，使管理人员及职工达到较高的业务水平、较强的分析判断和紧急情况处理能力，使广大职工把安全作为工作、生活中的"第一需求"，实现安全工作"要我安全→我要安全→我懂安全→我会安全"的转变。

2）认真落实各级人员安全生产责任制，特别是安全第一责任人。安全生产责任制是搞好安全生产管理工作的重要组织措施。多年的实践证明，安全生产责任制落实得好，安全状况就好，反之安全状况就差。为了能够落实好安全生产责任制，必须对各级各类人员及各部门在安全生产管理工作中的责、权、利进行明确界定，责、权、利不清，责任制也很难落实。通过与各级各类人员层层落实签订《安全生产责任书》的形式，逐级落实安全生产责任，并按责任和要求追究责任。

3）解决认识问题，突出安全工作的基础地位。在经济建设飞速发展的今天，必须处理好安全与效益、安全与其他生产管理工作的关系，突出安全生产的基础地位。如果没有安全生产作为基础支撑，效益就无从谈起。

（8）做好成本核算。成本核算是选矿生产过程管理的一项重要内容，精矿生产成本是选矿过程的重要技术经济指标之一。选矿（煤）厂的总成本包括生产成本、管理费用、财务费用和销售费用，是评价企业经济效益的重要依据。

生产成本＝原材料费＋辅助材料费＋燃料费＋动力费＋工资＋职工福利费＋制造费

式中，工资指直接工资，包括直接从事产品生产人员的工资、奖金、津贴和补贴，即生产工人实得的全部工资总额；职工福利费按生产工人实得工资总额的14%提取；制造费是为组织和管理生产所发生的各项费用，包括管理人员的工资和福利费、折旧费（一般采用平均年限法，即在固定资产预计使用年限中平均分摊）、经营性租赁费、修理费、低值易耗品购置费、取暖费、水电费、办公费、差旅费、运输费、停工损失费及其他费用。

管理费用包括无形资产摊销费、开办摊销费、技术转让费、技术开发费、土地使用费和其他管理费，这里的无形资产包括专利权、商标权、著作权、土地使用权、非专利技术、商誉等。企业通过计提摊销费回收无形资产的资本支出，无形资产从开始使用之日起，在有效使用期限内平均摊入管理费中。

财务费用包括利息支付（包括长期负债利息和流动资金借款利息）和其他财务费用。

销售费用指企业在销售产品过程中发生的各项费用，包括包装费、运输费、装卸费、保险费、销售佣金、广告费、销售部门经费等。内销产品一般为工厂出厂价，销售费用计算到工厂仓库（精矿仓）。

常用的精矿设计成本计算表如表7-1所示。

表 7-1 精矿设计成本计算表

序号与项目	单位	数量	单价	金额	项目构成说明
1 生产成本					
1.1 原矿费（包括原矿运输）					1=1.1+1.2+1.3+1.4+1.5+1.6
1.2 辅助材料					
1.2.1 钢球					
1.2.2 衬板					
1.2.3 胶带					1.2=1.2.1+1.2.2+1.2.3+1.2.4+…
1.2.4 油脂					
1.2.5 滤布					
1.2.6 药剂					
…					
1.3 燃料					
1.4 动力					
1.4.1 电					1.4=1.4.1+1.4.2
1.4.2 水					
1.5 生产工人工资及附加工资					
1.6 制造费					
1.6.1 折旧费					
1.6.2 维修费					1.6=1.6.1+1.6.2+1.6.3
1.6.3 其他					
2 管理费					
2.1 摊销费					2=2.1+2.2
2.2 其他					
3 财务费					
3.1 利息支出					3=3.1+3.2
3.2 其他					
4 销售费					
总成本（车间成本）					1+2+3+4
选矿加工费					（总成本−原矿费）/年原矿量（t）

7.2 选矿（煤）厂的技术考查

技术考查是定期或不定期对选矿（煤）生产过程的现状、设备工作状况等进行局部或全部的调查，以便为制定和修改工艺流程、操作条件和规程等提供依据，为生产工序的设计和生产情况总结提供资料，针对生产中出现的异常情况提出改进措施。选矿（煤）厂的技术考查主要包括生产检查与分析、单机生产检查、流程考查、流程计算等。

7.2.1 生产检查与分析

生产检查工作的目的是按班、日、旬、月、季、年衡量选矿（煤）厂的生产效果，做好金属平衡工作，掌握生产过程的数、质量界限，检查各个生产环节是否符合工艺要求；使选矿（煤）厂的技术人员、管理人员及时了解生产中存在的薄弱环节，以便针对所存在的问题，通过试验研究工作提出相应的改进方案，保证生产过程正常进行。

7.2.1.1 浓密机溢流水中金属流失的检查

浓密机溢流水中的金属流失量通常由已知的溢流水中的固体质量分数、固体的金属品位和总溢流水量求出。对于连续排料的浓密机，在正常生产情况下，浓密机中固体的金属品位可以认为是所浓缩产物的月度综合（平均）品位；溢流水中的固体质量分数以月度算术平均值计算；浓密机的总溢流水量可以根据进入浓密机的矿浆体积和固体质量分数、底流的体积和固体质量分数，按月度进行计算。当然，上述计算采用的数据也可以依据实际的取样分析结果确定。

7.2.1.2 理论金属平衡表的编制

进行数质量流程计算时，各个产品的产率是根据产品的化验品位计算出来的。因而得到的产率和回收率是理论产率和金属回收率，所以，理论金属平衡的计算方法应与数质量流程的计算方法一致。

选矿（煤）厂的生产是连续进行的，分选得到的产品要经过浓缩、过滤甚至干燥等作业。因此，各种分选设备内存在的分选产品是不能准确计算出来的，这就给按班、日、旬编制选矿（煤）厂的实际金属平衡表带来了严重困难。为了能够及时掌握生产情况，便于分选产品的统计，一般先要编制理论金属平衡表。由于理论金属平衡表是按日报出、以月累计的，所以常称为选矿生产日报。

理论金属平衡表是根据原矿和选矿最终产品的化学分析数据以及原矿的处理量进行编制的。通常按班、日编制理论金属平衡表；日金属平衡表的加权累计得出旬或月的理论金属平衡表；月金属平衡表的加权累计得出季度或年度的理论金属平衡表。

理论金属平衡表是作为对选矿工艺过程和技术管理业务的检查，它反映出整个选矿（煤）厂和个别工段、班组的工作情况，因而也可以通过金属平衡表中反映的问题，对车间、工段、班组的工作指标进行比较和监督，以便查明选矿过程中的不正常情况，以及在取样、计量和各种分析与测量中存在的误差。

理论金属平衡表一般由计划统计或生产管理部门进行编制，它包括了整个选矿（煤）厂的主要工作指标。

7.2.1.3 贮矿仓中矿石量的测定

贮矿仓包括原矿仓、中间矿仓和粉矿仓，根据矿仓的形状、尺寸和矿石自然堆积角，算出不同类型矿仓的有效容积，然后实测贮矿仓中物料充满的百分率。对于粗略的计算，也可以凭经验目测物料充满率，计算出贮矿仓中的矿石量。

7.2.1.4 分级机中矿石所含金属量的测定

由于分级作业是物料在介质中以其沉降末速的差别为依据进行分级的，故在螺旋分级机的沉降区、返砂区中，固体颗粒的粒度和矿浆浓度是有明显差异的。分级物料中有用矿物的含量在粗粒和细粒中也有所不同。因此，对停留在分级机中的矿石所含的金属量进行精确测定是比较困难的。为了粗略确定这部分金属量，通常是在分级机的下部（沉降区）、中部、上部（返砂区）分别进行取样，然后按照一定数量组成一个浓度样，测定出其浓度和矿浆密度，最后作为品位样进行加工，送化验分析。矿浆在分级机中的容积，可根据分级机不同区段的尺寸进行测定计算。最后，依据测定和化验结果计算出分级机中的金属量。

7.2.1.5 实际金属平衡表的编制

实际金属平衡表又叫商品金属平衡表，其格式如表 7-2 所示。它是根据下列统计资料进行编制的：即所处理原矿的实际数量、出厂精矿数量、机械损失量、在产（成）品中的存留量（包括矿仓、浓密机和各种设备器械中的物料）、原矿及选矿产（成）品的化学分析资料等。由于选矿是一个连续生产的过程，原矿石要经过较长时间的处理过程才能选出精矿。所以，在短时间内实际金属平衡表是难以编制的，通常是按旬、月、季、年进行编制。表 7-2 中理论回收率和实际回收率的允许差值，对于重选车间不超过 $\pm 1.5\%$；单一金属矿石的分选不超过 $\pm 1\%$；多金属矿石的分选不超过 $\pm 2\%$。

表 7-2 实际金属平衡报表

项目	单位	统计产量		核实产量		精矿仓（场）存留量		浓密机存留量	
		理论	实际	理论	实际	本月旬	上月旬	本月旬	上月旬
原矿数量	t								
品位	%								
含量	t								
精矿数量	t								
品位	%								
含量	t								
回收率	%								
尾矿品位	%								
金属流失		磨矿选别车间流失　　　 t，浓密机溢流水流失　　　 t；干燥机烟尘流失　　　 t； 三项合计　　　 t；浓密机溢流水固体含量　　　 g/L								
备注									

校核：　　　　　　　　　　　　　　　　制表：

根据实际金属平衡表中的数字，可以知道出厂商品精矿的数量、金属量和商品精矿的回收率和产（成）品精矿的库存量以及选矿过程中金属的损失量等。商品精矿中的金属量是选矿厂和产品销售部门之间进行经济核算的依据。

比较理论金属平衡表和实际金属平衡表，能够发现选矿过程中金属损失的根源，便于查明工艺过程中的不正常状况，以及在取样、计量、分析与测量中的误差。

在编制实际金属平衡表时，往往只对精矿仓（场）和浓密机（包括沉淀池）中存留的精矿量进行测定、取样，计算出其金属量；而对存留在各种设备器械中的物料，近似地把前后两次编制时的存留量看做相等，即前后两次存留量的差近似为零，所以在编制实际金属平衡表时，不予统计。

造成实际和理论金属平衡表之间存在差别的原因是多方面的，最常见的是取样、计量和化学分析中出现的误差。当两种平衡表间有很大的差异时，应当认真检查技术操作过程中的各个阶段, 借以仔细研究产生差别的原因。产生金属流失的主要原因找出后, 就应采取果断措施, 进行制止和纠正, 尽量减少两种平衡表之间存在的差距。

7.2.1.6 金属不平衡产生的原因

准确计算回收率和搞好金属平衡工作是选矿工作者共同关心的大事, 因为它既是评价选矿过程的依据, 又是选矿技术管理的基础。但是, 在选矿生产过程中, 由于种种原因存在着金属损失和各种测试误差, 所以理论金属平衡和实际金属平衡之间就产生了差值。这个差值称金属平衡差值, 通常用理论回收率与实际回收率之差来表示。

产生金属平衡差值的原因主要是金属流失、测试误差和中间产品 3 个因素。当然, 影响金属平衡差值的因素很多, 出现异常差值很难避免, 关键在于要及时发现问题并加以解决, 使金属平衡差值始终在允许的范围内波动。

在编制理论和实际金属平衡表时, 对作为金属平衡依据的一切计量、化验原始数据, 原则上不准调整更改。金属平衡差值确实大的选矿厂, 可以对取样、计量、化验器具进行校核, 对取样、计量、加工、化验方法进行检查, 并用副样进行复验, 以查明原因。如果校核和复验的结果仍在规定允许的误差范围之内, 则应以原数据为准; 如果校核和复验的结果超出规定允许的误差范围, 则可报请有关单位批准, 按校核和复验的结果进行调整。

为了使金属平衡差值不超过允许的范围, 需要对影响差值的诸因素进行全部或局部、定期或不定期的调查。特别是必须做好以下两个方面的工作:

(1) 记准入厂的原矿量。采用电子 (或机械) 胶带秤对原矿进行计量时, 要对胶带秤进行认真的调试, 使其测量误差不超过规定要求, 并且每隔 3~4 天用人工实测矿量或挂码进行校正, 每隔半月或一月用链轮进行校验。采用刮胶带或测摆式给矿机落矿量计量时, 一定要对磅秤进行校验, 记准给矿时间。对原矿的水分样要尽量采准、测准。

(2) 测准原矿和产品的品位。原矿品位的测定误差使理论回收率和实际回收率朝着相反方向波动, 对金属平衡差值起着双重影响, 所以从采样、加工、化验各个环节, 都要采用准确、可靠、无误的方法, 保证原矿品位的准确性。

精矿品位的误差, 虽然对回收率和平衡差值影响不太大, 但对精矿销售价值、企业利润有着举足轻重的影响。选矿生产实践证实, 由于尾矿的品位较低, 测试的相对误差最大, 对金属平衡差值的影响也最大。因此, 对尾矿品位的测试同样需要认真对待。

7.2.1.7 生产检查中的误差

选矿生产实践表明, 尽量减少误差是取样、加工必须遵循的首要宗旨。所谓取样的准确性或代表性, 都是为了减少测定平均值和真值之间的差距; 试样的反复缩分、混匀、研细、过筛, 也是为了尽量减少加工过程中的误差; 分析化验中标准液的精确配制、标定, 样品的精确计量以及滴定终点的判定和滴定液的精确读数等, 其目的也是将分析中的误差控制在允许范围内。

评价选矿过程完成质量的常用判据是选矿技术指标和技术经济指标, 如精矿品位、回收率、处理原矿量、水电和材料单耗及选矿成本等。品位是一个质量指标, 它的真值无法知道, 只有通过取样、加工、分析, 可得到近似真值的数据。回收率是一个重要指标, 它的真值更无法知道, 只能通过原矿、精矿、尾矿品位计算得到。因此, 原、精、尾矿的品位测定结果稍有误差, 就会导致回收率有较大的误差。又如原矿处理量, 是根据原矿计量结果和水分含量计算出来的, 因此原矿计量的准确性和水分样的代表性, 都对处理量有一定的影响。而原矿处理量又是计算水、电、材料单耗和选矿成本的依据，若处理量测定结果不够准确，就会使这些单耗和生产成本失去真实性。所以，要使选矿技术指标和技术经济指标接近于真值，能近似地反映生产中的客观情况，就必须加强对取样、加工、分析过程中的技术管理，将误差降到最小。

在选矿样品的采集、加工和化验过程中，产生误差的原因很多，它们各自对选矿结果都有一定的影响。各个单项误差综合起来，构成一个总误差。所以，要减少总误差，必须先从降低单项误差入手。误差传递理论指出，多项相加时，和的相对误差不会大于各个单项的最大单项误差；多项相乘或相除时，最终结果的相对误差是各个单项的相对误差之和。如计算出厂精矿金属含量时，若允许精矿质量误差为±2%，品位化验误差为±3%，则金属含量的误差就应允许达到±5%。若原、精、尾矿的品位化验误差分别允许为±1%，则计算出来的回收率的误差就应允许达到±4%。因此，如何减少单项误差是降低总误差的必经之路。其主要措施是严格遵守取样、加工的方法、步骤及操作规程。

7.2.2 重选设备单机生产检查

进行单机检查的主要目的是评定设备的分选效果，分析设备操作条件的合理性，查明设备或操作方面存在的问题。重选设备的单机检查主要包括采样和计量、浮沉试验数据的检验、计算和分析。

7.2.2.1 采样和计量

单机检查工作的质量首先取决于样品的代表性和采样的准确性。重选设备的单机检查应在正常生产条件下进行，按照相关规定和要求，确定合理的采样时间间隔、子样质量和采样方法等。

采样时间间隔一般取决于以下两点：（1）生产波动性，即生产波动性小的，采样时间间隔可适当延长一些；（2）采样（或测定）工作量的繁重程度。采样时间间隔和单机检查的时间确定后，子样份数也就算出来了，而采取总样的多少取决于试验内容。

对重选设备的给矿和产品均应按照相关规定进行筛分和浮沉试验。浮沉试验的密度级别数目依据设备的产品数目确定，当分选为两产品时，至少为 6 级；当分选为三产品时，要大于或等于 10 级。浮沉密度级别的范围要保证分配密度接近分配曲线的中位。

7.2.2.2 浮沉试验数据的检验

浮沉试验数据获得后，应对其进行检验以保证试验数据的可靠性，从而避免得出不正确的分析结论。浮沉试验数据的检验常常采用均方差，其计算公式为：

$$\sigma = \sqrt{\frac{1}{N-M+1}\sum_{j=1}^{N}(G_{0j}^c - G_{0j})^2} \tag{7-1}$$

式中 σ——均方差；

N——浮沉试验时的密度级别数目；

M——分选产品数；

G_{0j}^c——计算浮沉入料中第 j 个密度级别的产率，%；

$$G_{0j}^c = \sum_{i=1}^{M}\gamma_i G_{ij}/100 \tag{7-2}$$

G_{0j}——实际浮沉入料中第 j 个密度级别的产率,%；

G_{ij}——第 i 种产品的第 j 个密度级别的产率,%；

γ_i——第 i 种产品的产率,%,产品的序号按密度自大到小排列。

为了检查原始数据的可靠性,均方差不应超过临界值。临界值的取值原则是,对于跳汰机和重介质分选设备,临界值一般取 1.4（当用作再选设备时,其临界值应适当减小）。在某些情况下, σ 的临界值也可由双方在技术文件中约定。

在完成各密度级别分配率的计算并合成计算入料后,应对计算所得的数据进行检验。发现下列情况之一时,即判定提交计算的原始数据不合格:

（1）产品产率的计算结果出现负值；

（2）计算给料与实际给料各密度级别产率的均方差超过规定的临界值；

（3）分配率数据少于 6 个；

（4）没有分配率为 75% 的数据点或没有分配率为 25% 的数据点。

7.2.2.3　浮沉试验数据的计算与分析

浮沉试验数据检验完成后,应及时进行试验数据的整理与分析,从而得出单机检验的结论,用于指导实际生产。

A　分配率的计算

分配率按计算入料在高密度产品中的分配情况计算。

对于分离出 M 种产品的重选设备,共有 （$M-1$） 个分选段,如果逐段分离出高密度产品,则各段的高密度产品分配率按下式计算:

$$P_{kj} = \frac{\gamma_s G_{sj}}{\sum\limits_{i=1}^{s} \gamma_i G_{ij}} \times 100\% \qquad (7\text{-}3)$$

式中　P_{kj}——第 k 段第 j 个密度级别的高密度产品分配率,%；

γ_i、γ_s——第 i 种或第 s 种产品的产率,%, （$i=1$, 2, …, s; $s=M-k+1$）；

G_{ij}、G_{sj}——第 i 种或第 s 种产品的第 j 个密度级别占该产品的产率,%。

对于逐段分离出低密度产品的设备,各段的高密度产品的分配率按下式计算:

$$P_{kj} = \frac{\sum\limits_{i=k+1}^{M} \gamma_i G_{ij}}{\sum\limits_{i=k}^{M} \gamma_i G_{ij}} \times 100\% \quad (k=1, 2, \cdots, M-1; j=1, 2, \cdots, N) \qquad (7\text{-}4)$$

式中的符号意义同前。

B　重选设备工艺效果评定指标的计算

重选设备工艺性能的评价指标主要是可能偏差或不完善度、数量效率和总错配物含量。可能偏差（一般用于重介质分选）和不完善度（仅用于水介质分选）的计算公式为:

$$E = \frac{\delta_{75} - \delta_{25}}{2} \qquad (7\text{-}5)$$

$$I = \frac{\delta_{75} - \delta_{25}}{2(\delta_{50} - 1000)} \qquad (7\text{-}6)$$

式中 E——可能偏差，kg/m^3；

  I——不完善度；

  δ_{75}——高密度产品分配曲线上对应于分配率为75%的密度，kg/m^3；

  δ_{25}——高密度产品分配曲线上对应于分配率为25%的密度，kg/m^3；

  δ_{50}——高密度产品分配曲线上对应于分配率为50%的密度，即分离密度，亦即分选密度，kg/m^3。

数量效率的计算公式为：

$$\eta_1 = \frac{\gamma_1}{\gamma_{10}} \times 100\% \tag{7-7}$$

式中 η_1——数量效率，%；

  γ_1——低密度产品（精煤）的产率，%；

  γ_{10}——理论低密度产品（精煤）的产率，%，其值从计算入料的可选性曲线上获得。

总错配物含量的计算公式为：

$$m_0 = m_1 + m_h \tag{7-8}$$

式中 m_0——总错配物含量（占入料），%；

  m_1——密度小于分选密度的物料在高密度产品中的错配量（占入料），%；

  m_h——密度大于分选密度的物料在低密度产品中的错配量（占入料），%。

C 曲线绘制

为了更为直观地表述浮沉试验的测定结果，通常将其绘制成分配曲线、可选性曲线和错配物曲线。

a 分配曲线的绘制

分配曲线是原料中的不同成分（密度级别或粒度级别）在某一产品中的分配率的图示，是表示分离效果的特性曲线，由荷兰工程师特鲁姆普于1937年提出，因而又称为特鲁姆普曲线或 T 曲线。在绘制分配曲线时，遵循的基本原则主要有：

（1）分配曲线在算术坐标中的绘制，各数据的横坐标是各密度级别的平均密度，纵坐标为各密度级别物料在高密度产品中的分配率，两个坐标轴刻度比值以密度 $1\times10^{-4}kg/m^3$ 对应于分配率 10%~20% 为宜；

（2）各密度级别的平均密度可参照相关规定确定，在采用手工处理时，中间平均密度值取中值，两端密度值采用测定的密度；

（3）分配曲线按数据点至曲线在坐标方向的距离平方和最小的原则绘制，应保持光滑的 S 形。

b 可选性曲线的绘制

当分选的物料是煤炭时，常常依据浮沉试验结果绘制出原煤的可选性曲线（可洗性曲线或 H-R 曲线）。通常情况下，煤的可选性曲线包括灰分特性曲线（λ 曲线）、浮物曲线（β 曲线）、沉物曲线（θ 曲线）、密度曲线（δ 曲线）和密度±0.1曲线（ε 曲线），见图7-1。

可选性曲线的绘制按 GB 478—2008 的规定进行，同时应注意以下几点：

（1）用以计算工艺效率指标的可选性曲线根据计算入料的数据绘制；

（2）可选性曲线可选用迈耶尔曲线和密度曲线，也可选用浮物累计曲线和密度曲线；

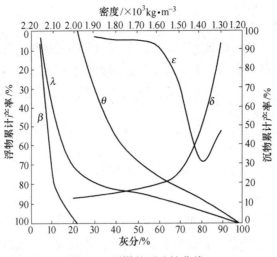

图 7-1 原煤的可选性曲线

（3）迈耶尔曲线的横坐标为浮物累计灰分，纵坐标为相应的浮物累计产率。

c 错配物曲线的绘制

错配物曲线包括损失曲线和污染曲线，有时还包括由损失曲线和污染曲线叠加而成的总错配物含量曲线，见图 7-2。图中的等误密度为 1400kg/m³，低密度产品和高密度产品中的错配量均为 9.6%，错配物总量为 19.2%。绘制错配物曲线时，通常遵循以下原则：

（1）错配物按占计算入料的百分数计算；

（2）曲线的横坐标为密度，损失曲线的纵坐标为分选尾矿（高密度产品或低密度产品）中对应各密度级别对计算入料的浮物或沉物累计产率，而污染曲线的纵坐标为分选精矿（低密度产品或高密度产品）中对应各密度级别对计算入料的沉物或浮物累计产率；

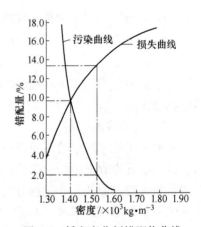

图 7-2 低密度分割错配物曲线

（3）损失曲线与污染曲线的交点对应于等误密度，总错配物含量曲线的最低点对应于分配密度。

D 表格填写

重选设备的单机检查主要工作完成后，应将各种指标进行汇总，填入相关报告表（见表 7-3）中，以便总结分析（参考表 7-4）。

表 7-3 三产品重选设备工艺效果评定报告表

试验编号	试验地点						试验日期	
概况	分选产品/%						计算入料的可选性	
设备型号及规格	精煤		中煤		矸石		理论精煤产率/%	
入料煤种	产率	灰分/%	产率/%	灰分/%	产率/%	灰分/%	理论分选密度/kg·m⁻³	
入料粒度/mm							±0.1 含量/%	

续表 7-3

入料灰分/%	均方差			分选效果		
作业性质		分选密度/kg·m⁻³			一段	二段
处理能力/t·h⁻¹	一段		二段	可能偏差 E/kg·m⁻³		
试验历经时间/h				不完善度 I		
备注：				数量效率 η₁/%		
				分配密度下的总错配物含量 m₀/%		
				等误密度/kg·m⁻³		

表 7-4　影响工艺效果的因素

设备种类	入料性质	设备特征	操作管理
跳汰机		结构特征，筛板倾角，筛孔形状和尺寸，人工床层的配置，排料方式，风阀形式	入料状况，供水方式，洗水用量，供水浓度，风压，周期特性
洗煤槽		结构特征，槽箱尺寸，各段倾角，排料方式	入料状况，供水方式，洗水用量，供水浓度
摇床		结构特征，冲程，冲次，床面材料和倾角，床条高度范围，离心强度	入料状况，供水方式，洗水用量，供水浓度
旋流器	煤种，粒度组成，密度组成，形状，硬度，泥化特性	结构特征，入料口尺寸，溢流管直径和插入深度，底流口尺寸，锥角，安装角	介质浓度，入料浓度，入料压强
重介质分选机		结构特征，悬浮液流向	加重质的种类和粒度，悬浮液的密度和黏度，密度控制方式，介质循环量
斜槽分选机		结构特征，安装角，隔板的尺寸，安装高度和间距，排料方式	入料状况，供水方式，洗水用量，洗水浊度，洗水压强
螺旋分选机		断面形状，横向倾角，圈数，槽头数，槽面材料，螺旋直径比	入料浓度，入料量，给料方式，截取器位置

7.2.3　流程考查

进行工艺流程考查时，首先要制定考查方案，明确流程考查的内容，准备考查所需要的原始资料。

7.2.3.1　流程考查方案的制订

A　考查内容

影响选矿过程的各种因素，都可以列为考查内容。其中包括：

（1）原矿性质。考查原矿性质变化对生产指标的影响。

（2）工艺条件。测定矿浆浓度、pH值、药剂用量及粒度组成等。

（3）主要设备的技术操作条件。如破碎设备的排矿口尺寸、球磨机的装球情况、浮选设备的充气量检查、跳汰机和各种摇床冲程和冲次的测定等。

（4）设备运转状况。检查某些辅助设备的工作情况以及对整个工艺过程的影响。

（5）回收率和金属分布率。通过对选矿产品的考查、分析、计算，编制数质量流程图和矿浆流程图，了解有用成分的总回收率、各作业回收率、产品中各粒级的金属分布率等。

（6）其他各项经济指标的考查。如各作业生产成本、材料消耗、劳动生产率等。

B 原始资料的准备

（1）收集以前所做过的矿石可选性实验研究报告、选矿厂设计资料、图纸、生产统计资料、报表等。

（2）了解有关设备的规格和技术性能、技术操作规程、设备使用说明书。

（3）了解出厂产品的质量标准、价格，国家对环境保护的政策及标准等。

C 编制取样流程图

按现行的生产工艺流程编程取样流程图。对流程图的各个作业，各种产物进行统一编号。根据流程考查的目的和要求，确定各取样点和各产物试样的种类。单一金属矿石选别流程，每个作业的原、精、尾矿都是必然的取样点。

根据流程计算必需的原始指标总数确定取样点。流程考查中产物的产量一般都难以测准。所有浮选作业的精矿和尾矿都取化学分析样，得出品位指标，以便用品位计算产率。

D 取样点的选择

流程考查时选择的取样点的产品应该是生产中最稳定、影响最大且易于测定的产品。例如浮选作业得出两个产物的选别作业，应该选取精矿和尾矿的化验样；得出3种产物的选别作业，除了选取精矿、中矿、尾矿的化验样外，还应对精矿进行计量。

另外，应根据生产的特点和可能遇到的技术问题选取取样点。如同一搅拌槽中的矿浆分配到两个平行系列的浮选机中进行选别，此时就不能只在一个取样点取样作为两个平行浮选系列的给矿化验品位，而应分别取给矿化验试样，以避免因矿浆分配不均而产生误差。

根据多数选矿厂的生产实践，工艺流程考查中取样点选择的原则如下：

（1）提供所需的原始资料，如原矿处理量，原矿水分，原、精、尾矿的品位等。在球磨机给矿胶带上（或其他原矿入厂地点）、没有中矿返回的分级机或旋流器溢流处、精矿箱和尾矿箱处设立取样点，在给矿胶带上必须设立原矿计量点。

（2）在影响数、质量指标的关键作业处设立取样点，如分级机或旋流器溢流处设浓、细度取样点。

（3）在易造成金属流失的部位设置取样点，如浓密机溢流水、干燥机的烟尘、各种砂泵（池）、磨选车间总污水排水管（沟）等。

（4）为实际金属平衡表的编制所提供的原始资料，如出厂精矿水分、出厂精矿的数量和质量等。因此，必须在出厂精矿的运输车辆上设立取样点。每车取样点的数目和取样量随车辆载重吨位的不同而不同，载重吨位越大，取样点的数目或取样量也须相应增多。

评价选矿工艺的数、质量流程的取样，应在全流程各作业的给矿、产品及尾矿（排矿）处设置取样点。

图 7-3 是两段连续磨矿—弱磁—强磁—反浮选流程取样点的设置情况，各取样点需要检测的内容见表 7-5。表中的"√"表示需要检测。

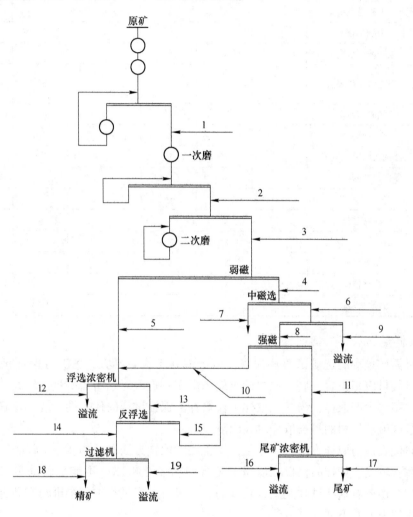

图 7-3　流程考查取样点的设置图

表 7-5　检测内容与取样点对照表

取样点编号	取样名称	质量/t	品位（TFe）/%	浓度/%	磨矿细度（-0.074mm含量）/%	水分/%	备注
1	球磨机给矿	√				√	
2	一次分级溢流		√	√	√		
3	二次分级溢流		√	√	√		
4	弱磁选尾矿		√	√	√		

取样点 编号	取样名称	质量/t	品位 （TFe）/%	浓度/%	磨矿细度 （-0.074mm 含量）/%	水分/%	备注
5	弱磁选精矿		√	√	√		
6	中磁选尾矿		√	√	√		
7	中磁选精矿		√	√	√		
8	强磁浓密机底流		√	√	√		
9	强磁浓密机溢流		√	√			低浓度时 可不测品位
10	强磁选精矿		√	√	√		
11	强磁选尾矿		√	√	√		
12	浮选机浓密机溢流		√	√			同9
13	浮选机浓密机底流		√	√	√		
14	反浮选精矿		√	√	√		
15	反浮选尾矿		√	√	√		
16	尾矿浓密机溢流		√	√	√		同9
17	最终尾矿		√	√	√		
18	最终精矿	√	√	√	√	√	
19	过滤机溢流		√	√	√		同9

E　取样量和取样时间间隔

对于所需矿量小的选矿试验和检查，由于取样工作量不大，为充分保证试样的代表性，取样点数目应多设置一些，取样量也应稍微多一点。对于所需矿量比较大、要经常采样的选矿试验或生产取样，为缩减取样工作量并能保证试样的代表性，就应正确地确定出最少取样量或流动物料的最长取样时间间隔。

取样的代表性与取样方法密切相关，用正确的取样方法取出的样品，代表性较强；反之，代表性就较差。如样品仅仅在质量上符合 $Q = Kd^a$ 的要求，不能足以说明它具有了充分的代表性，还要看这些试样是怎么获取的。如果对生产过程中某个班的产品进行考查和分析，试样的采取有下列几种方法：

（1）在8h内，按一定时间间隔分若干次取得；

（2）在8h内，按一定时间间隔只取4h的样；

（3）一次采取所需要试样量。

这3种方法取得的试样，虽然在质量上都符合 $Q = Kd^a$ 公式的要求，但它们的代表性却不一样。第一种方法所采的试样，能够比较真实地反映该班8h内的生产情况，样品代表性较好；第二种方法所采的试样，只能反映该班4h的生产情况，不能作为整个班的样品，尤其在矿石性质复杂多变的情况下，前半个班和后半个班生产情况相差很大，因而所取试样代表性较差；第三种方法所取的试样称做瞬时样，只能代表取样的那一瞬间，根本谈不上代表这个班的样品。

选矿过程是一个连续生产过程，某一环节发生变化，其他环节也要跟着发生变化。因此，在一个班内不仅取样时间间隔要一致，而且每次取样的数量也要基本相等，切不可任意改变取样时间和取样量，一定要对取样的代表性负责。在正确的取样方法指导下，一般来说，取样次数越频繁，样品的代表性就越好。

综上所述，正确的取样方法是保证试样代表性的必要条件。由于取样对象和地点不同，取样方法也不完全相同。为了使所取试样具有代表性，一般都是每隔 0.5h 或 1h 取一次样。若处理的矿石性质比较均匀，取样次数可以减少；若处理的矿石性质不均匀，则应延长取样时间和增加取样次数，否则会影响试样的代表性。

必须保证必要的试样数量，所取试样数量的多少取决于试样的用途。若某一产物的试样分析的项目较多（如化学分析、粒度分析、磁性分析、浓度测定等），则要求的试样量也多。又如某一产物的浓度较低，要求的试样量较多，可考虑在每次取样时增加截取次数或延长截取时间，以增加取样量。

7.2.3.2 取样

取样前必须准备好取样的工具和容器，并将各容器按取样点编号。之后在各取样点由指定的取样人员按计划、用正确取样方法定时取样。

试样取完以后，要对所有样品进行必要的处理。首先把试样澄清抽水，然后烘干，将烘干的试样按所确定的试样种类取出各种试样。在试样处理过程中，必须保证每份试样都有代表性，要求按正确的方法进行混匀和缩分。

产品分析也是流程考查中比较重要的环节，通过产品分析，能更加深入揭露生产工艺中内在的矛盾。产品分析通常包括对精矿、中矿、尾矿的粒度分析、单体解离度测定和连生体分析等内容。

7.2.4 流程计算

7.2.4.1 数质量流程计算

数质量流程计算的目的是了解流程中各产物质量和数量的分配情况，为调整生产和考查设备工作状况提供依据。

数质量流程是根据各产物的化验结果（即产物的品位）进行计算的。首先要检查这些指标是否符合正常情况，若个别反常，需重新化验，以便进行校核。

流程计算的程序，对全流程而言，应由外向里算，即先计算流程的最终产物全部未知数，然后计算流程内部的各个工序；对工序（或循环）而言，应逐一工序进行计算；对产物而言，应先算出精矿的指标，然后用相减的原则计算出尾矿未知指标。对计算结果都要校核平衡，并应首先校核产率。

数质量流程的计算方法，就是根据各个作业入料和产品的数量（或产率）平衡和金属量平衡关系计算未知的产率 γ、回收率 ε 和品位 β 值。其计算方法随产品和金属品种的增加，相应地也变得比较复杂。

A 单一金属两产品流程计算

根据金属平衡列出如下方程：

产率平衡 $$\gamma = \gamma_1 + \gamma_2$$

金属量平衡 $\qquad\gamma\alpha = \gamma_1\beta_1 + \gamma_2\beta_2$

式中，α、β_1、β_2 为取样化验所得到的入料和两个产品的品位。

B　单一金属三产品流程计算

三产品流程计算中，一般选择精矿的品位 β_1、中矿的品位 β_2、尾矿的品位 β_3 和中矿的产率 γ_2 作为原始指标，其流程计算方法和单一金属两产品流程计算相同，即：

产率平衡 $\qquad\gamma = \gamma_1 + \gamma_2 + \gamma_3$

金属量平衡 $\qquad\gamma\alpha = \gamma_1\beta_1 + \gamma_2\beta_2 + \gamma_3\beta_3$

三种金属和四种金属数质量流程计算方法也与单一金属的相同。最后将全部计算结果标注在流程图上，即为数质量流程图。

7.2.4.2　矿浆流程计算

矿浆流程计算的目的是为了了解各个作业及各种产物的浓度、用水量、矿浆体积等，为调整生产提供必要的资料。矿浆流程计算是在数质量流程计算的基础上，根据各种产物的浓度进行的。计算步骤如下：

（1）将实际测出的各种产物和各个作业的矿浆浓度值列出，矿浆浓度一般用 K_n 表示。选矿生产中矿浆浓度都是按固体质量分数计算的。

（2）计算各产物的水量。

（3）按照各作业水量应等于各产物水量之和，进入该作业水量应与该作业排出的水量相等的平衡关系，计算各作业的水量 W_n 和补加水量 L_n。

将计算结果标注在流程图上，即为矿浆流程图。

复习思考题

7-1 选矿（煤）厂生产管理的主要任务是什么，包括哪些主要内容？

7-2 对选矿（煤）厂进行技术考查的主要目的是什么？包含哪些主要内容？

7-3 流程考查包括哪些主要内容，进行流程考查的主要目的是什么？

参 考 文 献

[1] 李启衡. 碎矿与磨矿 [M]. 北京：冶金工业出版社，1983.

[2] Wills B A. Mineral Processing Technology [M]. Oxford：Pergamon Press，1981.

[3] 丘继存. 选矿学 [M]. 北京：冶金工业出版社，1987.

[4] 陈炳辰. 磨矿原理 [M]. 北京：冶金工业出版社，1989.

[5] 徐小荷，余静. 岩石破碎学 [M]. 北京：煤炭工业出版社，1984.

[6] 吴寿培，刘炯天. 采煤选煤概论 [M]. 北京：煤炭工业出版社，1992.

[7] 郑水林. 超细粉碎原理、工艺设备及应用 [M]. 北京：中国建材工业出版社，1993.

[8] 姚书典. 重选原理 [M]. 北京：冶金工业出版社，1992.

[9] 孙玉波. 重力选矿 [M]. 北京：冶金工业出版社，1993.

[10] 张鸿起，刘顺，王振生. 重力选矿 [M]. 北京：煤炭工业出版社，1987.

[11] 李国贤，张荣曾. 重力选矿原理 [M]. 北京：煤炭工业出版社，1992.

[12] 张家骏，霍旭红. 物理选矿 [M]. 北京：煤炭工业出版社，1992.

[13] 吕永信. 微细与超细难选矿泥射流流膜离心分选法 [M]. 北京：冶金工业出版社，1994.

[14] 王常任. 磁电选矿 [M]. 北京：冶金工业出版社，1986.

[15] 卢寿慈. 矿物颗粒分选工程 [M]. 北京：冶金工业出版社，1990.

[16] 孙仲元. 磁选理论 [M]. 长沙：中南工业大学出版社，1987.

[17] 朱家骥，朱俊士，等. 中国铁矿选矿技术 [M]. 北京：冶金工业出版社，1994.

[18] 王棣华. Slow-1500 型立环脉动高梯度磁选机分选弓长岭贫赤铁矿的工业试验 [J]. 金属矿山，
    1993（2）：32~36.

[19] 克劳斯 J D. 电磁学 [M]. 安绍萱译. 北京：人民邮电出版社，1979.

[20] 长沙矿冶研究所电选组. 矿物电选 [M]. 北京：冶金工业出版社，1982.

[21] 胡永平. 细粒矿物的磁选 [J]. 金属矿山，1987（4）：57~59.

[22] 罗德章. 磁团聚重选法 [J]. 矿产综合利用，1988（1）：1~11.

[23] 《选矿手册》编辑委员会. 选矿手册 [M]. 北京：冶金工业出版社，1993.

[24] 章立源，张金龙，崔广霁. 超导物理 [M]. 北京：电子工业出版社，1987.

[25] 袁楚雄，等. 特殊选矿 [M]. 北京：中国建筑工业出版社，1982.

[26] 胡为柏. 浮选 [M]. 修订版. 北京：冶金工业出版社，1989.

[27] 冯其明，许时，陈荩. 硫化矿物浮选电化学 [J]. 有色金属（选矿部分），1990（2）：37~43.

[28] 胡熙庚，等. 浮选理论与工艺 [M]. 长沙：中南工业大学出版社，1991.

[29] 《中国铁矿石选矿生产实践》编写组. 中国铁矿石选矿生产实践 [M]. 南京：南京大学出版
    社，1992.

[30] 《选矿设计手册》编委会. 选矿设计手册 [M]. 北京：冶金工业出版社，1988.

[31] 孙宝歧，等. 非金属矿深加工 [M]. 北京：冶金工业出版社，1995.

[32] 《尾矿设施设计手册》编写组. 尾矿设施设计手册 [M]. 北京：冶金工业出版社，1980.

[33] 卢寿慈. 矿物浮选原理 [M]. 北京：冶金工业出版社，1988.

[34] Svohoda J. Magnetic Methods for the Treatment of Minerals [M]. New York：Elsevier Science Publishing
    Company Inc.，1983.

[35] 地质部《地质辞典》办公室. 地质辞典 [M]. 北京：地质出版社，1981.

［36］姚培慧．中国铁矿志［M］．北京：冶金工业出版社，1993.

［37］王运敏，田嘉印，王化军，等．中国黑色金属矿选矿实践［M］．北京：科学出版社，2008.

［38］魏德洲．固体物料分选学［M］．3 版．北京：冶金工业出版社，2015.

［39］李远飞．尾矿干堆处理技术［J］．矿业工程，2011，9（5）：55～56.

［40］梁典德．尾矿干堆技术的试验和应用研究［J］．有色金属工程，2012，2（2）：44～45.

［41］傅学忠．尾矿压滤干堆在凤城地区黄金生产中的应用［J］．黄金，2012，33（4）：49～51.

［42］魏德洲．选矿厂设计［M］．北京：冶金工业出版社，2017.

冶金工业出版社部分图书推荐

书　名	作　者	定价(元)
固体物料分选学（第2版）	魏德洲	60.00
选矿厂设计	魏德洲	40.00
选矿数学模型	王泽红	49.00
地质学（第5版）	徐九华	68.00
采矿学（第2版）	王　青	58.00
矿山安全工程（第2版）	陈宝智	38.00
矿山环境工程（第2版）	蒋仲安	39.00
碎矿与磨矿（第3版）	段希祥	39.00
磁电选矿（第2版）	袁致涛	39.00
浮选	赵通林	30.00
矿物加工工程专业毕业设计指导	赵通林	38.00
矿山企业管理	胡乃联	49.00
智能矿山概论	李国清	29.00
井巷设计与施工（第2版）	李长权	35.00
矿山提升与运输	陈国山	39.00
采掘机械	苑忠国	38.00
选矿概论	于春梅	20.00
选矿原理与工艺	于春梅	28.00
矿石可选性试验	于春梅	30.00
选矿厂辅助设备与设施	周晓四	28.00
金属矿山环境保护与安全	孙文武	35.00
碎矿与磨矿技术	杨家文	35.00
重力选矿技术	周晓四	40.00
磁电选矿技术	陈　斌	30.00
浮游选矿技术	王　资	36.00